# 크로노토프건축

– 존 헤이덕의 건축을 중심으로 –

# Chronotope Architecture

for John Hejduk's Work

Spacetime

이 저서는 2007년 정부(교육인적자원부)의 재원으로 한국학술진흥재단의 지원을 받아 출판되었음.(KRF-2007-814-A00319)

# 크로노토프건축

– 존 헤이덕의 건축을 중심으로 –

006 시작하며

제 1 장 서 론

011 1.1 연구배경과 목적

014 1.2 연구범위와 방법

016 1.3 문학 및 건축-크로노토프에 관련된 연구

제 2 장 크로노토프의 개념과 단계별 구축양상
-서술체계와 크로노토프

025 2.1 크로노토프의 배경

026 2.1.1 크로노토프의 역할

042 2.1.2 크로노토프의 의미와 분류

052 2.2 크로노토프의 단계적 구축양상(樣相)과 추론적 양상해석

052 2.2.1 문학에서의 행위에 관하여

060 2.2.2 발화단계

069 2.2.3 대화단계

080 2.3 소 결

제 3 장 크로노토프단계 양상으로 본 존 헤이덕 건축

089 3.1 존 헤이덕(1929-2000)과 연구범위

094 3.2 전반기 주택 시기(1947-1979)

094 3.2.1 행위단계

114 3.2.2 발화단계

136 3.2.3 대화단계

152 3.3 후반기 캐릭터 시기(1979-2001)

153 3.3.1 행위 단계 : 베를린 마스끄
166 3.3.2 발화단계 : 『소리(Soundings)』
191 3.3.3 대화단계
206 3.4 소 결

제 4 장 헤이덕 건축의 크로노토프적 특성 종합 고찰
213 4.1 헤이덕 건축의 크로노토프적 특성
214 4.1.1 행위단계 : 타자성과 움직임의 주체
218 4.1.2 발화단계 : 상호 텍스트성과 밀도와 구체성
225 4.1.3 대화단계 : 정면성과 동시적 공존의 다성성(多聲性)
229 4.1.4 소결
242 4.2 존 헤이덕의 크로노토프적 특성 관련 사례
243 4.2.1 능동적 시공간망 : 산문적 추상 I(행위단계)
249 4.2.2 잉여시각 : 산문적 추상 II(발화단계)
258 4.2.3 벡터들 : 산문적 추상 III(대화단계)
267 4.3 건축의 크로노토프적 특성-서술적 건축

제 5 장 마치며

293 참고문헌
299 용어정리
306 찾아보기

# 시작하며

이 책은 문학과 건축의 학제간 연구를 정리한 것이다. 문학이론인 크로노토프의 의미와 역할을 검토하여 존 헤이덕의 건축에 내재된 서술체계를 발견하고, 분석하는 틀로 적용하였다. 이 연구를 수행하기 위하여 소설의 시공간적 특성을 분석하는 크로노토프를 첫째, 주체들의 움직임으로 구체화되는 행위단계 양상, 둘째, 주체들의 행위로 생성되는 밀도와 구체성/사건의 발화단계 양상, 마지막으로 저자가 아닌 능동적 주체들간의 발화단계들이 상호 충돌하여 전개되는 대화단계 양상으로 분류하였다.

따라서 행위는 발화의 전제가 되며, 발화는 대화의 전제상황이 되는 연쇄적인 전개 양상에 기초하여 행위, 발화, 대화의 단계적 양상을 건축적으로 해석하였다. 그 해석방법으로서 바흐찐이 크로노토프 이론으로 분석한 라블레와 괴테의 소설에서 논의되는 환유적 치환, 사실주의 문학 서술방식에 주목하였다. 이를 토대로 필자는 크로노토프를 행위, 발화, 대화단계로 활성화되는 서술체계의 환유적 치환장치로 정의하였다. 이 해석방법을 적용하여 크로노토프의 단계별 구축 양상인 행위, 발화, 대화를 통해 분석한 헤이덕 건축은 크게, 프로그램의 각 요소들의 의미와 역할을 통하여 개별적 순간들과 그 변화가 주된 주제가 되는 전반기 주택 시기와 프로그램 이전에 존재하는 개별적 주체들 즉, 캐릭터들이 등장하는 후반기 캐릭터 시기로 구분할 수 있었다.

크로노토프 행위단계 양상에 해당하는 움직임의 주체, 타자성, 그리고 유일한 주체의 시공간망a matrix은 헤이덕 건축 전반기의 벽과 후반기의 캐릭터에 해당되며, 잠재된 이질성, 밀도와 구체성, 모호함으로 나타나는 발화단계 양상은 전반기의 벽주택들과 빛, 후반기의 주체와 그 주체의 그림자를 통합하는 시공간망의 그림자matrices=a fabric에 해당된다. 마지막으로 대화단계의 양상인 다성성(多聲性)은 전반기의 요소들의 모임과 후반기의 캐릭터들의 충돌fabrics=a new fabric/program에 해당된다. 이러한 구분작업을 종합했을 때, 전반기 주택 시기에서는 부분적 크로노토프 특성을, 후반기 캐릭터 시기에서는 전체적 크로노토프 특성을 발견할 수 있었다.

또한 전반기와 후반기의 각각 단계별 전개 양상은 동일하지만, 구축의 전환이 이루어졌음을 발견할 수 있는데, 예를 들면 전반기 행위단계에서는 벽, 즉 단일한 요소가 움직이는 주체, 타자성 등을 구축하는 중심이었지만, 후반기에는 독립적인 시공간체인 캐릭터라는 다수의 주체들을 중심으로 구축되었다. 따라서 크로노토프의 시작단계인 행위단계의 주체 설정에서부터 달라짐으로 나머지 후반기의 발화, 대화단계 양상 또한 변화하게 된다. 발화단계는 전반기의 경우 다른 프로그램 요소들과의 상호 텍스트성에 관련되지만, 후반기에는 주체의 그림자를 또 하나의 주체로 설정하여 주체와 통합하면서 밀도와 구체성을 구축하였다. 대화단계 또한 전반기에는 평행적 관계의 모든 다른 주체들이 수평적으로 프로그램을 위해 모여 있었으나, 독립된 시공간체로서 능동적 의지/행위를 가진 후반기 캐릭터들은 고유한 시공간망matrix의 벡터vector로 상호 충돌하여 새로운 패브릭들fabrics/프로그램 자체를 생성하며 새로운 크로노토프가 된다. 이와 같이 크로노토프를 통해 본 헤이덕 건축언어로서 벽, 캐릭터, 벽주택, 빛, 시공간망의 그림자, 모임, 충돌이다. 그리고 위에서 논의된 전반기에서 후반기로의 전환은 건축의 크로노토프적 특성으로 고찰하였다. 이러한 헤이덕 건축의 크로노토프적 특성들을 마이클 헤이스Michael Hays의 에세이, 『헤이덕의 크로노토프Hejduk's Chronotope』와 비교해 보면, 크로노토프를 분석의 틀로 적용하였지만, 헤이덕의 전반기 주택 시기에 해당하는 부분적 크로노토프의 속성을 중심으로 논의하고 있음을 발견할 수 있다. 그 근거로 첫째, 헤이덕 건축의 타자성을 논의하지만 저자성에 대립되는 타자성은 크로노토프적 관점에서 보았을 때 움직임의 주체를 설정하는 전반기 행위단계 양상에 한정되는 개념이다. 둘째, 모호한 관계성을 논의한 상호텍스트성은 크로노토프의 발화단계에 해당하는 논의이지만, 후반기 주체와 평행한 관계의 시공간망의 그림자로 가시화되는 사건, 즉 밀도와 구체성은 설명되지 않는다. 셋째, 크로노토프의 대화단계에 해당하는 안면성frontality을 설명하기 위해서 들뢰즈, 가타리의 비주류minor 개념을 적용하고 있지만, 전반기 개별적 주체에 해당하는 프로그램의 각 요소들이 벽을 중심으로 개별적 시공간성을 유지하며 공존하고 있는 상황을 형태의 관점에서 분석한 것으로 후반기 유일한 시공간망들의 충돌로 벽체가 생성되는 주체들의 능동적 행위와 그 벡터성은 설명이 되지 않는다.

이러한 연구를 종합하여 유일한 주체와 이에 따른 그림자의 통합과 충돌에 실체를 부여하는 크로노토프의 시공간망들matrices을 산문적 추상언어로 분석하였다. 따라서 전반기에서 후반기로의 전환을 건축의 크로노토프적 특성으로 정리하여 각 단계에 적용된 방법과 구축언어들을 관련 사례들로 검토하였다. 첫째, 행위단계에 나타나는 산문적 추상과 구축언어를 프랭크 게리Frank Gehry의 물고기와 관련하여 분석하였으며, 둘째, 발화단계에 나타난 잉여시각으로 생성된 이질적인 시공간성을 구체화하는 방법으로 죠셉 앨버스Josef Albers의 구조적 성좌와 귄터 베니쉬Guenter Behnisch의 상황 건축에서 그 관련성을 분석하였다. 셋째, 대화단계에 나타나는 벡터의 총합에 해당하는 방법으로 각 부분들이 장력을 통하여 하나로 통합되는 프레드릭 키슬러Frederick

Kiesler의 갤럭시와 모든 시공간망들의 충돌로 구체화되는 레비우스 우즈Lebbeus Woods의 폭풍을 검토하여 각각의 크로노토프와 산문적 추상의 구체적인 구축언어들을 도출하였다.

이러한 사례들을 통하여 본 크로노토프의 전개과정은 행위단계의 매트릭스a matrix들이 발화단계에서 패브릭a fabric을 구축하며, 이 패브릭들의 충돌에 해당하는 대화단계의 시공간망들의 새로운 조직fabrics은 프로그램을 생성시키는 메타 디자인 언어meta design language가 된다. 이와 같이 건축적 작동방식으로 해석한 크로노토프를 사실주의non-fiction 건축프로그램 생성언어로 설정하고, 피터 아이젠만Peter Eisenman의 다이어그램을 참고하여 검토하였다. 형식주의의 다이어그램과 사실주의의 크로노토프의 차이는 첫째, 주체가 단일한 그리드grid에서 시작되는가, 혹은 다수의 주체들matrices에서 시작되는가의 차이이며, 둘째, 변형시키는 외부 인자들로 활성화되는가, 아니면 주체들의 고유한 시공간성에 근거한 볼륨과 벡터의 외재화externalize인가의 차이가 된다. 셋째, 새로운 프로그램이 단일한 주체의 형태적 변형formal deformation인지, 아니면 지속적인 접촉으로 무한의 변수적 상황variables in contexts으로 생성되는 프로그램인가의 차이이다.

건축적으로 헤이덕의 건축에 대한 분석이 먼저 수행되었다면, 네오모더니즘, 사실주의, 상징주의, 시리얼리즘Serialism과 같은 다양한 해석이 가능하다. 하지만 단편적인 작업들에 대한 건축적 분석에서 한 걸음 나아가 헤이덕이 세계를 구축하는 과정은 사람과 삶에 대한 이해와 사고의 전환 측면에서 이해되어져야 하며, 헤이덕의 건축은 크로노토프를 통해 단계적으로 전개되는 시공간구조의 건축적 구체화로 조명될 수 있다. 합리적인 형식에서 추상화된 삶과 일상이 크로노토프의 양상단계로 구체화되는 헤이덕의 서술적 건축을 통해 건축의 크로노토프적 특성을 발견하는 것이 본 연구의 목적이다. 형식이나 형태가 아닌 속성이 평행적으로 같은 세대 혹은 다른 세대와 다른 세계에 전달될 수 있는 방법은, 바흐찐이 소설에서 발견하고자 한 것과 같이, 예술적 형식의 완결을 통해서가 아니라, 이질적이고 통제가 불가능한 일상을 기술(記述)하는 서술적 건축에서 발견할 수 있다. 가장 현실적인 것이 가장 예술적인 것이라며, 비공식적 언어가 구축하는 실제 삶의 역동성을 주목한 바흐찐의 사실주의 소설이론과 빛으로 가득 채워진 이상적이며 낙관적인 건축optimism architecture만이 추구되어 왔기 때문에 자신은 그 낙관적인 건축에서 배제된, 페시미즘 건축pessimism architecture을 지향하여 그 양자(兩者)간의 평형을 이루고 싶다는 헤이덕의 서술적 건축은 사실주의 서술체계의 시공간 분석이론인 크로노토프를 매개로 하나의 연구 주제가 되었다.

# 1. 서론

## 1.1 연구배경과 목적

러시아 사실주의 문학이론가인 바흐찐M.M. Bakhtin(1895-1975)은 자신의 소설의 형식이론에서 형식주의의 추상성을 극복하는 질(質)quality적 가치와 그 변화를 형상화하는 구체적인 대안을 제안하였다. 그리고 삶의 역동성을 과학적, 혹은 시적 언어로 분석하는 형식주의 언어학의 기계적 기호체계를 재료미학의 추상성이라고 비평하였다. 그리하여 삶과 괴리된 형식주의의 추상적 예술에 대한 대안으로 나와 타자(他者), 혹은 저자(著者)와 독자(讀者)라는 유일한 시공간적 존재들의 평행적 관계로 성장하는 일상의 삶을 논의하였다. 이러한 논의의 연장선상에서, 바흐찐은 삶의 능동적이며 지속적인 시공간성을 형상화하는 매개체(媒介體)medium로써, 소설의 산문(散文)prosaic적 서술(敍述)narrative체계에 잠재된 시간과 공간의 내적 관계망matrix인 크로노토프chronotope[1]를 창안하였고, 1934-1935년 초판된 『장편소설의 형식』에 게재되었다. 그 후 바흐찐은 1972년에 소설 속의 단편적인 장소와 사건에 대한 크로노토프를 첨부하면서, 초필한 크로노토프를 장르적 속성을 가진 전체적 크로노토프major chronotope로 명명하였고, 첨부된 크로노토프를 부분적 크로노토프로 명명하였다. 이와 같이 일반적으로는 크로노토프라고 지칭하지만, 크로노토프는 전체적 크로노토프와 부분적 크로노토프로 이루어져 있다.

미국 건축가 존 헤이덕John Hejduk(1929-2000)은 자신의 큐비스트cubist적인 건축언어와는 또 다른, 소설의 등장인물과 같은 캐릭터character라는 새로운 건축언어를 제안하였다. 또한 헤이덕은 한 인터뷰에서 자신의 건축작품을 건축비평 장르가 아닌 탐정소설 장르에 비유하여 설명한 바 있다.[2] 언어로 구체화된 이야기 속의 캐릭터들처럼 새로운 레퍼토리를 구축하지 않고는, 계획을 할 수 없다는 것이다.[3] 이를 계기로 크로노토프를 서술적 건축의 독특한 건축작동으로 해석할 수 있는 계기를 마련해주는 대표적인 건축가로서 존 헤이덕을 설정하게 되었다. 따라서 문학적 분석의 매개체를 헤이덕의 서술적 건축언어에 적용한다면 헤이덕의 건축언어와 구축과정에서 발견되는 서술적 전개방식, 즉 능동적 주체로서 이야기를 전개해 나가는 캐릭터와 그 캐릭터

1) 크로노토프는 어원적으로 그리스어의 시간을 의미하는 'chronos' 와 장소(공간)를 의미하는 'topos' 의 합성어로, 문자 그대로의 해석은 '시공간(時空間)Space-TIme' 이다.
2) Robbr-Grillet의 Erasers를 사례로 이야기하였다. 즉 Fiction, Semi-Fiction, and fact의 관계가 건축적 환경이며, 이것이 모든 것에 필수적이라고 말하였다. 『메두사의 마스끄』, Frame 5, p.91.
3) John Hejduk, "The Architect Who Drew Angels." Architecture and Urbanism no. 244, p.61.

들의 충돌로 생성되는 프로그램의 건축성을 발견할 수 있으리라 판단하였다.

건축이론 비평가인 마이클 헤이스Michael Hays는 헤이덕 건축에서 발견되는 타자성과 비형식성, 이질성, 그리고 정면성frontality 등을 분석하는 개념적인 장치로써 크로노토프chronotope를 적용하였다.[4] 이것을 계기로 서술체계의 시공간성을 가시화하는 크로노토프가 문학에서 건축영역으로 번안되는 계기가 되었다. 그렇지만 헤이스가 적용한 크로노토프에 대한 개념은 개별적인 사건의 시공간성을 분석하는 부분적인 크로노토프[5]에 해당한다고 할 수 있다. 즉, 부분적인 크로노토프는 문턱과 살롱, 그리고 길과 같이 독립적인 사건이나 장소의 시공간성으로서, 유일한 시공간체인 주인공들characters이 평행적인 관계로 전개되는 이야기story of contacts의 '세계Worlds'를 구축building하는 헤이덕의 작업을 분석하는데 그 한계가 있다고 판단된다. 이처럼 헤이덕이, 자신은 건물이 아니라 세계들을 구축한다[6]고 말한 것은 건물이라는 하나의 독립적인 개체가 아니라, 유일하고 시공간적인 존재들의 지속적이며 능동적인 행위, 모임과 충돌로 자신의 건축이 구체화된다는 것을 의미한다. 이로 인하여 전체적 크로노토프와 그 맥락을 같이 하고 있다고 판단된다. 따라서 크로노토프를 통한 헤이덕의 서술적 건축에 대한 분석은 시공간성들의 총합으로 각각의 장르가 구분되는 전체적인 크로노토

4) "Hejduk's Chronotope"라는 일련의 에세이 모음집으로, 7인의 건축이론가들이 헤이덕의 작업을 논의하였다.

5) 바흐찐은 부분적 크로노토프는 문턱, 살롱, 그리고 길과 같이 일시적으로 한정된 공간에 해당하는 시공간성으로, 바흐찐은 응고된 사건으로 규정한 바 있다.

6) John Hejduk, "The Architect Who Drew Angels." Architecture and Urbanism no. 244, p.61. "I cannot do a building without building a new repertoire of characters of stories of language and it's not just building per se. It's building worlds."

프와 개별적인 사건의 시공간성인 부분적 크로노토프로 종합적인 고찰이 필요하게 된다.

따라서 본 연구에서는 행위, 발화, 대화의 단계별 구축양상으로 구체화한 소설의 시공간성인 크로노토프를 통하여 존 헤이덕의 전반기 주택 시기와 후반기 캐릭터 시기의 프로젝트들을 분석하여, 존 헤이덕의 건축을 중심으로 한 건축의 크로노토프적인 특성을 구체화하고자 한다.

## 1.2 연구범위와 방법

### 1.2.1 연구범위

건축이론으로의 번안 가능성을 면밀히 파악하기 위하여 문학이론, 크로노토프에 대한 논의는 1920년대에서 1930년대에 바흐찐이 집필한 행위철학과 소설이론의 저서들로 한정하고자 한다. 바흐찐의 소설이론은 행위철학에서 논의된 유일한 주체성과 타자성, 그리고 저자와 독자와의 관계를 논의한 미학 연구를 기초로 이해될 수 있다. 또한 이 당시의 저서들로 그의 사상적 진화를 확인할 수 있다. 동시에 크로노토프는 구체적으로 가시화하는 연구방법론에 해당한다.

전반기 주택 시기와 후반기 캐릭터 시기는 캐릭터가 등장하는 '베를린 마스끄Berlin Masque'를 기준으로 구분하였다. 또한 『메두사의 가면』에 게재된 돈 월Don Wall과의 인터뷰들과 스케치들을 토대로 전반기와 후반기 작업들과의 관련성을 크로노토프의 행위, 발화, 대화단계로 조명하고자 한다. 이러한 분석과정을 통해 도출된 헤이덕의 건축언어와 그의 건축에서 나타나는 크로노토프적 특성과 관련된 사례들을 분석하였다.

### 1.2.2 연구방법

본 연구는 다음과 같은 방법으로 진행하였다.

1. 제1장에서는 연구의 배경과 목적, 그리고 헤이덕의 기존 연구분석으로, 『헤이덕의 크로노토프Hejduk' s Chronotope』에 게재된 논문들을 중점적으로 검토하였다.
2. 제2장에서는 인문학적 범위로 크로노토프의 개념을 정리하고, 크로노토프의 형상을 추론할 수 있는 구체적인 양상(樣相)들을 행위, 발화, 대화의 항목으로 세분하였다. 이 양상들의 도출은 바흐찐이 크로노토프를 창안하기까지 중요한 영향을 준 사실주의 소설가들의 작품을 통해서 자신이 중점적으로 논의하였던 시간, 공간, 그리고 시공간의 주제로 분류되며, 이 항목들은 행위, 발화, 대화와 연계되어 그 구체적인 세부 양상들이 도출되었다. 이 세부 양상들을 헤이덕 건축과 연계하여 3장 연구의 토대를 마련하였다.
3. 제3장은 2장의 구체화된 크로노토프의 단계적 양상들을 토대로 존 헤이덕 건축을 전반기 주택 시기(1947-1979)와 후반기 캐릭터 시기(1979-2001)로 구분하였다. 시기의 구분은 프로그램의 요소에서 능동적 주체가 설정되는 기점이 되는 '베를린 마스끄Berlin Masuqe, 프레임 7기'를 기준으로 하였다. 전반기 주택 시기를 보면 전시모형인 '조용한 목격자Silent Witnesses'를 제외한 모든 프로젝트의 프로그램이 주택이다. 후반기 캐릭터 시기에 해당하는 저서들은 종교와 커뮤니티community에 관련된 프로그램들로, 각 권별 공통적인 내용을 중심으로 분석하였다. 각 시기에 해당하는 작업들은 연대별로 구분하였으나 행위, 발화, 대화의 순서로 일치하여 행위단계, 발화단계, 대화단계 시기로 구분하여 연구하였다. 후반기 작업들 또한 동일한

방법으로 분석 가능하였다. 또한 전반기에서 후반기로 전환되는 과정에 적용된 각 단계별 방법론들을 헤이덕 건축의 크로노토프적 특성으로 정리하고, 4장에서 마이클 헤이스의 분석과 비교하였다.

4. 제4장에서는 3장에서 도출된 각 단계별 헤이덕의 건축언어, 행위-벽과 캐릭터, 발화-벽주택들, 빛과 시공간망의 그림자, 대화-모임과 충돌을 헤이스의 논의와 비교하였다. 이 비교과정을 통해 헤이스가 논의주제로 다루지 않았던 전·후반기의 종합적인 특성을 헤이덕 건축의 크로노토프적 특성과 구체적인 건축언어로 정리하였다. 이러한 특성과 건축언어들은 크로노토프의 단계적 양상으로 구분이 되며, 각 항목에 관련된 건축과 회화작업들에 대한 사례조사를 통해서 확대하여 검토하였다. 이로 인하여 서술적 체계로 전개되는 헤이덕 건축의 크로노토프적 특성과 크로노토프 건축의 가능성을 고찰하였다.
5. 제5장 결론에서는 헤이덕 건축의 크로노토프적 특성을 통해 발견한 구체적인 건축언어와 방법론 및 추후 연구과제를 정리하였다.

본 연구의 전반적인 흐름도는 [표 1-1]과 같다.

## 1.3 문학 및 건축-크로노토프에 관련된 연구

서구에서 러시아 형식주의와 구조주의의 선조로 평가받는 바흐찐의 저서들은 언어학, 기호학, 심리학, 문학과 인류학, 형식주의, 구조주의, 포스트모더니즘Post Modernism 등 광범위한 분야에 인용되고 있다. 1950년대 말부터 그의 저술들이 모스크바의 젊은 학자들에 의하여 발굴되기 시작하였고, 서구에는 후기 구조주의 언어학자인 로만 야콥슨Roman Jacobson과 줄리아 크리스테바Julia Kristeva를 통하여 알려졌다. 특히 줄

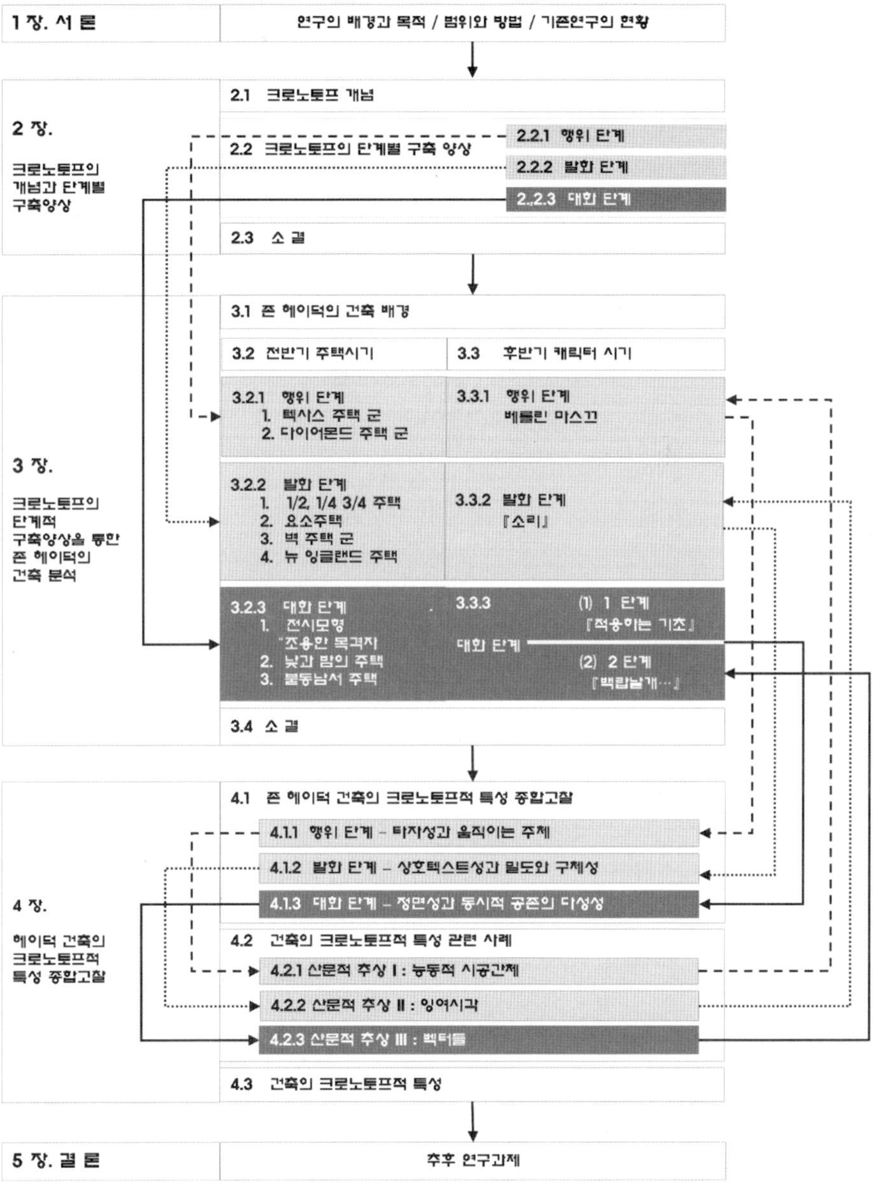


**[표 1-1]** 연구방법의 흐름도

리아 크리스테바의 상호 텍스트성intertextuality(1970)이 바흐찐의 대화에 기초한 개념으로 알려져 있지만, 일부에서는 극히 부분적 대화개념일 뿐이라는 점을 지적한다. 이와 더불어 바흐찐의 이질언어성, 즉 헤테로글로시아(異質言語性)heteroglossia는 미셸 푸코에 의해 상호 텍스트성의 주요 개념으로 대두되었다.

문학분야에서 이뤄지고 있는 바흐찐의 이론과 연구주제는 언어이론, 행위철학과 타자성이 논의되는 자아이론과 다성성(多聲性)이론, 장르genre이론, 카니발carnival이론, 그리고 소설이론으로 분류될 수 있다. 미국 텍사스 오스틴 대학의 클라크 홀퀴스트[7])의 바흐찐에 대한 연구(1981, 1986)가 가장 총괄적으로 수행된 사례로 평가되고 있지만, 초기의 저작을 중심으로 한 이 연구는 바흐찐의 사상을 이해하는데 결정적인 『미학적 행위에 있어서 저자와 주인공』(1921-1924)과 『행위철학을 위하여』(1921-1924)가 누락되어 있다. 게리 솔 모슨Gary Saul Morson의 『바흐찐의 산문학Creation of a Prosaics』(1990)[8])은 바흐찐의 저서들보다 연구자의 논의주제에 기초하여 수행한 종합적인 연구이다. 이 책에서는 바흐찐의 반복되는 총괄개념으로 산문학, 종결 불가능성, 그리고 대화를 논의하였으며 그 개념들에 내재된 사상적 노력을 창조적 과정의 역할과 윤리학, 그리고 삶에 대한 현실적인 시간감각으로 정의하였다. 특히 크로노토프의 개념을 『행위철학을 위하여』에서 출발한 개념으로 보았고, 아인슈타인A. Einstein의 상대성이론과 그 속성의 유사함을 비교하였다.

연구가들은 바흐찐의 사상을 '현란한 복수성numerous', '내용적

7) 마이클 헤이스가 이 저자들의 바흐찐에 관한 번역과 책을 인용하여 크로노토프를 정의한다.
8) Gary Saul Morsin, Caryl Emerson, Mikhail Bakhtin : 『Creation of a Prosaics, Stanford)』, CA : Standford Univ. Press, 1990.

세계관의 다양성multiple' 으로 해석한다. 그의 복수성과 다양성을 시간적인 생성의 개념이 아니라 공간적인 공존의 개념으로 보았으며, 이를 바흐찐의 미학적 기본 범주로 보기도 한다.[9] 또한 바흐찐의 대화주의는 문예이론과 미학의 영역을 뛰어 넘어 세계와 사회를 해석하고, 문제의 해결에 접근하는 새로운 방법론을 제공하는 하나의 학제간 연구 패러다임으로 받아들여지고 있다.[10]

현재까지 건축영역에서 크로노토프의 연구는 국내에서 거의 전무하다. 한 단위공간의 시대적인 속성을 고찰하거나 한 건축가의 건축적인 특성을 고찰하는 도구로 적용한, 이홍규와 동정근의 『크로노토프에 의한 살롱과 실내악에 관한 연구』(2004)[11]가 있을 뿐이다. 이 연구에서는 살롱Salon이라는 주거내 단위공간의 사회적인 성격이 시대에 따라 공적 공간에서 사적 공간으로 변화하는 공간적인 변화를 시간적 요소인 음악과 관련하여 설명하기 위해서 크로노토프의 시공간성을 적용하였다.

잘 알려진 저서로 『헤이덕의 크로노토프Hejduk' s Chronotope』[12]가 있는데, 이 책은 존 헤이덕의 건축에 관한 논의들을 총괄한 것으로 1996년 캐나다 몬트리올에서 열린 헤이덕 콜로키옴에 제출된 7인의 에세이를 모은 책이다. 건축비평가인 마이클 헤이스Michael Hays가 이 에세이들을 편집하면서 제목을 결정한 것으로 추정된다. 이 책에 수록된 다른 에세이에서는 크로노토프에 대한 언급이 없지만 마이클 헤이스의 글에서 크로노토프에 대한 언급이 발견된다. 이 용어를 사용하는

9) 이러한 견해의 배경에는 바흐찐의 구축학architectonics이 있다.
10) 이문영, 『바흐찐 이론과 사상의 체계적, 통일적 전유를 위한 서론』(『러시아어문학 연구논집』 Vol.8, No.1, 2000)
11) 대한건축학회 논문집(계획계), v.20 n.11(2004-11)
12) Michael Hays, Editor. Hejduk' s Chronotope, Princeton Architectural Press, 1996

배경으로 헤이덕의 건축에 등장하는 신화, 카니발, 우화적 요소들을 설명하였으며, 또한 헤이스는 바흐찐 그 스스로의 정의와 캐롤 에머슨Caryl Emerson과 마이클 홀로퀴스트Micahel Holoquist의 부연 설명을 토대로 크로노토프를 정의하였다. 이 책에 게재된 에세이들을 정리하면 다음과 같다.

데트레프 메르탱Detlef Mertins은 『건축적 사고의 껍질The Shells of Architectural Thoughts』에서 철학과 심리학적으로 헤이덕 건축을 조명하였으며, 극장과 같은 연출과 예술적이고 감상적인 작업으로 인해서 일상으로부터 고립되어 있었다고 평가하였다. 또한 그의 작업을 20세기 형식주의, 기능주의, 표현주의의 시작점이 되는 르두Ledoux의 고전주의 변형과 비교하였다. 바우하우스Bauhaus에서 대두되었던 감정적 형식주의를 예로 들며, 헤이덕이 철학적 사고의 문제점에 도전하고 있다고 보았다.

에드워드 미첼Edward mitchell은 『존 헤이덕의 자연극장The Nature Theater of John Hejduk』에서 헤이덕의 마스끄Masque를 들뢰즈와 가타리Deleuze & Guattari가 언급한 모나드monade와 유사한 개념이자 자신의 정보를 가지고 있어서 어느 곳에서나 변형이 가능한 개념으로 설명하였다. 또한 '참여하기를 거부하는 거주자의 주택House of the Inhabitant who Refused to Participate' 에서는 전통적인 거울의 이미지에서 형성되는 주체와 객체의 관계가 아니라, 주체로부터 독립된 객체가 주체의 경계를 재설정한다고 보았다.

페기 디머Peggy Deamer는 그의 저서 『나와 내 자신, 그리고 나Me, Myself and I』에서 헤이덕 건축의 저자성authorship에 대해 논의하였다. 헤이덕이 보여주는 뚜렷한 저자성은 유럽 건축의 이상을 따르는 미국 건축을 대변하고 있으며, '나' 를 확고히 함으로서 문학적 형식을 비문학적 형식에 적용하여 매체와 학문간의 경계를 가로지를 수 있었다고 평가하였다. 하지만, 역설적으로 헤이덕과 같이 저자성없는 건축은 건축으로서가 아닌 한 텍스트text를 읽는 독자reader가 주체가 되고 오히려 비평가가 희생자가 된다고 보았다.

스탠 알렌Stan Allen은 『단지 건축일 뿐Nothing but Architecture』에서 헤이덕의 근대 건축에 대한 비평적 관점, 이론, 그리고 실무의 관계를 논의하였다. 그 비평적 관점에 대한 비평으로 이미 자체적인 시스템을 가지고 있는 헤이덕의 건축은 건축비평이론의 대상이 되는 실무 건축이 아니라, 그 자체가 건축이론이라는 점을 강조하였다. 또한 알렌은 헤이덕 건축이 비주류 건축으로 논의되는 관점을 강하게 반박하며, 후기에 출판된 그의 저서들에 나타나는 저자성의 부재와 이로인해 저자와 독자가 평행적으로 전개되는 새로운 관계성을 논의하였다.

소몰R.E Somol은 『한 명 또는 여러 명의 거장들?One or Several Masters?』에서 전체와 부분의 관계성에 대해 논의하며 들뢰즈, 가타리의 이방인으로서 새롭게 조직을 정비하며 경계를 가로지르는 비주류 개념으로 헤이덕 건축을 보았다. 근대 건축이 도시와 건축의 관계를 재설정하였다고 높게 평가한 콜린 로우와 비교하며, 그에 비해 헤이덕은 새로운 관계를 수립하기 위하여 이질적인 요소들을 도입하는 중세적 인물로 평가하였다.

캐더린 잉그래함Catherine Ingraham은 『존 헤이덕의 심부름, 우회, 그리고 혼잡한 도시Errand, Detour, and the Wilderness Urbanism of John Hejduk』에서 헤이덕의 서술체계를 대상의 스케일 변화를 주제로 하는 소설가인 페리 밀러Perry Miller와 지그문트 프로이드Sigmund Freud의 꿈의 이론, 그리고 라캉Jaques Lacan의 '사이gap' 개념과 비교하고 있다. 여기에서 헤이덕 건축이 이질적이고 압축된 언어로 표현되어 지나치게 주관적이며, 또한 이로 인해 방향성을 잃어버릴 수도 있지만, 오히려 이를 미국의 건축성으로 그 해석과 논의의 틀을 확장시킬 수도 있다고 보았다.

헤이덕 건축에 대한 논문으로 웰링 헤Welling He의 죠지아 텍Georgia Tech 박사학위논문(1989)[13]이 있다. 여기에서 헤이덕 건축의 타자성otherness과 평면성flatness의 상호 관련성이 논의되었다. 이를 위하여 큐비스트cubist 건축에 해당하는 헤이덕 전반기의 작업을 중점적으로 분석하였다. 또한 공간구성론의 방법론을 적용하여 도출한 공간구성논리로 벽주택 2의 공간전개과정을 분석하였다.

13) Welling He, 『Flatness Transformed and Otherness Embodied』, Ph D Thesis, Georgia Institute of Tech. 2005

## 2. 크로노토프 개념과 단계별 구축양상 -서술체계와 크로노토프

**[그림 2-1]** 1925년의 바흐찐

서술(敍述)narrative이란 인물, 사건 또는 행위, 그리고 배경으로 이뤄지는 일련의 이야기이다. 경험적 현실이 언어적 현실로 전환한다는 점에서 회화나 음악, 건축에서도 이러한 서술적 구성을 발견할 수 있다. 특히 1900년대 이후 근대 건축과 현대 건축에서 건축을 형식주의적 언어서술방식처럼 실재를 표현하는 일련의 의미론적 기호체계로 해석하기도 했다.

러시아 형식주의가 전개되는 시기와 동시대(同時代)에 활동한 러시아 사실주의 문학이론가인 바흐찐M.M. Bakhtin(1895–1975)[그림 2-1][14]

14) 미하일 바흐친, 『말의 미학』, 김희숙 외 옮김, 서문에 게재된 사진, p.8.

은 러시아 형식주의의 추상성에 대한 비평으로, 소설의 형식이론에서 형식주의의 추상성을 극복하는 질(質)quality적 가치와 그 변화를 형상화하는 구체적인 대안을 제안하였다.

바흐찐은 불확정적이며 이질적인 상황들이 지속적으로 발생하는 삶을 과학적, 혹은 시적 언어로 분석하는 형식주의 언어학의 기계적인 기호체계는 재료미학을 창출하는 추상적 예술의 토대를 제공한다고 신랄하게 비평하였다. 따라서 나와 타자otherness, 혹은 저자(著者)author와 독자(讀者)reader라는 수직적 관계를 평행적 관계로 설정하고, 각각 유일한 시공간적 존재들로 인식하는 방법을 소설을 통하여 구체화하고자 하였다. 그리고 이 존재들의 능동적인 시공간성과 이들의 수평적 관계를 형상화하는 매개체(媒介體)medium로서, 소설의 산문적prosaic 서술체계에 잠재된 시간과 공간의 관계망, 크로노토프chronotope[15]를 창안하였다.

본 장에서는 건축방법론으로의 번안을 위하여 바흐찐의 산문학으로 구체화된 사실주의적 서술형상이 크로노토프에 의해 구축 가능하다고 전제하고자 한다. 행위act, 발화utterance, 대화dialogue의 범주로 전개된 비(非)형식주의적, 타자적 인식 및 그 대상과 표현방식인 크로노토프를 서술적 건축을 위한 번안(飜案)의 도구와 틀로 적용한다. 또한 바흐찐의 논의에 언급되는 아인슈타인의 시공간개념과 관련된 건축사례들을, 바흐찐의 사실주의적 서술형상의 관점에서 비교 검토하여 크로노토프의 형상과 개입된 구축요소들을 찾아보고자 한다.

15) 크로노토프는 어원적으로 그리스어의 시간을 의미하는 'chronos'와 장소(공간)를 의미하는 'topos'의 합성어로, 문자 그대로의 해석은 '시공간(時空間)Timespace'이다. 시공간Timespace이라는 개념을 최초로 사용한 사람은 독일의 철학자 칸트(1724-1804)와 러시아 생리학자 우흐톰스키A.A Uxtomskij이다.

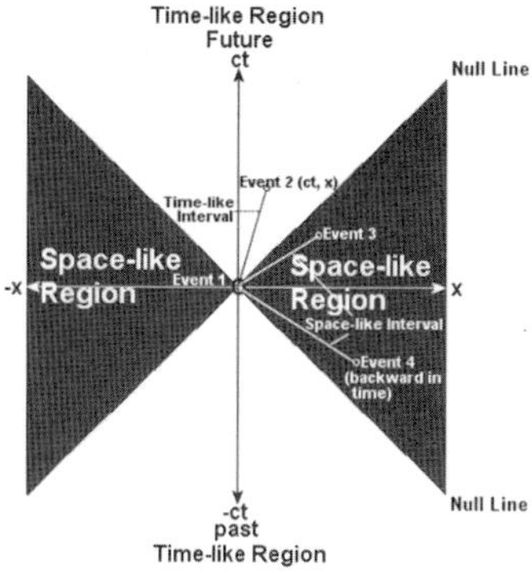


**[그림 2-2]** 특수상대성이론

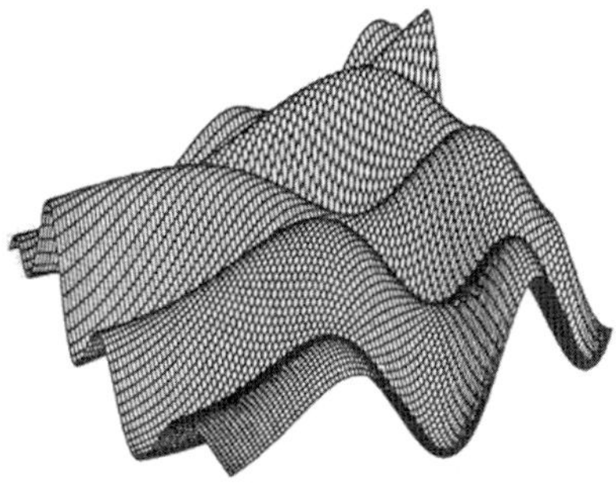

**[그림 2-3]** 일반상대성이론

## 2.1 크로노토프의 배경

아인슈타인의 상대성이론은 시간과 공간이 질량으로 인해 구부려지고 융합될 수 있다는 것이다.[그림 2-2][그림 2-3][16] 바흐찐은 상대성이론에서 사용된 시공간, 즉 시간과 공간이 하나로 통합된 개념의 시공간(時空間)Space-time[17]이라는 용어를, 문학비평을 위한 비유적 표현으로 사용하였다.[18] 그 비유적 표현이란 물리학에서의 시공간개념과 마찬가지로 소설이라는 산문적인 서술체계에서 전개되는 절대적 시간과 고정된 공간의 인식을, 공간의 질적 상황에서의 시간성과 시간에 반응하는 공간성의 시공간개념으로 해석한다는 것이다. 특히 이러한 비유적 표현들은 동시대의 화가 엘 리치스키[그림 2-4][19]와 건축가 테오 반 되

16) www.daviddarling.info/images/Minkowski_spacet... 일반상대성이론

17) 시간과 공간이 합일된 시공간이라는 개념은 수학자 헤르만 민코우스키Hermann Minkowski가 아인슈타인의 특수상대성이론에 수학적 기초를 세우기 위해 1908년에 완성하였다. 상대성이론은 시간을 4차원적 공간으로 도입함으로써 완성되었고, 이 4차원 공간은 민코프스키의 세계Minkowski' s Universe라고도 한다.

18) 미하일 바흐찐, 『장편소설과 민중언어』, 전승희 외 옮김, 창작과 비평사, 1988, p.260.

19) El Lissitzky, Self-portrait, photomontage, 1924. www.lensculture.com

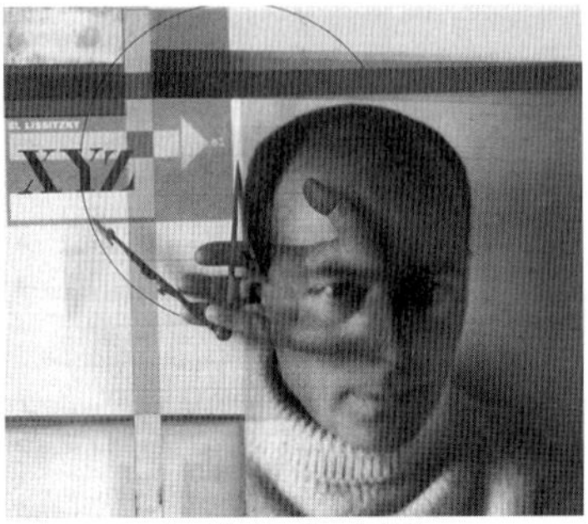
[그림 2-4] 자화상

스부르그의 작업에서 발견할 수 있다. 이들에게 상대성이론이 형식과 재료로 표현한 추상성[20]이라면, 바흐찐에게는 이야기의 주체들이 엮어 가는 시공간적 상호 관련성[21], 그 자체라고 할 수 있다.[22]

### 2.1.1 크로노토프의 역할

크로노토프Chronotope[그림 2-5][23]에 대한 가장 간략한 설명은 형식주의에서 도식화된 내용, 즉 삶을 가시화하는 망조직matrix-fabric이라고 할 수 있다. 일상의 사건들이 생생하게 재현되는 소설의 내적 논리를 시간과 공간이 합일된 시공간성의 연관관계로 가시화한 것이다. 바흐찐은 문학작품 속에 예술적으로 표현된 시간과 공간 사이의 내적 연관으로 다음과 같이 설명하였다.[24]

20) 예를 들어 엘 리치스키의 프로운proun, object은 공간과 형태, 그리고 색채의 '상호 관련' 속에서 조형의 새로운 체계를 만들어내고자 하는 목적을 지닌 구조주의적 연구로 알려져 있다.
21) 미하일 바흐찐, ibid., p.463. "나와 타자라는 좌표에 의해 조정되며 제각기 다른 지대에서 제각기 다르게 굴절한다."
22) 게리 솔 모슨은 『바흐찐의 산문학』에서 아인슈타인의 개념과 바흐찐의 크로노토프 유사한 관계를 다섯 가지 항목으로 비교하였다. 첫 번째는 시간과 공간이 내적으로 연관되어 있다는 점, 두 번째는 아인슈타인의 공식이 증명하듯이 시간과 공간에 대한 다양한 감각이 있을 수 있다는 점, 세 번째는 우주의 질서와 마찬가지로 모든 생명체는 동일한 크로노토프에 의해 작동되지 않고 고유의 리듬으로 작동한다는 점, 네 번째는 다양성과 다층성multi-layered 때문에 시간이 흐를 수록 그때 그때 시간에 따라 변화할 것이라는 점, 다섯 번째는 크로노토프는 행위에서 가시적으로 제시되는 것이 아니라 그 가능성을 제시하는 장소라는 점으로 정리하였다.
23) 필자 작성
24) 미하일 바흐찐, ibid., p.260.

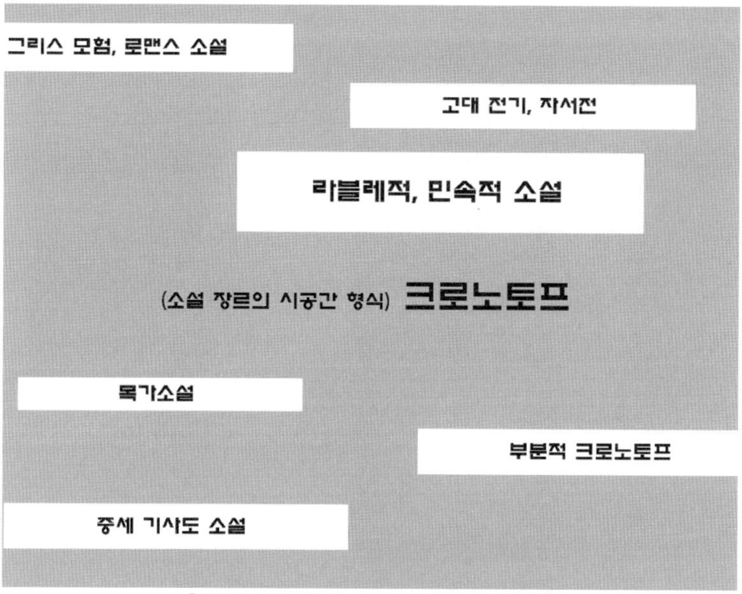


**[그림 2-5]** 크로노토프의 분류 다이어그램

> 문학예술 속의 크로노토프에서는 공간적 지표와 시간적 지표가 용의주도하게 짜여진 구체적 전체로서 융합된다. 말하자면, 시간은 부피가 생기고 살이 붙어 예술적으로 가시화되고, 공간 또한 시간과 플롯과 역사의 움직임들로 채워지며 그러한 움직임들에 대해 반응하게 된다. 이러한 두 지표들간의 융합과 축의 교차가 예술적 크로노토프를 특징짓는 것이다.[25]

이와 같이 크로노토프의 형상을 시간과 공간으로 구축된 좌표체계로 설명하였다. 따라서 바흐찐이 '사건'을 크로노토프라는 시공간적 좌표체계의 밀도와 구체성으로 정의한 이유를 가늠할 수 있다.

25) 미하일 바흐찐, ibid., p.261.

**[그림 2-6]** 검은 사각형

**[그림 2-7]** 제3 국제기념비

(1) 바흐찐M.M. Bakhtin

1895년 11월, 러시아 오룔Oryol에서 태어난 미하일 미하일로비치 바흐찐M.M Bakhtin(1895-1975)은 러시아의 사실주의 문학이론가이며 철학자이다. 크로노토프는 1937-1938년에 발표한 논문들을 1975년에 보완하여 쓴『소설의 미학과 이론』의「소설 속의 시간과 크로노토프의 형식」이라는 저술에서 논의하였다. 바흐찐은 추상적 객관주의abstract objectivism로 불리는 구조주의 언어학의 과학적인 분석에 반대하는 대안을 모색했다는 점에서 미셸 푸코와 비교 연구되고 있다. 때때로 러시아 형식주의자로 평가되기도 하지만, 이와는 다르게 바흐찐은 1924년의 에세이[26]에서 형식주의자들의 재료(材料)미학을 '언어와 그 장치들'이라며 형식주의자들의 시학을 비판하고, '산문학prosaics'이라는 개념을 개발하기도 하였다.

생생하고 구체적인 삶이 하나의 예술적 형식으로 상징화될 때

26) 바흐찐,「언어창작물의 내용, 재료, 그리고 형식의 문제」, 러시아 동시대지

[그림 2-6][27)][그림 2-7][28)], 그 완결된 형식[29)] 뒤편에는 그 형식화과정에서 무력화되고 초라하게 왜곡된 현실의 또 다른 진정성이 버티고 있다는 것이다. 바흐찐은 형식주의 방식에 의해 실제[30)]적으로 추상화된 "미적 세계는 '나'의 세계가 아니라 '타인'들의 세계"라며 비판하였다.[31)] 그러한 실제 세계에 대한 이해의 질, 즉 내용의 미학을 추구하며 엄밀성과 객관성을 갖춘 비재료(非材料)미학을 추구한 바흐찐은 『도스토예프스키 창작의 제문제』(1929)에서 형식주의적 시학을 상대할 수 있는 일상성으로, '소설적 말'을 제시하였다. 이 연구서에서 모든 이론주의, 기호학적 전체주의에 도전하여 비독백적이고 비체계적인 삶의 이해방식을 제안하였다. 이로 인해 구조언어학자, 형식주의자, 그리고 러시아 미래주의자들이 이해하는 방식과는 달리 말해지거나 쓰인 언표가 대화론적 담론으로 이해되는 계기를 만들었다고 평가된다. 또한 '낯설게 하기'라는 형식주의자들의 방식과는 달리 친숙한 일상의 잠재력[32)]을 탐구한 사실주의자로 평가되기도 한다. 이러한 맥락에서 바흐찐 자신 또한 소설[33)]을 세계와 삶 전체를 총체적으로 반영하는 가장 현

27) K. Malevich, Black Square, 1913. www.hermitagemeuseum.com
28) Vladimir Tatlin, the 3rd International tower, 1920. 야마구치 가쓰히로, 『공간연출디자인의 원류』, p.81.
29) 말레비치에게 검은 사각형은 감정, 하얀 장[field]은 감정을 초월한 빈공간이다. 바흐찐에게는 화면에 객체화된 감정, 그 객체와 객체간의 관계로 유동적 감정을 표현한다는 것이 사물화이며, 이러한 저자의 완전한 체계와 형식이 재료미학에 해당된다. 타틀린은 조형물 체계 내에서의 역동성 구축이라고 할 수 있다.
30) 정보와 지식으로 측정되고 산정된 의미를 말한다.
31) 이문영, 「바흐찐의 모순의 역동성에 관한 연구」, 러시아연구 제10권, 제2호., 2000, p.144.
32) 미하일 바흐찐, 『말의 미학』(김희숙 외), 도서출판 길, 2006, p.515. 실천적인 상호 변화는 사건-잠재력으로 충만해 있으며 가장 하찮은 언어적 변화도 이러한 끊임없는 사건의 생성에 참여한다.
33) 소설은 이야기 형태의 글로 씌여진, 서술식의 픽션인 산문을 말한다. '소설[nove]'이라는 단어는 이탈리아어 novella에서 유래했는데, 그 의미는 '이야기[tale], 소식'이다. 희곡이나 시류에 비해 구성면이나 음률면의 제한을 받지 않는다. 대부분의 경우 소설은 그 속에 등장하는 인물들과 그들의 일상 생활에서의 행위를 다루게 된다. 위키백과사전, 본서 용어정리 참조

실적 장르로 논의하였다. 크로노토프 연구 이후 라블레 소설 연구로 시작된 카니발carnival은 모든 변화와 역사를 관통해 지속되는 사람들, 민중의 거대한 일상적 육체로 비유되었다.

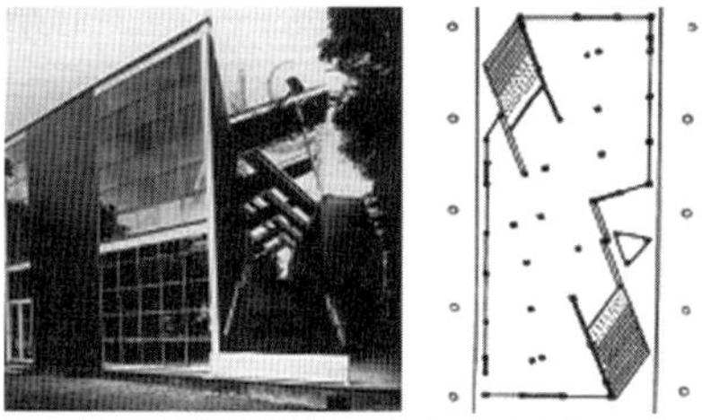

**[그림 2-8]** 러시아 파빌리온

건축가인 멜니코프는 민중의 축제인 카니발에 대한 바흐찐의 해석을, 1925년 파리전시회에 출품한 러시아 파빌리온의 공간개념을 설명하기 위하여 인용하였다.[34] 삶과 예술, 그리고 사실성reality과 인위성artificiality을 불안정한 상황에서 어느 특정 이데올로기에 종속시키지 않고 각각 있는 그대로 수용한다는 점에서 바흐찐이 논의하는 카니발과 전시회공간이 유사하다는 것이다.[그림 2-8][35]

(2) 크로노토프의 구성

1) 바흐찐의 사상-행위와 경험

언어학에서 크로노토프chronotope는 형식주의자들의 구성적인 형식과 시학원리에 대응할 수 있게 고안된 바흐찐의 산문학의 주요개념, 행위의 구축학[36]을 실제화하는actualized 방법론methodology이다. 「행위의 철

34) 살아 있는 주체들의 융합인 카니발의 과도한 개방성을 표현하였다고 평가된다.
35) Konstantin Meinikov, Russian Pavilion, Paris Exhibition for Decotative art, 1925. www.wikipedia/melnikov., http://arkhe.rice.edu/courses/narratives/effort.pdf 참고 인용
36) 번역에 따라서 '건축술적 행위', '건축학적인 총체' 라고도 불린다. 바흐찐은 여러 용어의 개념을 창안하였는데, 행위의 구축학Architectonics이란 용어 또한 그 중 하나로, 저자가 세 가지 속성을 지니는 구체적인 세계를 조직하는 것을 말한다. 가치를 발생시키는 중심으로 살아 있는 육체를 지닌 공간적 세계, 그 세계의 중심으로서 영혼을 지닌 시간적 세계, 그리고 육체와 영혼의 통일이라는 의미가 부여된 세계이다.

학을 위하여」라는 초기의 저술에 실린 행위의 구축학 개념은, 쉬클롭스키[37]의 「장치로서의 예술」의 응답으로 알려진 단편 에세이, 「예술과 책임」에 게재되었다. 여기에서 '근본적으로 단독적인 사건'을 '체계적으로 적용된 규칙'과 대조시킴으로써 도식화된 세계가 아니라 개인적으로 경험되는[그림 2-9][38] 실제 세계-장(場)fields, 즉 살아 있는 매체[39]를 기술하였다. 삶의 실재성과 행위에 주목하였으며, 이를 '행위의 구축학Architectonics'으로 정의하였다. 부연하자면, 행위의 구축학은, 실재물entity이 다른 실재물과 어떻게 관계를 맺고 있는가에 대한 연구라고 할 수 있으며, 그 관계를 인간의 삶과 같이, 행위로 채워지는 끝없는 성장과 형성의 과정으로 보았다. 바흐찐은 행위의 구축학architectonics을 다음과 같이 정의하였다.

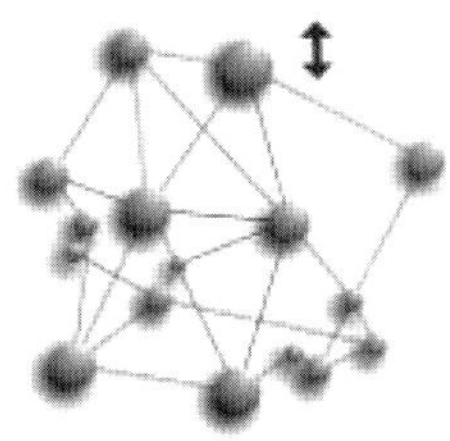

**[그림 2-9]** 비선형구조

> 행위의 구축학은 완성된 전체 속에 있는 구체적이고 유일한 부분들과 특성에 대한 직관적이고 필수적이며 임의적이지 않은 배치와의 연관으로 이것은 인간 주위에서만 가능하다.[40]

> 내가 존재 안에 차지하는 유일한 장소로부터 비록 그를 보고 있고, 알고 있으며 그를 생각하고, 그를 잊지 않고 있을 뿐이지만, 바로 그런 것, 나에게도 그가 존재한다는 것 - 이것이 내가 모든 존재 안에 주어진 순간에 그를 위해 할 수 있는 유일한 것인 바, 이것이 그의 존재를 더 완벽하게 만들고 절대적으로 더 이득이 많으며 새로운 행위이자 나에게도 가능한 행위이다. 이 생산적이고 유일한 행위

37) 「장치로서의 예술」, 1917. '낯설게 하기'라는 개념과 장치를 설명한 에세이로 알려져 있다.
38) www.wikipedia.com/nonlinear
39) 게리 솔 모슨, 『바흐찐의 산문학Mikhail Bakhtin, Creation of a Prosaics』, 오문석 외, 책세상, 2006, p.115.
40) M.M. Bakhtin, 『Toward a Philosophy of the Act』, Moscow, Nauka, 1986, p.139.

가 행위 안에 당위의 계기를 구성한다. 당위란 유일한 그 사람이 그 사람 안으로부터 존재한다는 사실을 인정하고 이 사실이 반응성의 중심이 되는 곳에서, 내가 나 자신의 유일성과 존재에 대해 책임을 지는 반응을 나타내는 곳에서 비로소 가능하다.[41)]

이처럼 바흐찐은 나와 타자의 관계에 시간과 공간으로 육체를 부여하였다. 따라서 바흐찐이 말하는 주인공은 소설 속의 주인공이 아니라 크로노토프가 육체를 입고 나타난 그 무엇인가로 보아야 한다. 즉, 삶이란 이론으로 파악되는 것이 아닌 행위가 실제로, 구체적으로(크로노토프적으로), 역사적으로 수행되는 순간에 생겨나는 사건으로 본 것이다. 따라서 작품을 미학적으로 인식한다는 것은 사람이 또 다른 인간의 현존을 느끼는 것처럼, 작품 안에 있는 현존하는 또 다른 의식을 느끼는 것이다. 그러므로 등장인물, 그리고 독자와 수평적 관계에 있는 저자의 임무는 세 가지 속성이 함유된 구체적인 세계를 조직하는 것이라고 할 수 있다.

바흐찐은 이 세계를, 가치를 발생시키는 중심으로서 살아 있는 육체를 지닌 공간적 세계, 그 세계의 중심으로서 영혼을 지닌 시간적 세계, 그리고 육체와 영혼의 통일이라는 의미가 부여된 세계로 세분하였다.[42)] 따라서 크로노토프는 이 세계들이 구현(具現)embodiment되는 시공간체계라고 할 수 있다.[표 2-1][43)]

바흐찐에게 '나'는 인간 일반이 아니라 바로 '이 사람'[44)]이고

41) M.M. Bakhtin, ibid., p.140
42) 게리 솔 모슨, ibid., p.155.
43) 필자 작성
44) 『도스토예프스키 연구』, 르네 웰렉 편, 고대 노어노문학회 옮김, 1987, p.206.에 보면 도스토예프스키가 네끄라소프의 말을 인용한 이런 구절. "...주지하듯이 모든 사람을 사랑한다는 것은 필연적으로 당신 옆에 서있는 진짜 인간을 경멸하고 더러는 증오하고 있다는 것을 의미한다."

| 바흐찐의 행위의 구축학 | 영역 | 배경 | 형상 |
|---|---|---|---|
| "완성된 전체" | 소설 | 예술 | 서술체계 |
| "구체적이고 유일한 부분" | 개인 | 사건 | 삶 |
| "직관적, 필수적, 임의적이지 않은 배치" | 역사 | 맥락 | 장소 |
| "연관" | 시공간 | 대화 | 크로노토프 |

**[표 2-1]** 바흐찐의 '행위의 구축학'의 해석

이 사람은 구체적인 크로노토프 안에서 살아가는 것이며, 삶이란 추상적인 것이 아니라 자신의 구체적이고 유일한 크로노토프가 타자에게 반응하는 행위가 발생하는 시공간적 실체인 것이다. 마치 도스토예프스키 소설의 주인공들이 열정적으로 자기 자신의 장소를 찾으려는 열정을 보이듯이,[45] 바흐찐에게 인간은 그저 막연한 인간 혹은 인간 일반이 아니라, 크로노토프로 피와 살을 가지고 형상을 갖추며, 살아 움직이는 유일한 시공간체이다.

2) 발화utterance—능동적 행위

바흐찐은 형식주의에서 지칭하는 '실용적 언어'가 잠재적, 즉 시공간성이 결부된 행위의 구축학의 관점에서 볼 때, 개별적인 의사소통을 하는 평범한 의식에서 비롯된 일상적 언어와는 달리 극히 과학적, 시적 언어에 제한되어 있는 점을 비평하였다. 바흐찐은 소쉬르의 유명한 커뮤니케이션 도식[그림 2-10][46]을 예로 들면서 타자의 역할이 극소화된 이러한 도식은 추상적 차원에서만 있을 수 있는 허구fiction라고 비평하

45) 미하일 바흐찐, ibid., p.205.
46) www.infoamerica.org

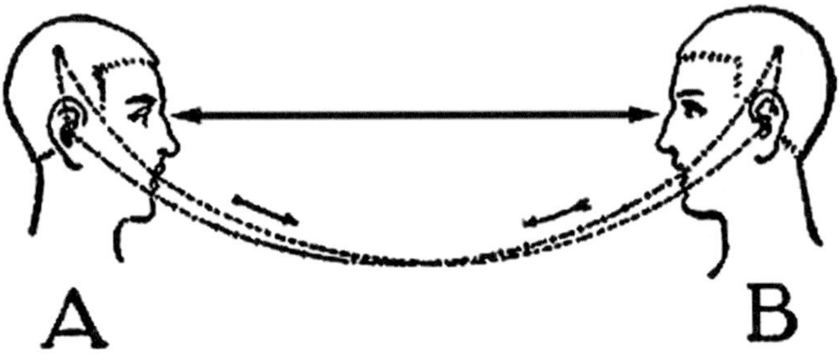


**[그림 2-10]** 소쉬르의 커뮤니케이션 도식

였다. 바흐찐은 소쉬르와 촘스키의 근본적인 지향이 언어의 객체화라고 한다면, 언어에 행위가 결부된 발화의 중요성을 강조하였다. 즉, 사람의 관점에서 언어형식을 보는 '발화의 주체화'를 주장하였다.

언어학은 언어체계내의 요소들간의 관계, 순전히 잠재적인 것만을 연구하며 발화들간의 관계, 발화와 현실, 발화와 화자(작가)간의 관계는 다루지 않는다.[47)]

따라서 연구대상으로서의 언어가 아닌 언어의 실천, 즉 일상적으로 사용되는 언어의 이질적이며 다양한 발화를 가장 특권적인 인간적 행위로 정의하였다. 이와 같이 구체적인 삶의 표에 그 의미를 부여하는 바흐찐은 언어학에서 발화utterance를 언어가 시공간에 실체화되는 순간의 음조와 억양으로 보았다.

따라서 바흐찐은 언어를 소리가 발생되는 과정과 신경계통, 언어와 인지기관에서 일어나는 과정, 그리고 언어의 의미가 전달되고 이해되는 과정으로 나눈다. 여기에서 세 번째 과정이 사회적 영역에서 유기체 사이의 상호 작용을 수반하는 것으로 보았으며 그 역할을 강조하였다. 부연하자면, 발화는 사회적 상황으로부터 형식과 의미를 부여받

47) M.M. Bakhtin, 『마르크스주의와 언어철학』, 송기환 역, 한겨레, 1988, p.314.

**[표 2-2]** 일상 언어의 잠재력으로 예술언어로 전환되는 과정의 도식

는 복잡하고 총체적인 사회적 산물[48]로 본 것이다. 이와 같은 사회적 상황에서 발생하는 상호 작용에 관련된 논의로, 미학적 행위에 대한 논의에서는 육화enfleshment, 즉 공간을 차지하는 육체의 물리적 성질로 경계를 마주하는 것들의 상호 작용을 논의하였다. 바흐찐은 이러한 상호 작용을 잉여시각surplus of seeing[49]을 통해 설명하였다. 이 시각은 타자성otherness이 성립되는 이유가 되는 동시에, 융합과 반응을 야기하는 발단이며, 이 시각으로 서로를 복제하지 않고 각자의 고유한 시각으로 서로를 보완하고, 자기 자신을 알게 된다고 주장하였다.

바흐찐의 발화에서 목소리라는 개념은 언어 이전의 어조(語調)tone의 개념을 함축하고 있다. 언어 이전에, 행위가 사유의 중심이었던 바흐찐은 어조 자체를 몸짓의 일종으로 해석하여, 고유한 나만의 행위로 인식하였다. 따라서 개별성은 어조로 나타나며, 개별적 인간처럼, 어조의 명암은 무척 복잡하고 다양하게 된다.[표 2-2][50] 이러한 이유로, 바흐찐은 어조에 대해서 어떠한 문법도 불가능하다고 말하며, 문법은 이론주의의 전형적인 기만이라고 지적하였다. 또한 바흐찐은 의미를 추상적 의미 혹은 사전적 의미와 문맥적 의미, 또는 상황의 감각으로 구분하였다. 언어학자들은 오로지 추상적 의미만을 인정하여 문맥적, 혹은 실질적 의미를 추상적 의미로 변형하였지만 추상적 의미는 순수 잠재적 의미이며, 그 잠재성이 특정한 경우에, 특정한 목적을 위해

48) 김욱동, 「프로이트와 마르크스-바흐찐의 심리학 이론」, 『현상과 인식』, vol.11, No.4, 1987.
49) 상대방만이 볼 수 있는 나의 영역. 본서 용어정리 참조
50) 필자 작성

현재화되는 순간, 거기서 실제적 의미가 생긴다[51]는 것이다. 예를 들면, 텍스트에 잠재된 시공간과 그 텍스트를 만나는 독자들의 각자 고유한 시공간이 융합할 때, 텍스트에 잠재된 의미는 새로운 크로노토프로 외재화externalize된다. 그 텍스트를 접하는 사람은 살아 있는 유기체이고, 그 유기체가 살아 있기 때문에 끊임없이 주변, 타자와 상황에 연쇄반응하는 것이다. 이 연쇄반응과 발화가 개별적 어조라는 명암이 있는 목소리로 시작된다는 설정을 통해, 발화를 대기 속으로 들어온 광선으로 비유한 것을 이해할 수 있다. 더불어 밀도와 구체성으로 정의한 사건의 시각적 형상을 가늠할 수 있다.

> 그러한 말의 의도를 다시 말해서 그 말이 향하는 대상의 직접성을 광선의 형식으로 상상해 본다면 그것은 이미지 표면에서 일어나는 색채와 빛깔의 생생하고도 반복 불가능한 유희를 그 선, 말의 분광하는 흩어짐으로 설명할 수 있을 것이다. 낯선 말들과 가치판단, 그리고 악센트로 가득 차 있는 대기를 통과해서 선은 대상을 향하여 제 갈길을 가게 된다. 그 말의 사회적 대기, 대상을 둘러싸고 있고 대기가 이미지의 표면에서 불꽃을 튀게 하는 것이다.[52]

이와 같이 바흐찐은 사람들 사이에 발생하는 발화가 상호 관계로서 안팎으로 엮여 동요와 긴장으로 가득한 환경을 창출한다고 보았다. 여기에서 발화(이하 말)를 융합하고 피하기도 하고 교차한다고 정의하며, 말을 빛과 그림자의 유희를 만들어내는 광선과 짙은 대기, 그리고 스펙트럼의 분광[그림 2-11][53]으로 비유하였다. 따라서 발화로

51) 게리 솔 모슨, ibid., p.237.
52) 게리 솔 모슨, ibid., p.255.
53) J.M.W. Turner, Light and Color(Goethe' s Theory), 1843. 출처 : Jonathan Crary, 『Techniques of the Observer』, MIT Press, p.140.

**[그림 2-11]** 제임스 터너, 빛과 색깔

형성된 환경은 다양한 요소와 힘, 즉 다중적이며 동시적인 시간성들의 충돌로 생성된 리듬으로 충만한 장field으로 볼 수 있다. 따라서 자신들의 개별적인 시공간성이라는 크로노토프를 유지하는 발화로 이루어지는 대화 속에서 수많은 잠재력을 발전시키는 창조적 매체로서 한 특정 크로노토프를 인식할 수 있다.[54)]

54) 게리 솔 모슨, ibid., p.112. 언어의 개체화와 발화의 차이를 환자를 치료하기 위하여 시신을 부검하는 수련과정을 거치는 의사의 행위로 비유하기도 한다.

(3) 대화-발화의 상호 관계

대화와 상대적 리얼리티-저자의 침묵과 평행적 관계의 다성성

바흐찐에게 나에 대한 인식의 완성은 타자와의 끊임없는 대화를 통해서 가능하다. 왜냐하면 나는 볼 수 없고 상대방에게만 보이는 나의 부분에 대한 잉여시각surplus of seeing이 존재하기 때문이다. 따라서 나와 타자의 대화는, 타자의 구체적 시공간과의 끊임없는 혹은 연쇄적인 상호 반응하는 행위로, 잉여시각이 외재화되며 경계 이월(移越)하는 매개적 상황으로 볼 수 있다.

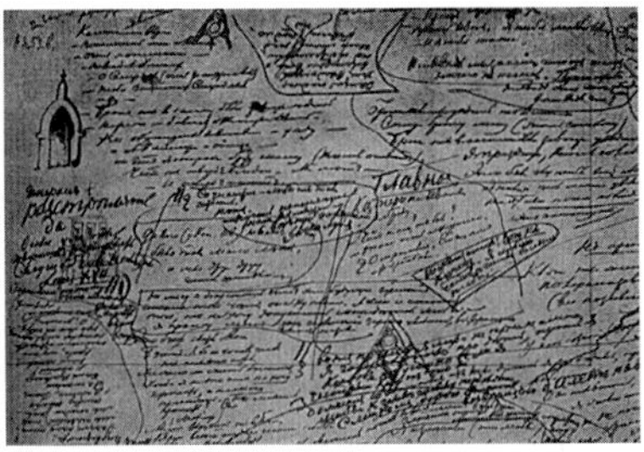

**[그림 2-12]** 『까라마조프의 형제들』 5장

바흐찐은 도스토예프스키의 연구에서 저자가 비(非)독백적으로 위치하며 비(非)체계적인[그림 2-12][55] 입장을 취할 때, 주인공과 독자간 대화의 다성성(多聲性)polyphony, 즉 삶의 불협화음적 리듬을 시각화해서 전달할 수 있다고 언급하였다. 따라서 저자성을 배제하는 서술적 특성으로 잘 알려진 러시아 도스토예프스키의 소설과 대화적 서술방식은 바흐찐의 크로노토프를 이해하는데 중요한 단서가 된다.

작가의 권리를 유보한 도스토예프스키는 독자reader에게 완결된 존재로서 주인공을 정의해 주지 않고 독자와 마찬가지로, 관찰자로서 시공간적으로 끊임없이 변화하는 주인공의, 인간으로서의 삶 자체를 바라보는 위치에 있다고 평가받는다. 그는 위기와 몰락, 부활 등의 사건이 발생하는 특정 장소인 문턱과 같이, 어느 특정 시공간적 관계망

55) www.fyodordostoevsky.com

[그림 2-13][56]을 기술함으로 주인공의 삶을 표현하고 가시화하였다.[57] 이렇게 인접한 대상을 통하여 삶을 기술하는 서술방식을 환유적 치환[58]이라고 하는데, 이것은 러시아 사실주의 문학의 대표적인 서술방식[59]으로 알려져 있다.

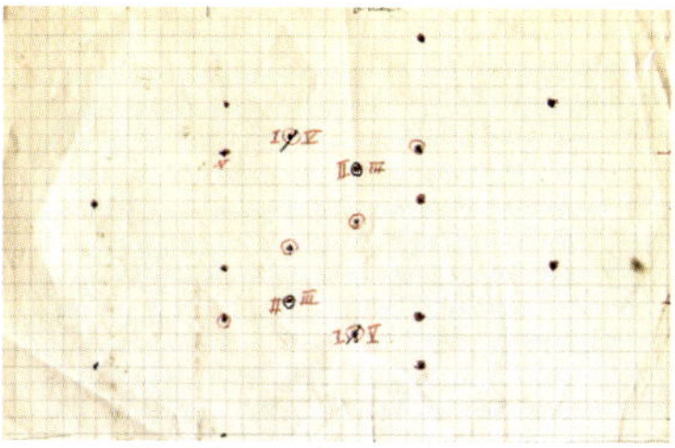

**[그림 2-13]** 구조적 성좌

> 소설의 에필로그는 생략하였다. 장소의 이동이 방과 방의 이동이다. 그런데 앞서 말한 대로 방에 개별 특성이 분명치 않으며 이는 드는 자와 나는 자의 구분보다 그 공간에 있는 인물간의 대화가 중요해진다. 다시 말해, 인물들이 존재하는 장소는 구체적 환경의 장소에서 익명, 추상, 개념의 장소로 기능 한다. 바로 도시가 가지는 특성이다.[60]

바흐찐은 『도스토예프스키 소설 연구』에서, 그의 소설은 다양한 관점이 동일한 대상을 지향하는 대화적 세계관을 전개한다고 평가하였다. 작가의 위치가 등장인물들의 관점 모두에게 배분되어 있어 전지적인 것처럼 보이지만 등장인물들의 다양한 내부 관점들이 역원근법처럼, 한 곳에 집중, 종합화되고 있다는 것이다. 여기에서 등장인물들의 관점을 회화의 시점으로 해석할 수 있다면, 이런 관점의 종합은 러시아

56) Josef Albers, Structural Constellation, Anthony W. Auerbach, Ph.D, p.205.
57) 이문영, ibid., p.164.
58) 개개 사물의 특징을 통해 전체적인 성격을 유추하는 귀납적 세계관에 기인하는 것으로 실제 현실세계에 나타나고 있는 세세함과 다양한 관점을 통해서 인과적으로 관계를 맺는 새로운 현실의 지평을 제시하고자 하는 의식이라고 할 수 있다.
59) 주변 사물에 대한 세부 묘사는 등장인물의 심리와 성격을 주변사물에 투사하여 그 주변 사물의 특성을 통하여 다시금 등장인물의 심리와 성격을 파악하게 하는 환유적 서술방식이다.
60) 강량원 연출, 도스토예프스키의 『죄와 벌』 연극관련 기사

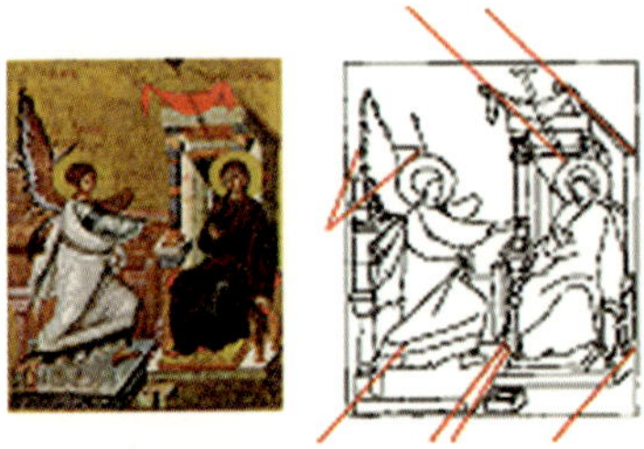

**[그림 2-14]** 러시아 성화, 이콘

의 종교회화인 이콘icon의 구성원리[61)][그림 2-14][62)]에 비유될 수 있다. 바흐찐은 도스토예프스키의 작품에 나타나고 있는 등장인물들의 말과 말의 상호 침투, 관점과 관점의 동시적인 교차, 시점들의 중첩을 일컬어 『도스토예프스키의 제문제』(1929)에서 다성성(多聲性)polyphony으로 정의하였다. 바흐찐에 따르면, 도스토예프스키의 다성적 소설은 하나의 체계에 통합된 요소들로 만들어진 것이 아니라 잠재적 시공간성으로 가득 찬, 이질언어성을 가진 개별적인 목소리들로 만들어진다. 따라서 다성적 소설은 둘 또는 그 이상의 의식이 대화적으로 만날 때 전개되는 사건의 장소들로 이루어져 있으며, 저자는 이야기의 주제나 계기를 목격하는 위치에 있게 된다.

바흐찐이 비유적으로 음악의 용어를 사용한 것처럼, 독백이 아닌 대화적 관계에 기초하는 다성성은 등장인물들, 저자, 그리고 독자의 다양한 관점과 의식이 서로 동시에 중첩되면서 빚어내는 말의 화음이라고 할 수 있다. 말과 말이 교차하면서 관점의 다중화(다양한 관점의 교체)와 동시성(다양한 관점의 동일 대상 지향성)이 구체화되며, 궁극에 가서는 대화의 세계관이 구축이 가능하다. 따라서 다성성은 말의 성찬 혹은 현란한 말과 말의 나열로 해석되는 일반적인 의미와는 달리, 등장인물들의 내면적인 관점 속에서 드러난 의식들이 다른 등장인물들

61) 대표적인 원리로는 시점이 화면 밖에 위치한다는 것과 대상들이 일점 원근법의 절대적인 한 시점으로 통합되지 않고 각각 시공간적 구체성을 가지고 다중적으로 표현된다는 점이다. 따라서 한 이콘 회화는 하나의 장면이나 사건에 대해 다양한 관점들로부터 주어진 상대적 서술을 종합하고 있는 것이다.

62) www.rollins.edu

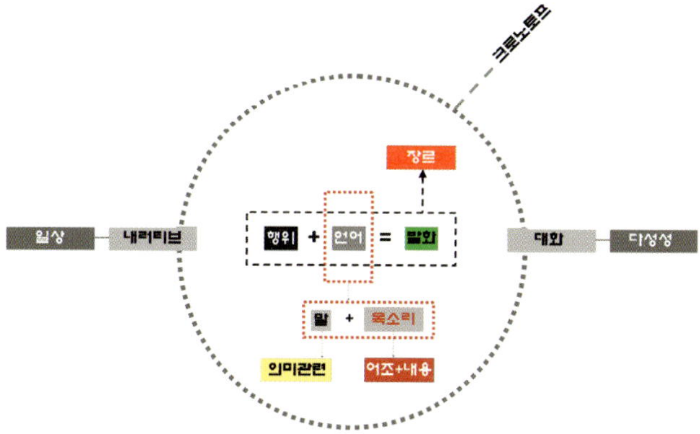


**[그림 2-15]** 크로노토프의 언어범주와 위치

의 의식과 만나면서[63] 실체화되는 발화 · 말 모임, 혹은 충돌이라고 할 수 있다.

더불어 바흐찐은 도스토예프스키가 다루고 있는 선과 악이라는 관념적인 테마들을 독백적인 서술이 아니라, 갈등과 모순을 포함한 대화적인 서술구조로서 더욱 극적으로 표현하고 있다고 평가하였다. 따라서 바흐찐이 지향하는 타자와의 소통은 하나의 의견으로 통합됨을 목적으로 하지 않고, 각각의 유일성이 뚜렷해서 폭발하는 것처럼 표출되는 순간이라고 할 수 있다. 바흐찐은 유일한 시공간성들이 공존하는 다성성을 지향하는 예술적 의지야말로 수많은 의지들을 결합하려는 의지이며, 사건에 대한 의지라고 말하였다. 이로 인해 바흐찐의 다성성은 비독백적이고 비체계적인 진리의 이해를 제안함으로써 모든 이론주의와 기호학적 전체주의에 의문을 제기하는 메타meta 철학적 작업[64][그림 2-15][65]으로 평가되기도 한다.

63) 이덕형, ibid., p.41.
64) 게리 솔 모슨, ibid., p.410. 메타철학은 철학의 자기 성찰적 의문을 말한다.
65) 필자 작성

### 2.1.2 크로노토프의 의미와 분류

#### (1) 크로노토프의 의미

시간과 공간이 불가분의 관계를 맺고 있다는 전제 하에 바흐찐은 크로노토프를 이야기를 구성하는 기본적인 사건들을 조직하는 중심으로 이야기의 마디가 맺어지고 풀어지는 곳으로 설명하였다. 그리고 크로노토프의 의미를 '재현된 시간적-공간적 범주의 성질에 따라 텍스트를 연구하기 위하여 구분한 단위' 로 정의하였다. 그리고 크로노토프를 언어로 서술된 시공간을 형상화하는 장치로서, 형식주의의 기하학적 언어연구에 대한 비평으로 문학의 장르genre를 구분하는 형식적 구성범주로 소설형식연구에 적용하였다.

> 모든 문학적 형상은 크로노토프적이다. 형상들의 보고로서의 언어도 근본적으로 크로노토프적이다. 또한 단어의 내적 형식, 즉 공간적 범주의 어원적 의미가 시간적 관계로 이월되도록 돕는 매개적 지표들도 크로노토프적이다.[66]

바흐찐은 타자와의 소통을 그 자체가 나의 경험과는 다른 경험을 두 의식이 실제화actualize되는 순간으로 보았다. 그 순간은 사건이며, 그 두 의식이 실재화되는 순간의 시공간적 관계망이 크로노토프의 형상이라고 설명하였다. 바흐찐의 사건은 나와 타자가 공유하는 공간 내에서 끊임없이 상호 작용하는 순간이라는 시간적 개념이 통합된, 시공간망들matrices의 역동적 짜임fabric이라고 할 수 있다. 따라서 타자와의 동시적 공존을 전제하는 크로노토프는 논리의 위반과 갈등 속에서 새로운 의미창조의 가능성이 발견되는 불확정적 사건들의 장소라고 할 수 있다. 능동적 행위로 야기되는 사건들은 논리라기 보다는, 나와 타

66) 미하일 바흐찐, ibid., p.459.

자간의 모순이 야기하는 역동적 관계를 외재화하는externalize 순간들이 된다. 이처럼 바흐찐이 크로노토프의 형상을 사건 중심으로 설명하는 이유는 사건으로 야기되는 시공간망의 밀도와 구체성으로 크로노토프가 형상화figuration되기 때문이다.

또한 크로노토프로 가시화되는 바흐찐의 행위의 구축학적 구조는 개념의 정합성을 모색하는 작가의 추상적 예술체계가 아니라, 비논리와 갈등, 그리고 대립관계로 진행 중인 나와 타자간 발생하는 능동적 행위의 사건으로 구축된 비결정적 삶의 구조라고 할 수 있다.

> 크로노토프는 소설의 이야기를 구성하는 기본적인 사건들을 조직하는 중심이다. 이 크로노토프는 이야기의 마디가 맺어지고 풀어지는 곳이다. 이야기의 의미가 크로노토프에 속한다고 말해도 무리가 없을 것이다.
> 사건은 그저 정보로서 전달될 수도 있고 우리는 그 사건이 발생한 장소와 시간에 대한 단순히 정확한 자료를 제공할 수도 있다. 그러나 그렇게 해서 사건은 형상(figure)이 되지 못한다. 사건을 묘사하고 재현하기 위한 본질적인 토대를 제공하는 것은 바로 크로노토프이다.[67)]

이런 맥락에서 크로노토프는 이야기의 내용 또는 의미에 형상을 부여할 수 있게 된다. 즉, 의미는 밀도와 구체성으로 가시화된 시공간적 형상이며, 그 형상이 크로노토프라는 것이다. 시공간적으로 가시화되는 장르의 특성은 의미를 배제하는 형식주의적 예술을 향해, 의미는 발견하는 것이라는 것을 역설하는 것과 같다. 따라서 시간은 크로노토프를 통해 손으로 만질 수 있고 눈으로 볼 수 있게 되며, 크로노토프는 이야기를 구성하는 사건들을 구체화하여 그것들에 살을 붙이고 그 혈관에 피가 흐르도록 하는 주체가 된다. 이처럼 크로노토프는 공간 안

67) 미하일 바흐찐, ibid., p.458.

에서 시간을 형상화하는 중요한 수단으로 작용하며, 구체적인 재현(再現)reproduction과 육화enfleshment의 중심이자 동시에 소설 전체에 실체를 부여하는 원동력으로 해석 가능하다.

> 소설의 모든 추상적 요소들(철학적이고 사회적인 일반론, 이념 인과관계의 분석)은 크로노토프의 인력권에 끌려 들어가고 그것을 통해 피와 살이 붙으며 예술의 형상화 능력에 참여한다.[68]

의미가 무엇이건 우리의 경험(사회적 경험)의 일부가 되기 위해서는 그것은 우리가 들을 수 있고 볼 수 있는 기호의 형식을 취해야만 한다.(상형문자, 수학공식, 언어적 표현, 소묘) 이러한 시공간적 표현 없이는 추상적인 사고조차 불가능하다. 따라서 의미의 영역으로 들어가려면 오로지 크로노토프라는 문을 통과해야만 하는 것이다.[69]

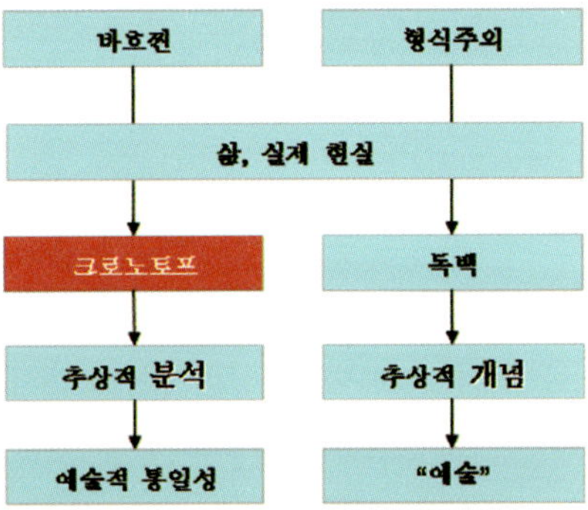

**[표 2-3]** 크로노토프의 위치와 역할

[표 2-3][70]에서 크로노토프의 위치와 '추상적 분석'이라는 지칭은 의미[71]가 경험의 일부가 되기 위해서는 추상의 형식을 취해야만 한다는 바흐찐의 논의에 따라 작성하였다. 도표를 통해 형식주의가 주관적이라며 배

68) 미하일 바흐찐, ibid., p.468.
69) 미하일 바흐찐, ibid., p.467.
70) 필자 작성
71) 바흐찐에 의하면 의미 혹은 의미적 요소는 추상적 인식과 예술적 사유에 존재하지만, 시공간적으로, 예술적으로 어느 규정에도 종속되지 않는다. 따라서 시공간적 존재 영역에서 형상으로 그 의미의 잠재성을 발견하게 된다.

제한 실제 삶과 내용이 시공간적 표현을 통해 장르라는 살아 있는 예술적 형상이 되는 과정에 위치한 크로노토프의 필수적이며 객관적 역할을 가늠할 수 있다. 이 도표에서 볼 수 있듯이, 크로노토프는 형식주의의 독백과 동등한 위치에 설정되어 있다. 삶/현실을 추상적 개념으로 승화하는 과정과 크로노토프로 삶/현실의 시공간성에 대한 추상적 분석과정의 차이는 저자와 관련있다. 예를 들면, 한 저자/화가가 삶의 속성을 비결정적인 것으로 해석한다면, 저자의 형상화 능력에 따라 추상적 개념 단계를 거쳐 비결정적인 예술적 형상으로 가시화될 수 있다. 하지만 크로노토프는 형식주의의 저자와 같이 삶을 해석하지 않고, 삶에 시공간망을 투사하여 형상화할 수 있는 계기를 마련하는 것이다. 따라서 크로노토프를 통해 가시화된 삶의 비결정적 형상은 개별적 주체들이 상호 반응하며, 적응하여 생성된 형상이지 전자처럼 그 형상을 결정하고 의미를 부여하지 않는다.

따라서 삶을 주제로 한 추상적 분석은 저자의 관념적 언어로 형상화되는 형식이 아닌 사건이 진행되는 삶과 상황을 둘러싼 가변적 시공간의 형상에 관한 있는 그대로의 기술(記述)일 수 밖에 없다. 따라서 바흐찐의 크로노토프는 삶을 이론이 아니라 실제적이며 구체적이고 역사적으로 수행되는 순간에 생겨나는 사건[72]으로 인식한 사실주의적 사유, 즉 행위의 구축학을 가시화하는 시공간망Space-Time matrix이며, 주체들의 시공간성 확보를 위해 유보된 저자성은 크로노토프의 치명적인 생성조건이 된다.

> 문학적 형상의 크로노토프적 원리를 최초로 명백하게 밝힌 사람은 라오콘을 쓴 레씽(Gotthold Ephraim Lessing, 1729-1781)이다. 그는 문학적 형상의 시간적 성격을 확립하였다. 공간상의 정태적인 것들은 정태적으로 기술될 수 없으며 반드

72) 물리학의 시공간 좌표계는 관찰자의 현재를 중심으로 구축되며, 그 지점이 사건Event이다.

시 재현된 사건의 시간적 연쇄 및 이야기 자체의 재현영역으로 통합되어야만 한다. 따라서 레씽의 널리 알려진, 예를 들자면 헬렌의 아름다움은 호메로스에 의해 직접 기술되기 보다는 트로이의 원로들의 반응을 통해 제시되며, 동시에 그 반응은 원로들의 활동과 행위로 이루어지는 연쇄들 속에서 드러난다. 아름다움은 재현된 일련의 사건들 속으로 유입되는 바, 그 정태적 기술의 주제가 아니라 역동적인 이야기의 주제가 된다.[73)]

## (2) 크로노토프의 분류

바흐찐은 『소설에서의 시간의 형상들과 크로노토프Forms of Time and Chronotope in the Novel』를 1937-1938년에 집필하였고, 1973년에 전체 분량의 10%에 해당하는 후기concluding remarks를 첨부하였다. 이 후기에서 크로노토프의 정의와 역할을 상세하게 설명하면서 전체적인 크로노토프와 정도와 범위가 다른 부분적 크로노토프를 구분하였다. 이 분류는 예술과 소설의 주제motif, 즉 '크로노토프적 가치들chronotopic values'에 따른 것으로, 바흐찐 연구가인 홀로퀴스트는 이 구분을 전체적Major과 부분적minor으로 번역하였다.[74)] 본 연구에서 주류와 비주류로 번역하지 않은 이유는, 바흐찐이 크로노토프는 개별적 크로노토프로 가득하며, 그들의 관계는 크로노토프적이 아니라 대화적이라고 하고 있다는 점에 주목하였기 때문이다. 즉, 개별적 크로노토프들이 대화적 관계로 한 작품의 크로노토프가 되고, 이 크로노토프는 저자와 주인공, 독자들의 크로노토프와 대화적 관계를 맺으며 또 하나의 크로노토프를 형성한다. 한편, 또 다른 연구자인 게리 솔은 바흐찐이 "주제motif는 모두 크로노토프적 가치chronotopic value를 지니고 있다"고 기술한 점에 착

73) M.M. Bakhtin, ibid., p.467.
74) M.M. Bakhtin, 『The Dialogic Imagination』, Edited by Michael Holoquist, University of Texas Press, 2004., p.243.

안하여, 장르의 크로노토프와 크로노토프적 모티프로 구분하였다.[75] 하지만 어휘 표현상 크로노토프가 아니지만 크로노토프로 이해되는 개념으로 오독될 수 있는 여지가 있어, 전체적 크로노토프와 부분적 크로노토프로 지칭하고자 한다.

a. 전체적major 크로노토프와 장르

크로노토프를 통하여 분류한 첫 번째 장르는 그리스 로맨스소설Greek Romance이다. 고대소설의 장르를 시련(試鍊)의 모험소설, 일상 생활의 모험소설, 그리스 자서전으로 분류하였다. 그리고 각 분류의 모험적 시간, 우연성, 만남, 공간의 추상성, 인물 묘사, 일상 생활, 변신, 가족 문서, 점(占) 등을 크로노토프로 분석하였다. 바흐찐이 영웅의 모험을 중심으로 분석한 이유는 영속적인 시간과 일상적인 시간을 대조하기 위해 선별한 것이다.

중세소설Medieval Novel에서는 기사도 로맨스, 단테Dante의 수직적vertical 시간구조, 악한, 광대, 바보 등 하류 인물, 우화(寓話), 혼종(混種), 그리고 프랑스의 중세소설가, 라블레F. Rabelais의 소설을 논의하였다. 단편적으로 다루는 다른 장르들과는 달리 라블레의 소설은 개별적인 장chapter으로 배분하여, 집중적으로 논의하였다. 바흐찐은 중세의 공적(公的)인 사회와 사적(私的)인 사회간의 상호 모순을 육체기관과 생리(生理)적 현상 등을 통해 표현한 라블레를 높이 평가하였다. 그리고 라블레 소설로 인해 중세소설에 민속적 시간의 형식이 부활되었으며, 공동체의 분화와 공적인 사회의 모형prototype이 변화되었다고 분석하였다.

75) 게리 솔 모슨, ibid., p.634.

근대소설은 목가소설과 리얼리즘 성장소설로 그 장르를 구분하였는데, 영웅의 이야기에서 개인주의적인 경향으로 전환하고 있다는 사실에 주목하였다. 또한 리얼리즘 성장소설 장르를 연구하면서 다시 라블레의 소설이 리얼리즘 성장소설에 끼친 영향을 논의하였다. 또한 근대소설의 장르와는 별도로 독일의 교양소설과 괴테의 크로노토프에 대한 개별적인 분석이 1936년 「교양소설과 리얼리즘 역사 속에서의 그 의미」에서 이루어진 점에 주목할 필요가 있다. 유일한 주체들의 시공간망과 그 역동성이 강조되는 바흐찐의 크로노토프는 리얼리즘 성장소설과 다성성 분석에 적합한 장르분석의 방법론이라고 할 수 있다. 한 소설장르의 시공간 짜임을 분석한다는 것 자체가 리얼리즘 인식을 강조하는 것은 아니다. 하지만 이념이나 감정, 그리고 형식으로부터 자유로운 실제적이며 객관적인 물리적 특성으로 소설을 분석했을 때 가시화되는 실제 인간형상은 이질적이지만 객관적으로 이해할 수 있는 기준을 제시한다. 이러한 맥락에서 바흐찐은 러시아 사실주의 소설가인 도스토예프스키가 새로운 장르를 개척하였다고 평가하였다. 소설이라는 일상의 이야기를 직접적으로 전달하는 장르에서, 대화적 전개방식으로 실제적인 시공간성을 가시화하는 목소리, 말하기의 장르가 소개되었다는 것이다.

도스토예프스키의 다성성에 대한 바흐찐의 평가처럼, 시공간 짜임은 자연과 우주 모두에 해당하지만 상대방을 향하는, 표현하지 않는 의도를 목소리라는 어조tone에 담아 대화하는 것은 오직 사람들 사이에서만 가능한 행위일 수도 있다. 더불어 목소리가 지니는 현재성으로 인해 저자 조차도 이야기의 끝을 통제할 수 없는 위치에 있어서, 말하기 장르는 크로노토프를 통해 일상 생활의 형상을 그대로 재현하게 된다. 따라서 리얼리즘 성장소설과 다성성에서 개별적 주체들의 시공간망과 그 역동적 짜임을 형상화하는 크로노토프의 특성을 찾아볼 수 있다.

b. 부분적minor 크로노토프

부분적minor 크로노토프는 장소에 관련된 개념으로서 바흐찐은 만남의 길, 중세의 성, 살롱, 지방의 소도시, 위기와 분기(分岐)지점의 경계(현관, 복도, 거리, 광장), 전기적 시간, 신비적, 사육제적 시간 등으로 구분하였다. 크로노토프들은 전체적 크로노토프의 일부에 해당하는 크로노토프로 독립적인 시공간성을 갖고 있다. 또한 어떤 이야기의 내용과는 상관없이 자유롭게 그 이야기의 중간에 삽입될 수 있는 정도의 강한 독립성을 가지고 있어서 바흐찐은 부분적 크로노토프로 지칭하였다. 이 논의는 1937-1938년에 완성한 전체적 크로노토프의 1973년 개정판에 첨부되었으며, 여기에서 부분적 크로노토프와 더불어 전체적 크로노토프에서는 정의하지 않았던 크로노토프에서의 저자와 사건, 그리고 의미에 관련된 역할 또한 설명하였다.

대표적 사례인 길에 대해서 바흐찐은 아주 다양한 사람들이 우연적으로 만나며, 하나의 시공간적 지점에 다양한 운명들이 교차하는 크로노토프로 보았다. 시공간적 망들의 교차로 붕괴되는 사회적 거리에 의해서 복잡하고 더 구체적인 시공간적 망들이 생성되는 부분적 크로노토프라고 설명하였다. 따라서 길은 새로운 크로노토프의 시작점인 동시에 결말지점이 된다. 사람들의 이동(移動)을 담당하는 장소로 시간적 속성이 더 강하며 이로 인해 더 복잡하고 다양한 측면들이 강조되는 크로노토프로 길의 부분적 크로노토프를 정의하였다.

17세기 말, 고딕소설, 혹은 암흑소설에 등장하는 성(城)은 영주가 과거의 유적들을 보관하는 장소로 왕위의 계승에 따른 지속적이고 과거지향적인 부분적 크로노토프라고 정의하였다. 이로 인해서 성(城)이라는 장소를 역사적 소설에서 나타나는 풍부한 형상들이 발견되는 박물관과 같다고 비유하였다. 또한 근세의 공간, 살롱salon의 크로노토프에 대해서는 사적 공간에서 이루어지는 공적 사건들, 즉 정치 · 문화적 결합을 논의하였다. 이와 더불어 비밀스러운 사적 공간에서 압축된 일상적 시간, 역사적 시간을 볼 줄 알았던 작가로는 프랑스 사실주의 작가인 스땅달Stendhal(1783-1842)과 발자끄Honore de Balzac(1799-1850)를 예로 들었다.

19세기 소설에 등장하는 지방 소도시의 크로노토프로는 일상적이고 반복적인, 그 지루한 풍경이 기술된 『보봐리 부인』[76]을 중심으로 논의하였다. 목가적(牧歌的)인 시간의 변형이 반영된 지방 소(小)도시에서는 순환적인 일상의 시간만이 반복되어 사람들은 작은 책략에도 쉽게 말려들거나 당구billiard나 속물적인 생활을 하는 부분적 크로노토프의 속성을 보았다. 이러한 목가적인 크로노토프는 시간이 느리게 진행되며 만남과 사건이 존재하지 않는 크로노토프로서, 도시와 같은 역동적인 크로노토프와 대조시키는 부분적 크로노토프로 보았다.

또한 바흐찐은 감정과 가치로 가득 차 있는 부분적 크로노토프로, 도스토예프스키[77]의 소설에 등장하는 문턱을 예로 들며 다음과 같이 분석하였다.

> 문턱은 만남의 모티프와 결합될 수도 있으나 기본적으로 인생의 위기와 분기점

76) Madame Bovary, 프랑스 소설가 플로베르Gustav Flaubert(1821-1880)의 작품(1857)

77) 도스토예프스키 연구가로 알려질 정도로 그의 소설을 통하여 바흐찐은 다성악 개념을 주장한다.

의 크로노토프로 기능한다. '문턱' 이라는 단어 자체가 이미 일상적인 용법에서도 문자 그대로의 의미와 함께 비유적인 의미를 지니고 있으면서 삶의 분기점이나 위기의 순간, 삶을 변화시키는 결정(또는 삶을 변화시키는 데에 실패하는 우유부단한, 문턱을 넘어서는 것에 대한 공포) 등과 연결된다... 예컨대 도스토예프스키의 작품에서는 문턱과 그에 관련된 크로노토프(계단과 현관, 복도의 크로노토프 및 이러한 공간을 옥외로 확장한 거리와 광장의 크로노토프)가 작품 속의 사건이 주로 일어나는 장소이며, 위기의 사건, 몰락, 부활, 재생, 현현, 사람의 모든 인생을 좌우하는 결정 등이 일어나는 장소이다. 이 크로노토프의 시간은 본질적으로 순간적이며, 지속되지 않고 전기적 시간의 정상적인 진행으로부터 떨어져 나온 듯이 보인다.[78]

이러한 부분적 크로노토프들을 논의한 후, 바흐찐은 크로노토프의 역할과 의미를 정의하였다. 사건을 밀도와 구체성으로 지칭한 이유를, 행위의 주체가 구체화된 특정 지점에서, 유일한 주체들이 자신의 지점들을 점유한 상태에서 각각 지점의 중력과 행위들이 상호 작용하여 형성된 밀도 차이로 구축된 입체적인 형상에 근거한다고 추론할 수 있다. 이 역동적인 망 자체를 다양한 목소리의 어조voice tone가 혼합된 다성성과 다양한 벡터vector들이 서로 상충(相沖)contrast하거나 인접(隣接)adjacent하여 새로운 색상을 만드는, 빛의 색조color tone로도 비유한 점을 고려하면, 크로노토프는 밀도 차이와 파장의 속성에 반응하는 유동적인 시공간적 매개체로서 추론이 가능하다.

78) 미하일 바흐찐, ibid., p.458.

## 2.2 크로노토프의 단계적 구축양상(樣相)과 추론적 양상해석

### 2.2.1 문학에서의 행위에 관하여

#### (1) 라블레Francois Rabelais(1494-1553?)의 공간-육체

행위를 서술하는데 있어서 육체는 그 기본 전제라고 할 수 있다. 바흐찐의 관점에서 본 행위를 잘 알 수 있는 연구가 라블레 소설 연구이다.

프랑스와 라블레Francois Rabelais(1494-1553?)의 소설은 바흐찐 자신의 박사학위 청구논문의 주제였다. 이 연구에서 라블레는 등장인물들과 중세시대의 수직적 질서와의 관계를 육체를 중심으로 논의하였다. 이 연구는 소설 이후에 전개되는 바흐찐의 연구 주제들, 민중(民衆), 민속(民俗), 그리고 카니발carnival 연구의 기초가 된다. 익살스러운 소설『가르강튀아와 팡타그뤼엘』로 알려진 라블레는 수도사로 있을 때 의술을 배워 해부학적 지식이 풍부하였던 것으로 알려졌다. 바흐찐은 육체를 폄하하는 중세 사회에서 기형적이고 파괴적인 인물을 등장시켜 중세의 미신과 수직적 질서, 모순들을 조롱하는 라블레의 소설을, 초자연적인 세계, 그리고 수직적인 세계와 그 세계에 대한 상징적, 위계적 해석을 제거하여 그러한 세계관으로부터 감염된 세계를 해방시킨다고 평가하였다.

바흐찐은 라블레가 이상주의(理想主義)의 위계적인 관계를, 본성(本性)에 따른 연관관계가 뚜렷했던 민속과 고대를 대비시킴으로 극복하였다고 평가하였다. 라블레 소설의 기괴해 보이는 존재들과 일반적인 존재들은 자유롭게 자신들의 본성에 따라 결합하며 새로운 세계상을 구축하였다는 것이다. 바흐찐은 교리(敎理)에 의해 왜곡되고 전도된 인간 사회와 세계를 구성하고 있는 사물들의 가치관을 회복하기 위해, 기존의 가치체계를 붕괴시키는 라블레의 전략을 분석하였다. 그 전략으로 소설 속에 등장하는 비공식적(非公式的)minor인 인물들, 악당,

바보들이 공식적인 사회를 비웃으며 공식적(公式的)major인 장소에서 만들어내는 웃음을 발견하였다. 그리고 이러한 전략이 생성되는 모체(母體)를 육체와 관계되어 있는 인체, 의복, 음식, 취기, 성, 죽음, 배설 등 일곱 가지 계열로 구분하여 분석하였다. 이러한 육체와 관련된 구분은 라블레의 의학적 배경이 말해주듯이 인간의 육체를 해부학적으로 기술(記述)한 라블레 소설의 주제에 따른 것이다.

> 그는 쇠꼬챙이로 그 자의 배꼽 오른쪽 조금 위를 찔러 그의 세 번째 간엽과 횡격막을 꿰뚫었던 것이다. 쇠꼬챙이는 심방을 통해 척추와 왼쪽 어깨뼈 사이의 어깨 위를 뚫고 나왔다.[79]

라블레 소설에서는 인체가 해부되어 드러난 신체기관들이 살아 움직이는 등장인물로 이야기를 진행하며, 삶의 모든 작용을 육체와 내장들을 통해 구체화한다. 바흐찐은 이러한 라블레의 시각적 명료함과 정밀함에 주목하였다. 특히 인체기관의 상호 작용을 채무관계에 있는 인간관계로 비유해 설명하는 부분에 대해서는, 라블레에게 육체는 소우주와 같다고 말하며, 육체기관들로 구체화된 사회 공간적 상황을 강조하였다. 여기에서 육화(肉化)enfleshment라는 용어를 사용하는데, 육화는 역동적인 육체의 기관을 통해 세계를 구체화하는 행위라고 정의하였다. 그리고 이것이 라블레가 새로운 세계관을 구축하는 방법이었다는 점을 강조하였다.

> 라블레는 고정된 구조와 고정된 세계관, 고정된 가체체계에 근거한 인간의 언어가 하나의 문맥, 하나의 장르, 하나의 문체, 하나의 문장 안에서 그리고 하나의 어조로 사용했던 적이 없는 단어와 개념들을 하나의 시리즈 안에 위치시키기 위

79) 미하일 바흐찐, ibid., p.367.

해 전혀 조리에 맞지 않는 복합어의 사용도 서슴지 않았다. 예를 들면, "참외는 밭에 있지만 우리 아저씨는 키에프에 있다."[80)]

또한 바흐찐은 라블레가 일상적인 행위이지만 비공식적인 행위로 여겨지는 음식과 음주, 배설, 그리고 성행위에 관한 시리즈에서 성직자들의 금욕적인 생활을 익살스럽게 풍자한 점을 논의하였다. 먹고 마시는 행위가 이념적으로 부정적인 행위로 간주되면, 언어나 사고 모든 측면에서 파괴적인 형태로 나타난다는 것을 수도사들의 폭식과 취태를 통해 서술하고 있다는 것이다.

이와 같이 바흐찐은 삶의 기본적인 모습을 통해 가장 오래된, 하지만 본질적인 관계성을 회복한 라블레를 높이 평가하였으며 이를 그의 크로노토프적 특성으로 정의하였다. 그 특성을 통해 종교적 시간과 공간에 비해 낮게 평가되던 현실적이고 일상적인 시간과 공간의 새로운 관계를 발견할 수 있다는 것이다. 따라서 일상 생활의 행위들로 창조적인, 성장하는 시간을 형상화하는 새로운 시공간적 관계 또는 크로노토프를 민속의 형상에서 찾을 수 있다고 주장하였다. 이를 설명하기 위하여 라블레 소설에 등장하는 시간의 종류를 기술하는데, 그 시간들은 노동의 시간이며, 생산적 성장의 시간이다.

바흐찐이 교회의 수직성을 비평하는 라블레 소설의 크로노토프를 주목하는 뚜렷한 이유가 있었다. 그것은 1920년 당시 대두된 인간관계에 대한 새로운 형식과 함께, 새롭고 조화로운 총체적인 인간을 위해 새로운 크로노토프에 적합한 공간, 시간적 세계를 논의하기 위해서였다. 바흐찐은 라블레의 크로노토프를 신과의 관계로 설정된 수직적

80) 미하일 바흐찐, ibid., p.372.

시공간성과 대비되는 인간의 횡적 유대관계 강화를 통해서, 하나의 수평적 시공간성, 지평선(地平線)을 구축한 것으로 보았다. 그리고 희랍, 로마문화의 영향에서 비롯된 라블레의 관점이 평등사회를 이상으로 하는 골Gaul족[81]의 전통과 관련이 있으며, 전통 민속과 고대 문화에 의존하고 있다는 사실을 통해 라블레가 창출한 새로운 크로노토프는 과거를 토대로 구축되었다는 점에 주목하였다.

더불어 라블레가 중세소설가이지만 후에 리얼리즘 성장소설을 논의할 때, 바흐찐은 라블레 소설의 시공간성을 괴테와 연관지으며, 리얼리즘 성장소설의 대표적인 소설가로 분석하였다. 간략화하는 위험이 따르지만, 바흐찐은 괴테가 공간에 내재하고 있는 시간을 가시화하였다면, 라블레는 시간을 통해 공간의 구조를 육체, 혹은 신체기관의 움직임을 통해 가시화하였다고 유사하지만 구분하여 분석한 것이다.

### (2) 추론적 양상 도출 형식주의 시점과 사실주의 양안성(雙眼性)을 통하여 본 움직임의 주체

기호학파 학자인 우스펜스키는 그의 『구성의 시학』[82]에서 문학작품의 구성을 시점(視點) 중심으로 전개시켰다. 회화에서의 구도역할처럼, 시점으로 서술이 전개된다는 것이다. 이러한 형식주의 언어학 연구에 기초하여, 이상에서 논의한 크로노토프 행위단계를 건축언어로 번안하기 이전에 추론적 양상을 찾아보고자 한다. 시점은 입체파와 미래파 회화에서의 동적이며, 다중적 시공간성의 굴절, 분할, 그리고 중첩으로 표

81) 갈리아Galia족으로 불리던 고대 종족, BC 2,000년경부터 BC 1세기경까지 유럽 대부분의 지역에 살던 인도 · 유럽어를 사용하던 종족의 일파이고, 켈트족의 여러 부족 중 한 부족으로 갈리아(지금의 프랑스-알프스 내륙쪽)지방에 살던 '골족'은 BC 50년경 로마제국에 흡수가 되었다. www. freeDictionary.com

82) B. Uspensky, 『Poetika Kompozitsin』, Iskusstvo, 1970

**[그림 2-16]** 칼가는 사람, 1912-1918

**[그림 2-17]** 인민위원의 죽음, 1928

현된다. 1910년경 잠시 러시아에 등장한 입체미래파Cubo Futurism[83)][그림 2-16][84)]는 프랑스 입체파의 파편적 형태, 이태리 미래파의 운동성, 러시아 신원시주의의 선명한 색감과 선들, 그리고 형식주의가 지향하는 객관성이 총합된 러시아 고유의 화풍을 선보였다. 특히 입체미래파의 회화는 러시아, 성화 이콘icon의 다시점과 역원근법을 응용한 역동적 구성에 중점을 두었다. 하지만 바흐찐은 이러한 미래파, 입체파들의 작업을 '공시적인synchronic 단면의 연속체' 로 지칭하였다.[85)]

이와는 달리, 화가 쿠즈마 페트로프 보드킨Kuzma Petrov Vokin (1878-1939)은 중력에 의해 연결되는 이질적인 공간들을 만들고, 휘어지는 신체를 화면의 전면에 위치시켰다. 각기 다른 지점들에서 움직이는 관찰자들의 시각을 반영한 구성으로, 비잔틴의 기하학을 연상시키는 얕게 깍은 표면shallow faceted surfaces기법으로 표현하였다. 그의 '인민위원의 죽음' [그림 2-17][86)]에 반영된 비잔틴기하학은 그림에서

83) 대표적인 화가로는 Goncharova, Larionov, Popova, Malevich, Tatlin 등이 있다.
84) Kazimir Malevich, the Knife-Grinder, 1912, www.russianavantgard.com
85) 미하일 바흐찐, ibid., p.456., p.519.
86) Kuzma Petrov Vodkin, Death of Commissar, 1928, wwww.abcgallery.com

연속적으로 진화하는 것처럼 보이는 이미지들을 몽타주로 결합하여, 회화의 하부 구조로 적용된 비잔틴기하학을 발견할 수 있다.

일반적으로 이 기법은 구상원근법spherical perspective으로 불리지만, 보드킨 자신은 "내게 있어 양안성binocularity은 공간을 넓혀 주기 때문에 중요하다. 이태리식 원근법이 요구하는 기계적인 정면의 시각은 내 방식이 아니다. 나는 구형sphere을 구성하는 것이 아니라 살아 있는 시각living vision으로서 작업하고 있다"[87]고 밝혔다. 이와 같이 주체의 형상화가 작가의 단선적인 거리 조정에 의해 이루어지는 것이 아니라, 다른 여러 등장인물들(타자)과의 상대적 관계가 동시적으로 그려지는 것[88]이 양안성이다. 두 시점이 동시에 표현된 양안성으로, 작가의 감정이입이 아니라 바흐찐의 '다른 사람으로 살기'를 가늠해 볼 수 있다. 바흐찐에게 행위는 서술되는 대상물을 통해 발생하는 행위가 아니라, 저자의 감정이입없이 사건의 당사자인 개별적 주체의 움직임에 해당한다. 형식주의에서 인식을 시점으로 형상화한 사실을 공유하지만 인식의 주체 설정에서 바흐찐은 형식주의 입장과 구분된다. 인식의 주체를 시점으로 형상화하는 방법은 동일하지만, 바흐찐은 그 주체의 행위와 시점은 저자에게 국한되어 있지 않다고 보았다.[89]

### (3) 추론적 양상의 건축적 해석 : 움직임의 주체-주체의 설정과 통합

형식주의 회화에서 인식 및 행위의 주체가 시점을 중심으로 형상화되었다면 공간개념이 건축에서는 어떻게 형상화가 가능한지 살펴보도록 하자.

87) Kuzma Petrov-Vodkin, 「Aurora」, Leningrad, 1980, p.11.
88) 이덕형, ibid., p.48.
89) 미하일 바흐찐, ibid., p.17.

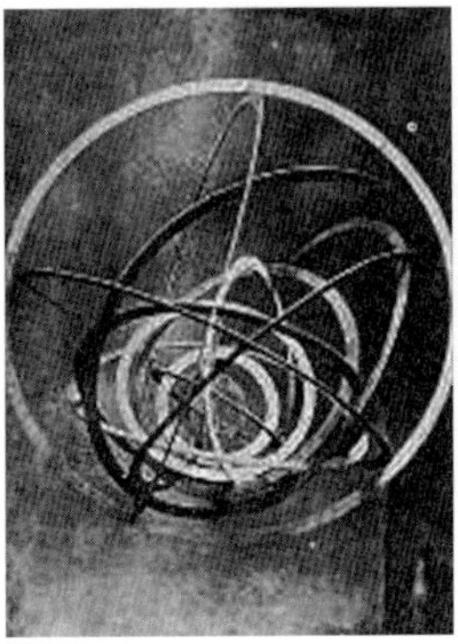

**[그림 2-18]** 공간구축/공간 오브제

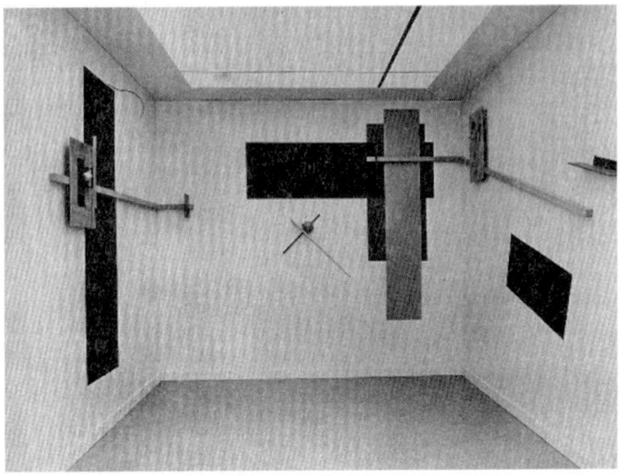

**[그림 2-19]** 프로운 룸, 1923-1921

공간에 부유하고 있는 로드첸코Rodchenko의 오브제[그림 2-18][90]는 3차원의 공간을 추상화한 것이다. 중력이라는 실제적 영역에서 벗어난 반중력상태로서 존재하는 것의 추상이다. 이 오브제는 반복적인 한 가지 요소, 순환하는 원으로 구축되었다. 원은 시간을 상징하며, 절대적인 시간과 공간이 존재하지 않는다는 것을 상징하기 위해 지속적으로 각 원의 위치와 그로 인한 공간이 끊임없이 변화하도록 구상되었다.

따라서 오브제 자체가 역동적인 4차원이 된다고 평가된다. 엘 리치스키El Lissitzky는 1920년대 일련의 추상화 작업을 프로운proun[그림 2-19][91]이라고 했다. 프로운은 엘 리치스키가 3차원의 기하학적 개념을 표출하는 방법이었으며, 그 자신은 회화와 건축 사이에 존재하는 인

90) Aleksandr Rodchenko, Spatial Construction/Spatial Object, 1920-1921, www.cartage.org.lb
91) El Lissitzky, Proun-Raum, 1923, 야마구치 가쓰히로, ibid., p.133.
92) 야마구치 가쓰히로, ibid., p.137. 재인용, "프로운 공간을 제어하는 형태의 창조이다. 각각의 부분들 사이에서 작용하는 힘들의 장력tension이 파생시키는 효과를 결합해 나가는 프로운은 더 이상 회화가 아니라 하나의 구성물이 된다. 우리는 이 구성물 주위를 위, 아래에서, 그리고 움직이며 감상할 수 있다. 그 결과 수평, 수직을 기본으로 하는 회화의 축이 붕괴된다. 그 주위를 맴돌면서 우리 자신은 공간 속으로 빨려들어 가게 된다."

**[그림 2-20]** 사보이주택 1929-1922

**[그림 2-21]** 무한주택, 1947-1961

터체인지라고 모호하게 정의하기도 했다.[92] 역동적인 공간에 대한 추상적 표현은 르 꼬르뷔지에의 작업[그림 2-20][93]에서 명확하게 나타난다. 1920년대 계획한 주택들은 공간내 이동하는 움직이는 신체의 관점에서 논의된다. 램프, 나선형 계단, 기둥, 벽 등 공간을 관통하는 건축의 요소들로 주택 전체에 지속적인 공간의 흐름을 구축하였다. 반면에 키슬러는 그의 무한주택Endless House[94][그림 2-21][95]에서 바닥, 천정, 벽이라는 유니트unit들을 연속된 하나의 면으로 구축하였다. 이 주택은 공간을 기능적으로 분석하여 각각의 기능을 모으는 물리적인 공간해석을 대신하여, 생명체가 지니는 유연성에 부합하는 기능을 지닌 인간생활의 스케일과 삶의 프로세스에 따라 설계되었다.[96]

추론적 공간형상화의 사례들은 각각 시공간상의 흐름과 각 차원간의 통합을 구축하고 있다. 위 사례들에서 흐름과 통합의 대상은 형태와 형태, 형태와 공간 그리고 공간과 건축요소들로 구분이 된다. 물질이 곧 현실이라는 개념이 전제된 형식주의 예술에서 움직임과 그 주

93) Le Corbusier, Villa Savoye, 1929, http://caad.arch.ethz.ch
94) 야마구치 가쓰히로, ibid., p.96., 키슬러는 장력tension을 건축공학적 기술이 아니라 인간의 생태기능에 상응하는 구조의 일종으로 이해했다. 무한주택 공간의 내부는 정적인 구조물의 조합이 아니라 생명체같은 동적인 에너지로 채워져야 한다는 구상의 구체적 실천이다.
95) Frederick kiesler Endless House,1947-1961, p.285.
96) 야마구치 가쓰히로, ibid., p.286.

체는 추상적으로 표현되며, 바흐찐이 설정한 관계 유형들 중 객체와 객체간, 사물화의 관계가 된다. 반면 물질은 단지 현실의 표현일 뿐이라는 키슬러의 작업은 개체와 주체, 주체와 주체의 관계로 이해될 수 있다. 초현실적인 형상이지만, 구축원리가 각각 형태간, 기능간의 역동적인 운동성이 아니라, 인간생활의 스케일과 삶의 프로세스, 즉 이질적 시공간(개별적 행위, 경험, 기억) 사이의 질적 교환과 통합, 그리고 예측 불가능한 삶의 변수(變數)variables를 구축하고 있다는 점에서 크로노토프의 행위단계에 대한 추론적 건축양상의 해석에 보다 더 근접한 사례가 된다.

### 2.2.2 발화단계

#### (1) 괴테Johann Wolfgang von Goethe(1749-1832)의 시간-고유성

크로노토프의 행위단계가 시점과 공간 중심으로 논의되었다면, 발화단계는 시간에 관련에 관련되어 있다.

바흐찐의 1936년 『교양소설과 리얼리즘 역사 속에서의 그 의미』는 크로노토프 연구가 포함된 1937-1938년 『장편소설의 형식』보다 한 해 먼저 집필된 것으로, 소설에서의 시공간과 인간 형상의 관계를 다루었다. 그 관계를 판단하는 기준은 소설에서의 실제적인 역사적 시간과 그 시간 속에서 인간이 어떻게 그 시간에 참여하는가였으며, 이러한 능동적 참여자로 가시화되는 소설의 시간과 공간의 형상을 18세기 독일에서 전개된 교양소설을 중심으로 논의하였다.

바흐찐은 18세기 이전 소설의 형식을 방랑소설, 시련소설, 전기소설로 분류하였으며, 교양소설 중에서 삶의 변화를 겪는 인간의 형상을 다룬 소설을 '인간성장소설'로 지칭하였다. 또한 이 인간성장소설을 시간과 인간의 관계를 기준으로 다섯 가지 유형, 목가소설, 학교소설, 전기소설, 교육소설, 그리고 사실주의realism 소설로 구분하였다. 여기에서 사실주의 소설이 성장소설의 본질적인 유형이라며 괴테의 크로노토프를 집중적으로 분석하였고, 동시에 라블레 또한 같은 유형으로 평가하였다. 이로 인해 바흐찐의 크로노토프 연구는 라블레, 괴테, 그리고 1929년에 출판된 도스토예프스키 소설 연구들이 종합된 것으로 추론 가능하다.

이 연구의 대상이 되는 소설들의 공통적인 사상은 사실주의이다. 라블레의 경우는 육체와 그 육체를 통해 구축되는 공간, 괴테의 소설은 시간, 그리고 도스토예프스키의 경우는 대화적 전개로 형상화되는 현재의 시공간이다. 이를 바탕으로 인간의 형상이 실제적인 시간, 공간, 그리고 시공간과 맺는 관계를 분석한 것이다. 이 과정에서 크로노토프는 기본적으로 사실주의 표현체계를 매개하는 역할로 적용되며, 라블레의 경우, 육체라는 특정 공간의 시간을 중심으로 전개되며, 괴테는 시간을 중심으로 자기화되는 공간을, 그리고 도스토예프스키는 인간과 인간의 대화로 창조되는 현재의 새로운 시공간성을 각각의 크로노토프적 형상으로 논의한 것이다.

괴테의 크로노토프를 분석하기에 앞서, 바흐찐은 지배적이고 대중적인 유형의 교양소설에서 주인공은 소설에서 상수(常數)와 같다고 비유하였으며 또한 주인공의 삶과 운명의 다른 모든 사항들을 변수(變數)로 비유하였다. 그리고 이 상수와 변수의 관계가 교양소설의 플롯plot[97]이 된다고 보았다. 따라서 이러한 소설에서는 변함없는 주인공의 내적(內的)인 부동성(不動性)이 움직이지 않는 견고한 점이 되며, 성장소설에서는 주인공 자체가 변수라고 생각하였다. 여기에서 주인공의

97) 픽션에서 작가가 의식적으로 골라 배열해 놓은 서로 연관된 사건들의 구조. 네이버백과사전

운명과 삶의 모든 계기들이 가지는 의미를 변화시키는 시간이 인물 내부로 침투하여 형상화하는 과정을 분석하였다. 이로 인하여 성장소설에서는 주인공 자신의 변화가 플롯이 되며 그 의미를 가질 수 있다고 평가하였다.

이러한 특정 크로노토프의 분석과정을 볼 때, 바흐찐은 인간을 세계와 함께 성장하고 자신 속에 세계 자체의 역사적 성장을 반영하는 존재로 인식했다는 것을 발견할 수 있다. 왜냐하면, 성장을 시대의 내부에 있는 것이 아닌 두 시대의 경계에, 하나의 시대에서 다른 시대로 건너가는 지점으로 보았기 때문에, 경계간 이동은 인간 속에서 인간을 통해 이루어지며, 인간은 아직까지 존재해 본 적이 없는 전적으로 새로운 유형의 인간이 된다. 이로 인해 경계간 이동으로 성장하여 새롭게 생성된 인간이 미래를 조직하는 원동력이라는 설정이 가능하다. 따라서 과거와 단절되지 않은 새로운 인간상을 구체화하기 위해, 성장소설에서 움직이지 않는 불변의 배경이란 결코 없다는 괴테의 기본적인 입장을 역사, 즉 시간적인 측면에서 집중적으로 분석하였던 것이다.

바흐찐은 괴테가 자연의 현상, 배와 별의 움직임, 닭의 울음 등, 계절의 현상과 생활, 행위의 순간들을 통하여 다양한 정도의 긴장성tension을 가진 순환적 시간을 형상화하였다고 평가하였다. 일반적으로 18세기의 계몽주의시대 소설은 계절, 농업의 순환적 주기, 인간의 나이 등을 서술하는 경향이 있었다. 바흐찐은 이러한 분석을 통해, 순환적 시간이 부동(不動)의 시간을 역사적 다(多)시간성으로 형상화하였다고 평가하였다. 이로 인해 부동의 세계에 속해 있던 인간의 시간, 개인적 시간이 자연의 순환에 따라 한 세대a generation로 확장되는 계기가 되었으며, 더불어 자연의 순환은 역사적 시간과 전망을 갖춘 시공간개념이 된다.

괴테는 눈으로 보는 작업을 복잡한 사고과정과 결합하는데 현상의 대조를 통한 형상적인 언어로 구체적이고 감각적인 특징을 묘사하여 사회의 모순을 인식하였다. 그리고 예술가와 소설가의 이러한 인식은 본질적이고 광범위한 것으로 시간적 의미를 부여한다. 괴테는 모든 것을 눈으로 보기 원했고 그렇게 할 줄 알았다. 볼 수 없는 것은 그에게 존재하지 않았다. 그러나 이와 동시에 그의 눈은 어떠한 것도 완료된 것, 움직이지 않는 것으로 보려고 하지 않았다. 그의 눈은 단순한 공간적 인접성, 사물과 현상의 단순한 동존을 인정하지 않았다. 갖가지 정태적인 다양함 뒤에서 그는 다시간성, 이시간성을 보았다. 다양한 것들, 상이한 것들이 발전의 다양한 시대에 따라 배열되고 시간적 의미를 확보했다.

현상들의 단순한 공간적 인접성은 괴테에게 매우 낯선 것이었다. 그는 그 인접성을 시간으로 포화시키고 관통시켰으며, 그 속에서 성장과 발전을 열어 보였고, 공간 속에서 나란히 놓여 있는 것들을 다양한 시간적 단계와 생성, 성장의 시대에 따라 흩어지게 했다. 그에게 동시대성이란 본질적인 다시간성, 이시간성으로 과거의 다양한 단계와 형태의 흔적과 자취로서 다소 먼 미래의 씨앗으로서 전개된다.[98)]

바흐찐이 괴테의 구체적인 가시성에서 크로노토프를 발견할 수 있었던 이유는, 대상을 정지해 있는 것으로 인식하는 것을 배제하기 위해 시간을 결합한 괴테의 서술방식에 주목하였기 때문이다. 바흐찐은 이러한 서술과 인식을 발전과 생성의 역사를 탐색하고 발견하는 것이며, 시각적으로는 완료된 것 뒤에서 성장하고 있는 것, 혹은 준비하고 있는 것을 표면화하는 것으로 평가하였다. 그 예로 괴테가 "산을 움직임을 멈춘 죽어 있는 대상으로 이야기하지 않고 쉬고 있는 중이며, 중력(重力)이 응축되어 있는 상태로, 내적으로 변화를 일으켜 주변의 날씨를 만들어낸다."고 서술하는 부분을 인용하였다. 이와 같이 바흐찐

98) 미하일 바흐친, ibid., p.313.

은 부동의 배경 속에서 본질적인 움직임을 시간을 통하여 가시화하는 괴테의 크로노토프를 높이 평가하였다. 이로 인해 소설에서 플롯은 움직임의 배경이었지만 이제 움직임의 주체가 된다고 보았다. 즉, 구체적인 시각적 현상으로 역사적 시간의 가시적인 움직임을 발견하고 탐색 가능하게 되었다는 것이다.

바흐찐은 역사적 시간을 '본다'는 것을 괴테가 정지되어 있는 과거로 표현한 박물관에 대한 혐오와 지역적 환경에 대한 서술을 사례로 설명하였다. 괴테는 과거와 현재가 필연적으로 연관되어 있다고 보았기 때문에 박물관은 고립되고 정지된 과거의 단편들이 축적된 유령과도 같다고 했다. 바흐찐은 이러한 괴테가 주어진 장소에 필연적이고 생산적인 것으로 나타나는 것들을 발견하여 과거를 창조적으로 형상화하였다고 본 것이다. 이처럼 역사를 보는 것은 지역성에 대한 심오하고 면밀하며 구체적인 인식으로 가능하다는 것이다. 그리고 이 점을 장소의 창조적 인격화로 높게 평가하며, 괴테의 크로노토프로 정의하였다.

괴테의 크로노토프를 공상이나 몽상적 회화, 추상적 논의를 대신하여 일정한 시간과 장소의 구체성을 강조하는 것이라고 평가했다. 창조가 발생할 수 밖에 없는, 상황을 통찰하는 시각의 작업은 공상이나 감정의 혼합없이, 객관적으로 바라보는 공간 속에서 일정한 역사적 과정과 사건들의 내적 필연성을 증명한다고 보았다.

> 나는 상상력과 직접적인 느낌을 제어하고 장소에 대한 자유롭고 명료한 시각을 획득하기 위해 항상 지질학적 지형학적 관점을 이용한다.[99)]

시간을 가시화하는 괴테의 크로노토프에서 그 시간을 가시화하

99) 미하일 바흐친, ibid., p.326.

는 것은 지형학적 자연환경이다. 순환하고 성장하는 자연을 통해 시간을 형상화한다는 것은 역으로 시간은 구체적인 공간으로 지역화되고 자기화되는 것을 의미한다. 따라서 역사의 진정한 자취와 특징이 인간적이며 필연적으로, 그리고 그 속에서 시간과 공간은 하나의 끊어질 수 없는 매듭으로 묶이는 괴테의 크로노토프연구를 통해, 바흐찐은 당시 시대적 상황에서 배제되었던 역사적 시간의 중요성과 자기화로 구체화되는 시간을 역설하였던 것이다. 이런 맥락에서 바흐찐은 괴테, 라블레 성장소설의 등장인물들을 한 장소의 시간, 역사의 움직임에 대해 말해주는 흔적이라고 하였다. 이와 같은 바흐찐의 연구에 기초하여, 시간은 밀도에 관련된 형상으로, 공간은 구체적 장소에 관련된 형상으로 크로노토프를 해석할 수 있다.

### (2) 추론적 양상 : 대립과 평행-밀도와 구체성

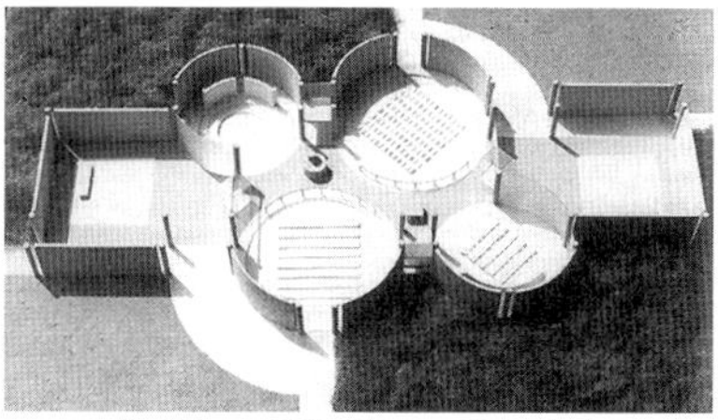

**[그림 2-22]** 천국교회의 바퀴

발화의 추론적 양상은 나와 타자의 관계, 그리고 그들이 대면하는 순간, 그 구체적인 시간개념에서 출발할 수 있는 것이다. 바흐찐의 타자는 '또 다른 나alter ego', 즉 나 또한 나 자신에게 타자가 될 수 있다는 양안성의 개념 또한 내포하고 있어 비대칭적이다. 따라서 바흐찐의 타자와의 관계에 대한 사실주의적 접근은 알도 반 아이크Aldo van Eyck의 쌍현상Twin Phenomenon [그림 2-22][100]의 대칭적 대립체계와는 구별된다. 그러나 두 장르의 동시성, 즉 동시적

100) Aldo van Eyck, Wheels of Heaven Church, 1966, http://users.tce.rmit.edu.au

공존의 상황에서 전개되는 이질적 시간성들간의 역동적 관계는 다음의 알도 반 아이크의 쌍현상에 대한 정의에서 양안성과의 유사함 및 차이점을 찾아볼 수 있다.

> 모든 쌍현상은 변화하는 네트워크와 건축을 구성하는 구성요소들을 형태지운다. 비록 각자가 다르지만 동시적이다. 또한 서로에게 상호적으로 개방되어 있다. 상호 배제적이거나 독립적이지 않고,[101] 그들은 서로 융합하며, 의지한다. 균등성은 그들의 중요한 공유된 기원이다.[102]

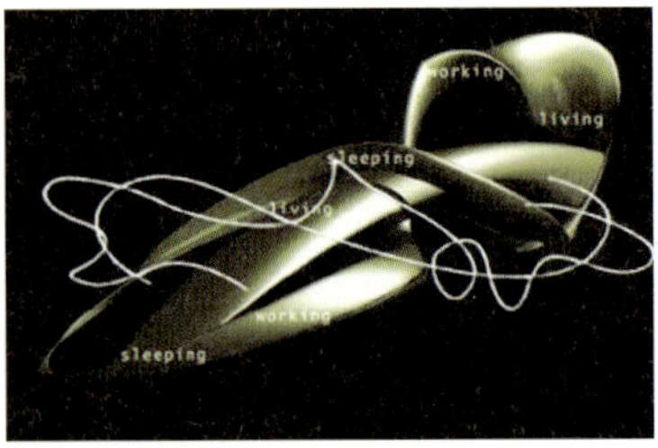

**[그림 2-23]** 뫼비우스주택

바흐찐의 대화는 이상적 화합이라는 목적을 지향하지 않는다. 오히려 각 주체가 같은 공간에서의 발화라는 동시적 행위로 발생하는 갈등, 대립, 화합 등 변수(變數)의 상황들이 표면화되는 순간들의 합일 뿐이다라고 할 수 있다. 따라서 알도 반 아이크의 쌍현상에서 이분법적인 대립관계를 수평적으로 인접하는proximity 관계들로 대체하게 되면, 수많은 변수가 생성되며, 잠재성의 공간들이 구체화될 수 있다. 그 잠재성이란 형태적인 긴장감이 아니라, 같은 시공간적 개체이지만 그 시공간적 짜임이 다른, 나와 타자 사이에 생성되는 경계와 상황으로서 예측 불가능한 것이다. 사적 공간, 안방과 공적 공간, 거실의 대비가 아니라 두 사람의 고유한 행위와 시간으로 발생되는 경계들로 구축된 뫼비우스주택Moebius House[그림 2-23][103]은 바흐찐

101) 바흐찐에게 대립항, 타인은 나와 독립적인 존재이다.
102) Van Eyck, Aldo. "Still the gentle gears" Forum, No 6/7, 1960/61, p.43.
103) Ven Van Berkel, Moebius House, 1993-1998, www.unstudio.com

의 나와 타자간의 발화로 생성되는 일종의 음조tone에 대한 환유적 치환[104]의 사례가 될 수 있다.

### (3) 추론적 양상 해석 : 밀도와 구체성–사건과 환유적 치환

발화의 음조tone에 관련하여 바흐찐의 사건[105]에 대한 정의, 그리고 밀도와 구체성은 현상학적인 개념으로 해석이 가능하다. 바흐찐에게 인간은 추상적 개념이 아니라, 아인슈타인의 시공간내 '사건event' 처럼, 소설의 시공간적 관계망 좌표로 설명될 수 있다. 발화를 통해 유동적인 시공간망의 짜임이 변하는 순간[106]에 그 망에 나타나는 밀도와 구체성이 바흐찐의 사건이다. 따라서 사건의 배경이 되는 바흐찐의 나와 타자간의 관계성은 다수적multiple 시공간망에 설정에 근거한다기 보다는 시공간망들이 서로 다른 이질성에 반응하는 변수적variables 관계라고 할 수 있다. 이 변수적 관계를 환유적으로 설명하는데, 이러한 변수들로 야기되는 이질성[107]이 공존하는 장field을 바흐찐은 '진동하는 경계' 라고 말한다.

104) 한 사물의 용어가 그 사물과 경험상 밀접한 관계를 지니게 된 사물에 적용될 때 환유라고 한다. 환유의 지칭 기능은 상황의존적이다. 동일한 낱말이 환유적으로 쓰일 수도 있고 그렇지 않을 수도 있으며, 환유적으로 쓰인다고 해도 상황에 따라 그 의미가 달라질 수도 있다. 따라서 환유 표현이 자연스럽게 쓰일 수 있으려면 화자와 독자 사이에 상황에 대한 공유(共有)된 지식이 있어야 한다. 환유적인 인접성(隣接性)의 치환은 인간의 경험으로 규명할 수 있는 시간과 공간의 세계만을 인정하는 까닭에 사실주의의 객관적 묘사에 보다 상응하는 심미적 방식이자 기법이 되어야 한다. 이덕형

105) 사건이라는 말을 처음 사용한 사람은 인간중심주의를 해체하고 존재를 중심에 놓는 사유의 철학자인 하이데거이며, 그에게 사건은 존재가 재현되는, 존재의 사건을 의미한다.

106) 바흐찐에 의하면 사건의 생산성은 모든 것이 하나의 조화롭게 그림으로 완결적으로 융합하는 하나의 그림에서 나오지 않고, 나의 긴장된 외재성(外在性)과 비융합에서, 그리고 다른 사람들 밖에 있는 나의 유일무이한 위치의 특권을 이용하는 데서 나온다.

107) 도스토예프스키는 『까라마조프의 형제들』에서 존경받던 신부가 죽어서, 너무나도 빨리 부패해 풍기는 악취로 당황하는 마을 사람들의 수군거림을 듣는 주인공을 통해 기술한다.

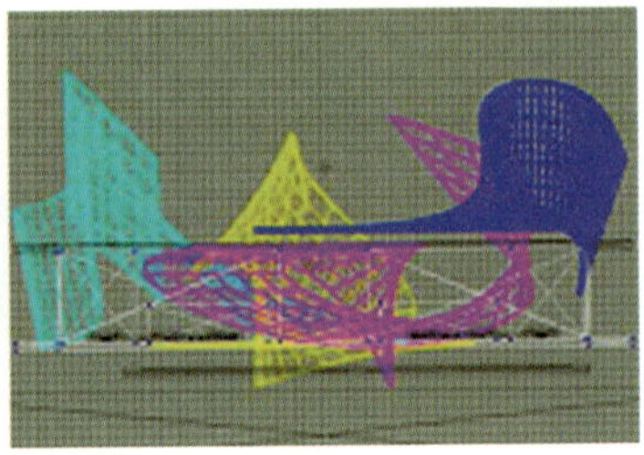

**[그림 2-24]** 스테판 페렐라, 하이터서피스

건축가 스테판 페럴라Stephen Perella는 컴퓨터상의 오류를 수용하는 하이퍼서피스Hypersurface작업에서 서로 다른-이질적인 시공간적 질quality들이 만나서 생성되는 리듬의 패턴pattern[108], 이질성들의 통합으로 인한 불확정적 패턴의 장[109]을 구축하였다.[그림 2-24][110]

이와 같은 일상에서의 이질적인 요소들에 대한 인식과 수용은 권터 베니쉬의 상황 건축에서도 찾아볼 수 있다.[그림 2-25][111] "건축의 목적은 단순히 건물을 짓는데 있지 않고 그보다는 창조되는 상황에 있다. 그러기 위해서는 상황이 그 상황을 강렬하게 하거나 증폭하는 한계로 해석할 필요가 있다. 어떤 특정 상황의 특이성들은 새로운 해결방안을 제시하는데 있어 결정적인 역할을 수행한다."[112] 이처럼 '진동하

108) 하이퍼서피스는 컴퓨터를 사용할 때 발생하는 에러error화면이다. 화면이 실행하려는 프로그램이 유보되는 요소들로 흐려지거나 느려지거나 하는 순간에 인터페이스는 한 이질적이고 다중적인 요소들로 채워진 표면이 된다는 것이다.

109) 바흐찐의 사건에 대한 사유는 들뢰즈의 시뮬라크라 개념과 비교할 수 있는데, 들뢰즈에게 생성은 사건이고 존재라는 의미 자체인 반면, 바흐찐의 경우에는 잉여시각과의 불확정적 소통에 의해 의미가 생산된다. 또한 들뢰즈의 경우에는 의미가 주체에 의해 구성되는 것이 아니라 사건과 동시에 생성된다. 하지만 바흐찐에게는 생성이 복수적이고 대화적 사건에 참여하는 존재 자체의 시공간성이다.

110) Stephen Perella, 「Hyeprsurface」, www.mediamatic.nl

111) Guenter Behnisch, Kaufmnnisch Schule, 1993, Peter Bundell Jones, 『Guenter Behnisch』, p.56.

112) Guenter Behnisch, Anspache zur Eroeffung der Eiermann-Austellung, Muenchen 1984-1995, unveroeffentlichtes Typoskript

는 경계'를 만들어내는 인자들은 이질적인 인자가 될 수 있다. 즉, 현실의 완결을 위해 배제된 이질적인 인자, 즉 모순과 오류, 특이점, 위반행위 등이 완결된 형식으로 추상화된 삶을 변수적 일상으로 복원하는, 즉 삶의 영역으로 복귀시키는 역할을 수행하게 된다. 따라서 공식적 상황들과 동등한 위치를 점유하는 비공식적 상황들이 수평적 체계로 짜일 때, 추상적 형식이 아닌, 유연flexible한 대지ground를 제공하는 크로노토프를 발견할 수 있다.

**[그림 2-25]** 카움니히 스쿨

### 2.2.3 대화단계

(1) 도스토예프스키Fyodor Dostoyevsky(1821-1881)의 시공간-현재

발화단계에서 바흐찐의 소통이 하나의 의견으로 통합됨을 목적으로 하지 않는다고 언급한 이유는 소통의 주체 각각이 유일성을 담지한 채 사건으로 공존하는 것을 강조하기 위해서이다. 바흐찐에게 소통은 갈등이나 대립의 해소, 혹은 단일의 가치로의 완결을 목적으로 하지 않는다. 또한 바흐찐은 유일한 개체들이 단일한 완결이 불가능한 비현실적 구성보다는 비결정적으로 공존이 전개되는 '상황'에 의미를 부여하였다. 이러한 상황적 특성이 강조된 소통을 바흐찐은 '대화'라고 하였다. 이러한 배경에 근거하여 수많은 근 · 현대철학가들은 바흐찐의 대화적 속성을 상호 발화성, 또는 상호 텍스트성으로 부른다.

인간의 삶을 능동성 자체와 동일시하는 사고(思考), 작가writer를 등장인물, 그리고 독자reader와 같은 타자otherness로 해석하여, 한 소설이 그 작가의 한 형식으로 완결될 수 없다는 인식, 이처럼 인간의 삶은 하나의 능동적이며 유일한 주체로서 인간의 삶은 어떠한 경우에도 누구에 의해서도 절대로 통제, 혹은 완결될 수 없다는 것이 바흐찐의 철학적 신념이라고 할 수 있다. 이러한 상호 관계성의 측면에서 볼 때, 인간 사이의 소통(疏通)구조가 가장 선명하게 드러나는 서술체계는 소설이라고 할수 있다. 그리고 바흐찐의 논제가 행위철학에서 소설로 옮겨진 이유를 이해할 수 있다. 이와 같이 바흐찐의 대화 그리고 소설은 그의 사고 전반을 종합적으로 이해할 수 있는 중요한 논의이다. 종합하자면, 바흐찐에게 소설은 동시적 대화가 가능한 서술체계로, 주인공과 저자, 주인공과 독자간의 동등한 입장에서 동시적 소통이 생산되는 현재 진행형의 서술체계인 것이다.

또한 소통의 관점에서 「행위의 구축학」을 조명review해 보면, 행위는 실제적 세계의 구조와 관계, 그리고 가치를 결정하는 개념의 설정으로 해석할 수 있다. 「행위의 구축학architectonics」의 기본적인 세 가지 범주 중, 나와 타자간의 관계는 소통의 기본적인 단위라고 할 수 있다. 하지만 바흐찐에게 중요한 것은 이 단위들의 개별적 의미라기 보다는 이 단위들이 맺고 있는 소통의 관계이다. 이 소통의 개념을 시각적으로 이해하기 위해서는 동시적 사건성과 다성성(多聲性)polyphony, multi-voices을 연구하는 중요한 자료로 평가되는 도스토예프스키의 『까라마조프의 형제들』의 5장 자필 초고를 참고할 필요가 있다. 연구의 목적은 다르지만, 도스토예프스키 연구가들처럼 이 원고를 통해, 윤곽이 잘 그려진 공간의 영역 내에서 시간적 지표들이 증가하여 등장인물간의 비체계적인 대화 관계로 현재화되는[113] 과정에서 크로노토프의 형상을 발견할 수 있다.

113) 미하일 바흐찐, ibid., p.458.

비체계적 대화관계에 기초한 바흐찐의 예술적 형상[114)]은 시공간적으로 분리될 수 없는 실제 현실로 성장하고 살아 있다. 바흐찐은 실체(實體)의 시간과 공간을 분리하는 인식은 역사가 언제나 영원한 현재인, 형식주의의 추상적 사고에서만 가능한 것이라고 단언한 바 있다. 또한 도스토예프스키의 위기와 분기점(分岐點)에 대한 크로노토프(부분적 크로노토프minor chronotope)에서 톨스토이Aleksey Konstantinovich, Graf Tolstoy(1827-1875) 소설의 전기적(全期的) 구성과는 달리 도스토예프스키 소설은 과거에 잠재되어 있던 가치들이 한 순간 폭발하며 새 생명을 가지고 현재화된다고[115)] 비교하였다. 그 예로 다성성과 밀접한 관련을 지닌 신비적(神秘的), 카니발carnival[116)]적 시간을 논의하였다. 일상(日常)의 현재 시간에 과거의 형상들이 등장한다는 것은 사실주의적 관점에서, 그들의 세계를 현재의 존재로 구체화하여 수용한다는 것을 의미하며, 과거의 시간은 유물(遺物)이 아니라 잠재되어 있는 가치로 인식하는 것이다. 이로 인해 크로노토프 안에 작은 크로노토프들이 무수히 존재한다는 바흐찐의 역사적 시간개념을 이해할 수 있다.

과거와 현재의 시간이 공존하는 역사적 시간개념과 더불어, 바흐찐은 도스토예프스키 소설의 사실주의적 형식 또한 삶을 표현하는데 있어 유일하게 적합한 형식이며, 삶 자체가 지닌 다성적 본질을 예술적으로 복원하고 있다고 평가하였다.[117)] 여기에서 말하는 소설의 사실주

114) 여기에서 형상이란 육체의 개념을 포함한다. 살flesh이 있고 혈관에 피blood가 흘러 구체화된 형상이다.

115) 존 헤이덕의 시(詩), 내부폭발implosion의 개념과 관련 작업을 이해하는 단서가 된다.

116) 사육제(謝肉祭)라고 불리기도 한다. 많은 로마 가톨릭 국가에서 사순절(四旬節) 직전 수일에 걸쳐 펼쳐지는 축제, 이 시기에 상연되는 연극을 사육제극은 해학과 야유를 기조로 한다. 브리태니커 백과사전

117) 소설의 다성악이라는 바흐찐의 주요개념이 도스토예프스키의 작품분석을 통해 알려졌다.

의적 형식은 작가의 역할에서 찾아볼 수 있는데, 바흐찐에게 주인공을 완결하는 권리를 유보한 작가는 주인공과 동등하게 대화를 나누면서 주인공 자신이 주어진 것을 밝혀내고, 자기의 발전하는 삶 자체를 볼 수 있게 하는 존재이다.[118] 즉, 소설에서는 서사시(敍事詩)epic[119]와는 달리, 저자와 주인공이 동일한 차원에 공존하여, 저자성이 보류(保留)된다면, 대화적 상호 관계를 가질 수 있게 된다. 따라서 독자에게 도스토예프스키의 주인공은 가시적 형상이 아니라 목소리가 되며, 우리는 그를 보는 것이 아니라 듣게 된다. 이와 같이 저자의 의지에 의해 편집, 혹은 변형되지 않을 때, 형식화할 수 없는 삶 혹은 주체의 발화는 크로노토프로 구체화될 수 있다. 행위와 발화단계 양상이 주체와 주체의 형상에서 비롯된다고 가정한다면, 대화단계 양상은 그 주체들의 보이지 않는 관계성, 그리고 능동적이며 성장하는 물리적 속성에 근거한다고 볼 수 있다. 즉, 저자가 제공하는 절대적이고 고정된 의미없이, 타자와의 상대적 관계에 의한 삶의 역동성과 유동성은, 저자의 개념과 통제가 아니라 등장인물들과 저자, 그리고 그 인물들과 독자 사이의 대화를 통해 서로에게 끊임없이 반응하는 물리적 필연성physical necessity에 기초한 것이다.

상호 소통의 관점에서 볼 때, 도스토예프스키 글쓰기 방식의 특징 중 하나는 소설 속의 화자(話者)speaker가 사건 속과 밖을 넘나들기도 하고, 인물의 묘사가 화자의 주관subjectivity과 객관objectivity을 넘나드는 것이다. 이처럼 수평적 관계의 주체들이 상호 소통하는 상황을 바흐찐은 다성성으로 불렀다. 다성성으로 말미암아 소설 속의 인물들이 사

118) 이문영, ibid., p.164.
119) 역사적 사실이나 신화, 전설, 영웅의 이야기를 서사적 형태로 쓴 시, 네이버 국어사전

건에 종속되지 않고, 인물들의 충돌이 사건이 되고, 작은 이야기 하나 하나가 개별성을 획득하게 되며, 그 개별성을 획득한 이야기들은 그 작은 이야기 하나에 관계하고 있는 각 개별 인물의 시점을 통해 입체화되고 다각화(多角化)diversification된다고 보았다.[120)]

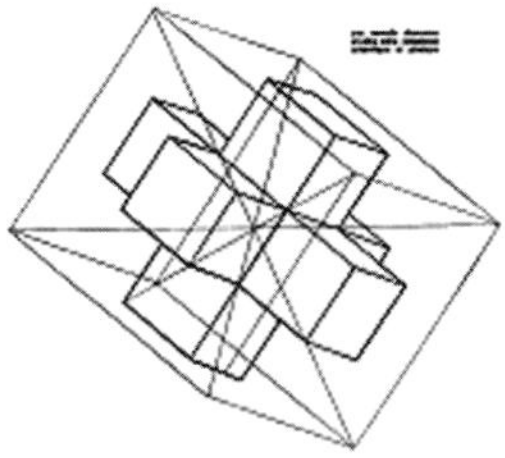

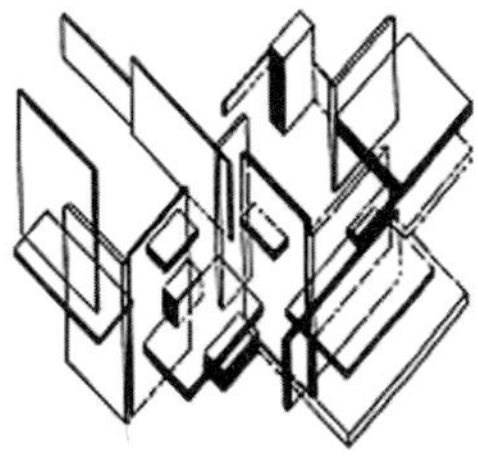

**[그림 2-26]** 새로운 차원

(2) 대화단계의 추론적 양상 : 재료의 미학과 경계–동시적 공존(同時的 共存)

이상에서 검토한 크로노토프의 대화단계 양상은 도스토예프스키 소설의 사실주의에서 바흐찐이 주목한 동시적 사건성과 다성성을 중심으로 추론해 볼 수 있다.

전통적인 투시도와는 달리 각 부분의 요소들을 구체적으로 기술할 수 있는 엑소노메트릭 드로잉 기법으로, 테오 반 되스부르그Theo Van Doesburg는 새로운 차원[121)], 즉 4차원의 공간을 구축하였다.[그림 2-26][122)] 내 · 외부를 경계짓는 건축의 요소로서 창의 개념을 없애고, 형태를 위한 건축의 요소에서 공간을 구축하는 요소로 그 의미가 확장

120) 새로운 이야기가 새로운 크로노토프를 생성하는 대화의 물리적 필연성은 헤이덕의 후반기 작업에서 새로운 프로그램을 생성하는 과정을 이해하는 단서가 된다.

121) 물리학에서의 시공간은 3차원의 공간과 1차원의 시간이 하나로 합쳐진 통일체로 시간이 4차원 역할을 하는 시간–공간 연속체Space-Time Continuum를 말하며, 모든 물리적 사건event들이 발생하는 계(界)이다. 또한 사건은 시공간의 기본 요소로 시공간에서 유일한 시간time에 있는 유일한 위치position를 의미하고, 동시적인 사건들은 외연 체계에 종속됨에 따라 공간의 지각은 관찰자에 의해 좌우된다.

122) 1927년 『De Stijl』에 게재된 그림. “a new dimension penetrates our scientific and plastic consciousness”, Theo van Doesburg, ‘Une nouvelle dimension penetre notre conscience scientifique et plastique’, from 『De Stijl』, 1927, Anthony W. Auerbach., p.112.

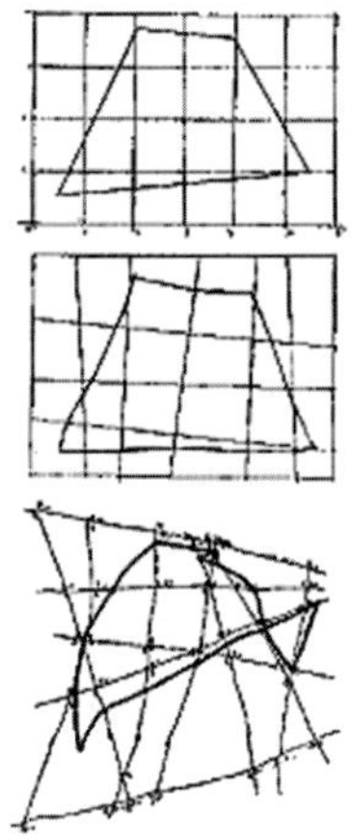

**[그림 2-27]** 유연한 기초에 따른 율동적 구조

되고, 이로 인한 동적이며 자율적인 건축을 구축하였다. 하지만 건축의 물리적인 요소만으로 동적 구성하였다는 점에서 바흐찐의 형식주의 비평, '내용이 무시된 형식주의의 재료미학'으로 분류될 수 있다.[123] 왜냐하면, 대상의 구체성, 그리고 상호 관계성의 시공간성이 바흐찐의 사건에 대한 정의, 즉 '밀도와 구체성'과 혼돈될 수 있지만 바흐찐의 구체성은 형태, 혹은 개별적인 요소가 아닌 시공간적 지점location(의미의 지탱점[124])에 관련된 개념이기 때문이다.[그림 2-27][125] 더불어 반 되스부르그의 유동적인 상호 관계성은 한 건축가의 텍스트 안[126]에 추상적으로 존재하는 객체들간의 관계로 구축된 독백적인 형식-의미의 사물화로서, 바흐찐식의 발화간, 장르간 대화적 관계-상대적 리얼리티[127]와 구별이 된다. 삶의 실제화에서 타자성을 강조하는 바흐찐에게 있어서 텍스트(건축)는 그 텍스트와 시공간이 다른 텍스트(사용자)와 접촉함(경계생성)으로 살아나는 것이다. 새로운 시공간을 생성한다는 개념은 공유할 수 있지만, 저자와 독자의

123) 미하일 바흐친,ibid., p.527. "형식주의에 대한 나의 의견: 특화에 대한 다른 이해, 내용에 대한 무시가 '재료미학'을 초래함. '만들기'가 아니라 창조성, 역사성과 교체에 대한 몰이해(교체에 대한 기계적인 지각), 구조주의에 대한 나의 의견: 나는 텍스트에 갇히는 것에 반대한다. 기계적 범주들: '대립', '코드변환', 그에 따른 형식화와 비개성화: 모든 관계들은 논리적이다. 그러나 나는 모든 것에서, 그리고 그것들 사이의 대화적 관계 속에서 목소리들을 듣는다."

124) 미하일 바흐친, ibid., p.158.

125) Paul Klee, 'Rythmic Structuring with flexible base' (1922) from Das Bildnerische Denken, Basle,1956, Anthony W. Auerbach, p.153.

126) 바흐찐은 '어항 속의 물고기'로 형식주의의 독백적인 역동성을 비유한다.

127) 내게는 내부이지만 타자에게는 외부가 될 수도 있다.

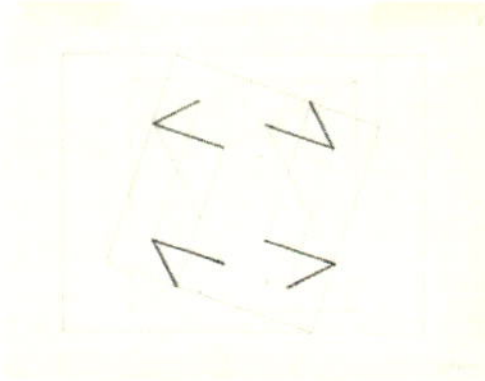

**[그림 2-28]** 구조적 성좌

**[그림 2-29]** 아티큘레이션

**[그림 2-30]** 주체화된 객체

역할에서 바흐찐의 경계와 반 되스부르그의 벽의 차이점을 발견할 수 있는 것이다.

바흐찐에 따르면, 이상적인 독자reader를 설정한 형식주의에서 그 독자는 저자를 복제한 거울의 반영[128]이다. 따라서 독자는 저자에게 타자가 될 수 없고, 타자성에 의해 규정되는 그 어떤 잉여시각surplus of seeing을 가질 수도 없다. 따라서 거울과 같이 기계적인 반응이 있을 뿐이다. 저자와 이러한 독자 사이엔 어떠한 상호 작용[129]도, 어떠한 능동적이고 극적인 관계[130]도 있을 수 없다.[그림 2-28][그림 2-29] 또한 '관찰자에 좌우되는 공간의 지각[그림 2-30][131], 즉 비결정적인 현실성도 있을 수 없다. 이러한 의미의 사물화는 타자를 나와 같은 구체

128) 예를 들어 과학적 입장에서 볼 때 상징은 비과학적인 지식 형상일수도 있지만 자신만의 내적인 법칙과 정밀성의 지표를 보유한 이(異)과학적 형식으로 인정해야 된다.
129) Josef Albers, Study for a Structural Constellation, 1949. www.albersfoundation.org
130) Josef Albers, Formulation:Articulation, Folio I, Folder 3I, 1972, http://iatwm.com
131) Patrick Hughes, Subjected Object 2004, www.patrickhughes.co.uk

**[그림 2-31]** 다용도 라커

적 시공간을 점유한 존재가 아닌, 추상적 개념으로 일반화하기 때문이다. 하지만 바흐찐은 사물이 '사물과 주체'라는 텍스트와 텍스트간의 관계로 인격화[132]될 수 있다는 점을 강조하였다. 재료화된 주체라도 사건과 정황(情況)의 컨텍스트context에서 고유한 시공간성을 가지고 현재진행형으로 살아날 수 있다는 것이다. 사용자에 의해 다양한 조합이 가능한 키슬러의 자유형태Free Form[133) [그림 2-31][134) 가구는 절대적인 실체로서 의미와 용도, 그리고 형태를 부여받지 않으며, 다수의 접합관계에 따른 접합면들에 의해 사용자의 움직임과 용도가 결정된다. 따라서 이 가구는 개별적 시공간성들의 중첩으로 현재의 '진동하는 경계'가 되며, 인격화된 사물의 사례가 될 수 있는 것이다.

### (3) 대화단계 양상의 건축적 해석 : 동시적 공존-다성성Polyphony

대화단계의 추론적 양상에 대한 건축적인 해석은 다성성을 중심으로 찾아보고자 한다. 형태적 언어체계의 연구로 논의되는 피터 아이젠만Peter Eisenman의 주택시리즈는[그림 2-32][135] 작가의 의지와 의미로부

132) 인격화의 과정은 그 어떤 경우에도 주체화가 아니다. 여기에서 경계는 다른 개별적 존재들과의 상호 관계 속의 '나'이다.
133) 야마구치 가쓰히로, ibid., p.162. Free Form은 연속적 장력의 원리에 입각한 것이다. 같은 몇 개의 굴곡이 반복되면 시작도 끝도 없는 형태가 만들어진다... 처음에는 6가지 기능 밖에 생각하지 않았다. 그 밖의 기능은 주변조건들과의 상호 관계를 고려하는 과정에서 자연스럽게 발생한 것이다.
134) F. Kiesler, Free Form, Multi-use Rocker, 1942, www.moma.org
135) Peter Eisenman, House III, 1969-71, Diagram Diaries, p.48.

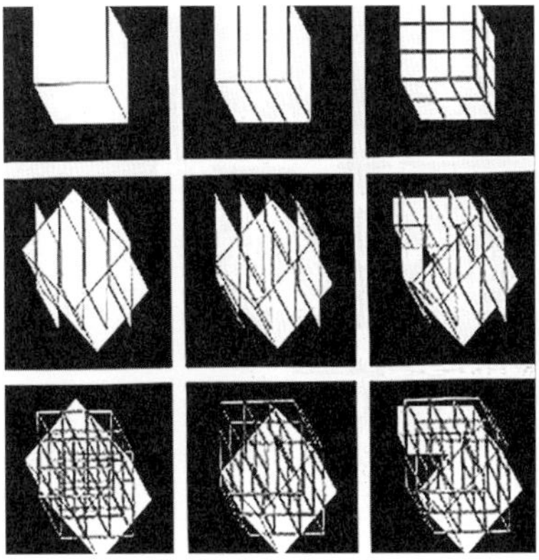

**[그림 2-32]** 주택

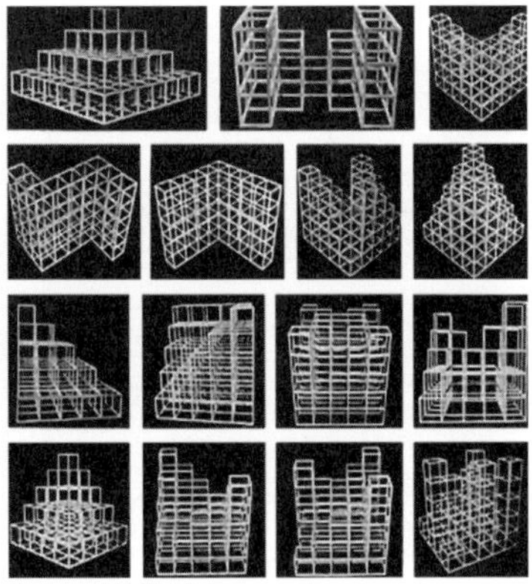

**[그림 2-33]** 큐브구조

터 자유로운 오브제 스스로가 자신을 참조하여, 합성규칙에 따라 성장 변형하는 솔 루이트Sol Lewit의 작업[그림 2-33][136)]방식과 그 맥락을 같이 하고 있다. 아이젠만의 사각형들은 건축요소들을 상징하고 있으며, 볼륨에서 면, 면에서 그리드, 그리드의 회전 등으로 표현된다. 여기에서 디자인 과정design process은 건축요소들의 합성적 조합이 된다. 또한 형태의 근원은 본질적으로 단일하고 정적인 그리드grid체계이며, 프로젝트project의 위치와 특성의 해석에 따른 그리드의 변형과 흔적, 혹은 프로그램program의 결정인자factors에 따른 변형과정이 형태를 결정하고 있다. 하지만 크로노토프적인 관점에서 바라볼 때, 건축의 다성성(多聲性)으로 이해될 수 있는 다양성(多樣性)multiplicity을 구축하고 있는 아이젠만의 건축언어는 요소들 자체의 시공간성들에 의해 생성된 것이 아니다. 외부의 결정인자들이 일종의 능동적인 힘force으로 작용하여 발생한 일련의 변형과정을 통해서 생산된 '단일한' 시공간체의 '다양한' 변형체들인 것이다.

136) Sol Lewitt, Cube Structures based on Five Modules, 1971-1974. www.crownpoint.com

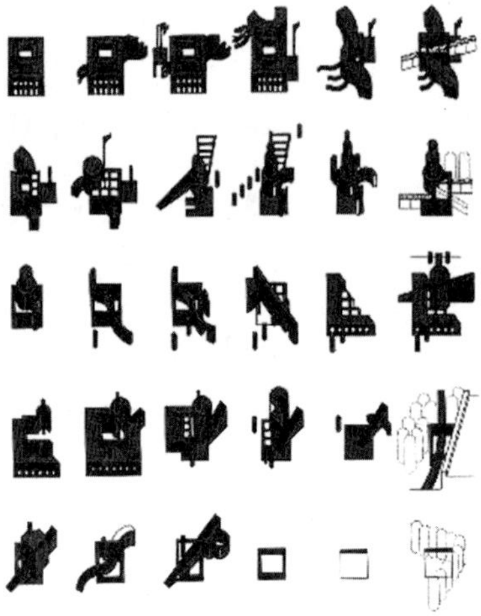

**[그림 2-34]** 라빌레트 공원

베르나르 츄미Bernard Tschumi의 라빌레트 공원Parc de la Vilette[그림 2-34][137]은 건축 요소들이 기존의 기능과는 다르게 통합(統合)되어, 행위와 이벤트로 우연성을 창출하는 공간으로 계획되었다. 즉, 건축이라는 완결된 형식을 해체하는 요소로 형태와 프로그램을 설정한 것이다. 이를 위해 점, 선, 면적인 요소들로 해체된 건축어휘는 특정 용도로 계획되지 않았으며, 단지 이질적으로 접합되어 있다. 건축과 사용자의 장르간 소통이라는 점에서 크로노토프의 대화적 단계양상을 가시화하는 사례로 볼 수 있으나 아이젠만의 단일한 그리드처럼, 즉 사용자는 건축프로그램을 완성하는 요소로 전제되어 개별성이 부재한다. 따라서 대화가 성립되지 않는다. 여기에서는 사용자가 일반화, 즉 제로상태로 설정되어 있다.

다니엘 리베스킨트Daniel Libeskind의 유대인 박물관Jewish Museum 프로젝트는 아놀드 쇤베르크Arnold Schoenberg의 음악 '모세와 아론Moses and Aron' 으로 시작되었다.[그림 2-35][138] 저음과 고음의 밀도가 극명한 대조를 이루는 이 음악에서 다니엘 리베스킨트 저음을 과거, 고음을

137) Bernard Tschumi, Parc de La Villette, 1982-85, Markus Bandus, 『Aesthetics of Total Serialism』, p.83.
138) Daniel Libeskind, Jewish Museum, Aron' s Music Note, Serial Code, Sketch, Markus Bandus, 『Aesthetics of Total Serialism』, p.80-81.

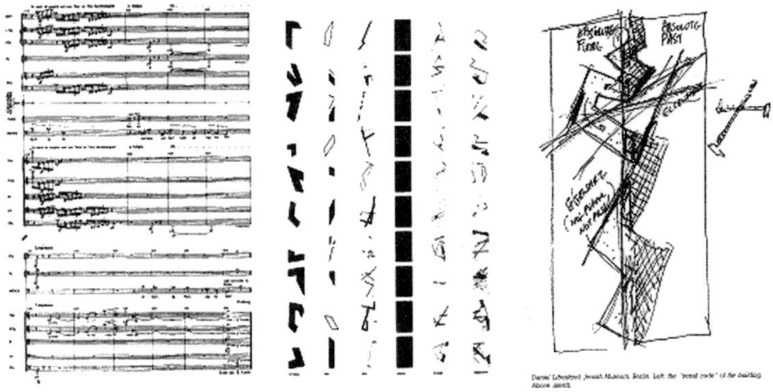

**[그림 2-35]** 다니엘 리베스킨트, 유대인박물관, 시리얼 코드 스케치

미래로 번안하여 절대적 과거, 절대적 미래로 공간을[그림 2-34(右)] 이분하였다. 따라서 이러한 일련의 음표와 유사한 건축어휘들은[그림 2-34(中)] 과거와 미래를 하나로 통합하는 시간의 형상으로 배치되었다. 이러한 음표를 시리얼 코드serial code로 지칭하는데, 이들은 이 프로젝트에서 빛으로 확장되는 긴장감과 비대칭적 상호 관계성을 구현하였다. 여기에서 발생한 시간과 빛의 불일치[139)]는 바흐찐이 크로노토프를 통해 형상화하고자 한, 물리적 필연성physical necessity으로서의 시공간성에 해당한다. 물리적 필연성이란 시간과 빛이라는 개별적 시공간망들의 동시적 공존으로 바흐찐이 대화, 다성성(多聲性)의 속성으로 기술하였다. 즉, 나와 타자는 서로 연관되어 있지만 원칙적으로 다른 존재이며, 동시에 분리되어 있는 것도 아니지만 그렇다고 융합되어 있는 것도 아닌 상태로 존재 가능하다. 리베스킨트의 유대인 박물관 프로젝트는 존 헤이덕의 건축에서 그림자와 본체가 통합된 시공간망이 현재라는

139) 저자와 독자의 장르간 불일치는 앨버스Josef Albers의 색상의 상대성, 강렬함, 온도, 떨림, 사라지는 경계, 투명성의 착시, 역전된 그라운드 등의 원칙이 기술된『Interaction of Colors』(1975)를 참조할 수 있다.

| 크로노토프 | 바흐찐의 논의 | 추론적 양상 | 추론적 양상 해석 |
|---|---|---|---|
| 행위 단계 | 형식주의 시점과 사실주의 생안성 | 움직임의 주체 | 주체의 설정과 통합 |
| 발화 단계 | 대립과 평행 | 밀도와 구체성 | 사건과 환유적 치환 |
| 대화 단계 | 재료미학과 경계 | 동시적 공존 | 다성성 |

**[표 2-4]** 바흐찐의 논의와 크로노토프 단계별 양상의 추론도식

상대적이며 개별적인 빛으로 부피를 갖게 되는 계획과정을 이해하는 단서를 제공하고 있다.

## 2.3 소 결

바흐찐이 크로노토프를 통해 재현하고자 한 것은 삶의 실제성reality이다. 삶의 리얼리티는 항상 변화하는 상대적 개념이고, 현실에 대한 예술적, 형상적 인식도 역사적으로 지속적으로 변화하고 있다. 따라서 크로노토프를 아인슈타인의 시공간개념으로 설명하는 것은 당연하다. 하지만, 바흐찐은 현실에 대한 인식을 토대로 한 크로노토프로 추상이 아닌 현실의 실제성에 의미를 부여하고자 한 것은 아니다. 단지 양상(樣相), 즉 행위, 발화, 대화단계에 관련된 시공간의 관계망과 그 속성들[표 2-4][140]을 통해 구체화되는 삶의 시공간적 형상을 현재로 구체화할 뿐이다. 따라서, 구체적으로 기술되는 삶a narrative structure은 시간과

140) 필자 작성

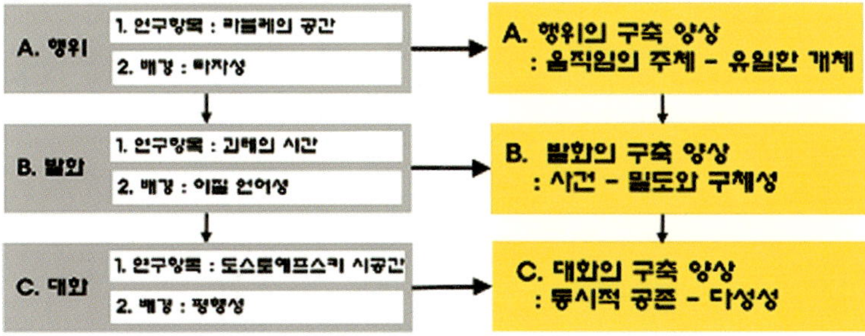


**[표 2-5]** 행위-발화-대화단계 배경과 구축요소 도출과정 도식

공간을 초월하여 타자와의 소통에서 예술적 형상으로 즉, 크로노토프로 현재화되고 생성되는것이다. 크로노토프의 단계별 양상 도출과정은 [표 2-5][141]와 같다.

현대의 건축은 언어담론이라는 서술체계의 형식성과 구조성, 그리고 관계성 등으로부터 수많은 영향을 받고 있다. 그것은 건축이 이전의 예술적 형식이나 추상적 관념에서 탈피하여 상황이라는 현재성을 반영하려는 현상으로 해석할 수 있다. 바흐찐의 크로노토프는 이러한 사실주의 서술체계에 기초한 건축적인 양상으로 추론을 하면서, 건축의 서술적 특성을 분석하는 기준으로서의 가능성을 다음과 같이 정리하였다.

**첫째, 러시아 사실주의 소설의 특징은 인접성에 근거한 환유적 치환 metonymical conversion이다. 크로노토프는 주체들이 평행적으로 기술되는 환유적 치환의 장치이다.**

바흐찐이 주목한 러시아 사실주의의 환유적 치환은 환유적 이타성의 서술양상으로 타자적 인식을 강조한 것이다. 이 서술양상은 상

141) 필자 작성

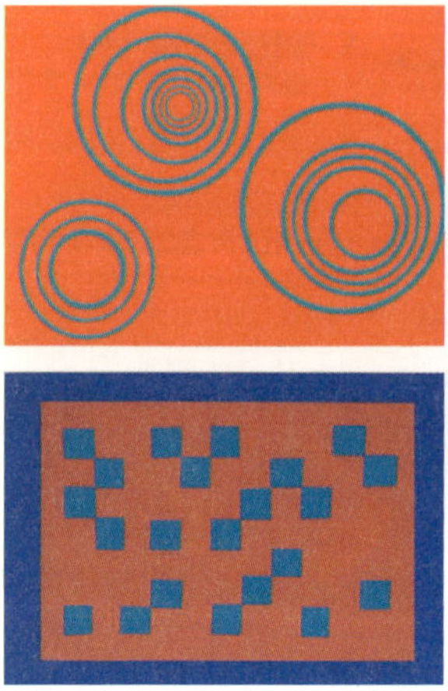

**[그림 2-36]** 진동하는 경계

**[그림 2-37]** 건축

대적 리얼리티, 개체적 시공간의 다양성에 기초하고 있다.[142] 인식의 중개요소인 회화의 시점을 서술의 관점으로 설정할 경우, 환유적 이타성은 물리적, 맥락적, 역사적, 공간적 속성들이 유사한 인접성[그림 2-37][143]에 근거하여, 형태나 형식이 아닌, 속성들을 상호 교환하여 육화하는 서술방식이다.[그림 2-36][144] 따라서 환유적 이타성의 서술방식은 이 크로노토프를 건축형상으로 번안하는 1차적 과정이 된다. 회화를 구성하고 있는 형태언어들은 동일하지만, 형태적 속성들이 유사한 위치와 색상이지만, 서로 상이한 개별적인 시공간성이 외재화됨으로, 전체적으로 형상은 모호한 상황을 형상화하고 있다. 이와 같이 유사하지만 상이한 시공간성은 사실주의의 수평적 세계관에 근거하며, 이 수평적 세계관은 환유적 치환으로 서술 가능하다.

142) 이덕형, ibid., p.45.
143) Paul Klee, 'Architecture', 1923.에서 3각형 건물지붕의 형상으로 완전한 추상화 형식과는 다르게 그림의 대상을 추정할 수 있게 한다는 점에서 인접성의 사례로 본다.
144) Josef Albers, 'Vibrating Boundaries', 『Interaction of Colors』, p.136. 반복적인 유사형태간의 각기 다른 방향과 밀도로 발생되는 차이가 환유적 표현이라고 사료된다.

**[그림 2-38]** 『자두빛 방에서의 결혼식』 배치도

**[그림 2-39]** 『소리들』 목차

**둘째, 크로노토프는 개별적 시공간망Space-Time matrix들의 총합Space-Time fabric이다.**

개별적 시공간성들의 총합/짜임이 크로노토프의 형상을 결정한다. 이 짜임은 주체와 객체라는 이중성alter ego을 갖는 나, 타자, 그리고 저자의 시공간적 망matrix들의 접합contact이다.[그림 2-38][145] 이 접합은 행위, 발화, 그리고 대화라는 단계적 양상을 통해 형상화된 능동적 인자active factor들이 상호 교차하는 것이다. 이러한 교차cross, 혹은 관통penetrate으로 야기된 이 시공간망들의 밀도와 구체성은 경계가 되며, 그 경계는 능동적 주체들의 반응으로 끊임없이 변화하여 현재로 표면화된 것이다. 이처럼 맥락에서 떼어내어진 건축요소, 이미지, 기능, 텍스트 등으로 짜인, 단일한 체계 내의 꼴라쥬collage는 새로운 맥락context을 창출하거나 그 자체로 자유로울 수 있다.[그림 2-39][146] 바흐찐의 육화enfleshment 대상은 한 주체에 해당하는 것으로, 그 주체가 대상이 되기 이전부터 가지고 있는 고유한 개별적 시공간성을 전제한다. 따라서 이

145) John Hejduk, Wedding in a Dark Plum Room, 『백랍날개들, 금빛뿔들, 돌면사포들』, p.122-123.
146) John Hejduk, 『soundings』, p.5.

**[그림 2-40]** 투우사의 주택

주체들은 다른 개체들과의 접합으로 구성되는 형상the shape of contact처럼 조각들이 하나의 이야기를 완성하기 전까지는 의미없는 개체라기보다는 별자리constellations[147]를 바라보는 현재의 나와 같은 각기 서로 다른 개체의 시공간성들이 그 개체를 접하는 또 다른 시공간성을 지닌 나를 통해 구체화되는 특정 시공간, 즉 또 다른 크로노토프를 생성하는 독립적인 존재인 것이다.

이와 같이 성장을 지속하는 주체들의 시공간망들time-space matrix이 능동적 행위, 접촉으로 통합된 형상이 바흐찐의 다성성polyphony이라고 할 수 있다.[148] 이로 인해 "크로노토프는 기본사건들을 조직해주는 역할[그림 2-40][149]을 하며, 비가시적 시간은 가시화되고, 그저 정보나 단순한 사실의 차원에 머물던 사건들이 이야기적으로 흐름 속에서 하나의 예술적 형상이 된다."[150]

147) 앨버스의 인터액션의 질적 속성은 수만년 전의 빛의 질적 속성이며, 그 개체들의 인접성에 근거하여 바라보는 현재의 내가 총합적으로 엮는 별자리 형상을 말한다.
148) 야마구치 가쓰히로, ibid., p.217. 상호 현실주의는 인간, 자연환경, 기술환경 사이에 작용하는 연속적인 상호 작용의 다이나미즘을 나타내는 용어이다.
149) John Hejduk, BullFighter' s House, 『백랍날개들, 금빛뿔들, 돌면사포들』, p.89.
150) 미하일 바흐찐, ibid., p.468.

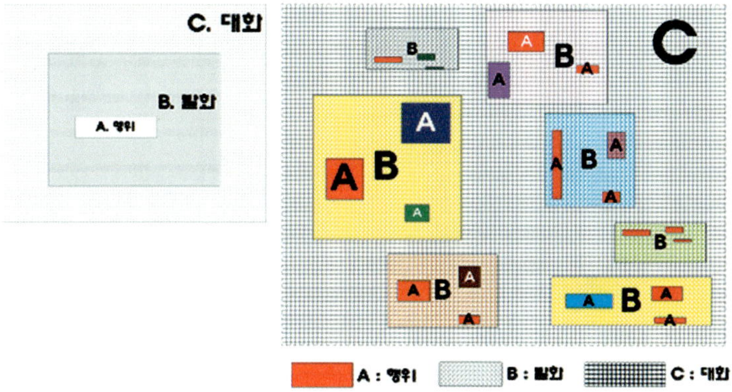


**[그림 2-41]** 행위-발화-대화단계 구성요소들의 관계도식에 따른 크로노토프망

**셋째, 크로노토프는 능동적 단계, 행위, 발화, 그리고 대화로 살아 있는 매체가 된다.**

"생명이란 1차적인 필요성을 충족하기 위한 개체들간의, 또는 종과 종간의 협력과 배제, 그리고 투쟁의 표현이다."[151] 바흐찐의 대화는 조화나 합일된 단일의 가치를 생성하기 위한 것이 아니다. 질적 속성이 다른, 독립적인 장르간 대립과 갈등의 표현 또한 포함하고 있다. 이처럼 서로 다른 생체감각의 고유한 시공간성을 전제로 하는 크로노토프는 한 형식 내에서 생명체처럼 자기 성장을 하는 오브제나 작가의 입장에서 삶의 우연성을 의도하는 조합이라기 보다는[그림 2-34], 수많은 변수의 상황을 수용하는 방법과 그로 인해 생성되는 잠재성의 장소라고 할 수 있다. 그리고 단계별 양상간의 물리적 필연성에 의한 상호 관계성은 [그림 2-41][그림 2-42][152]와 같다.

행위, 즉 움직임의 주체인 유일한 개체의 시공간망matrix[그림

151) 야마구치 가쓰히로, ibid., p.216.
152) 필자 작성

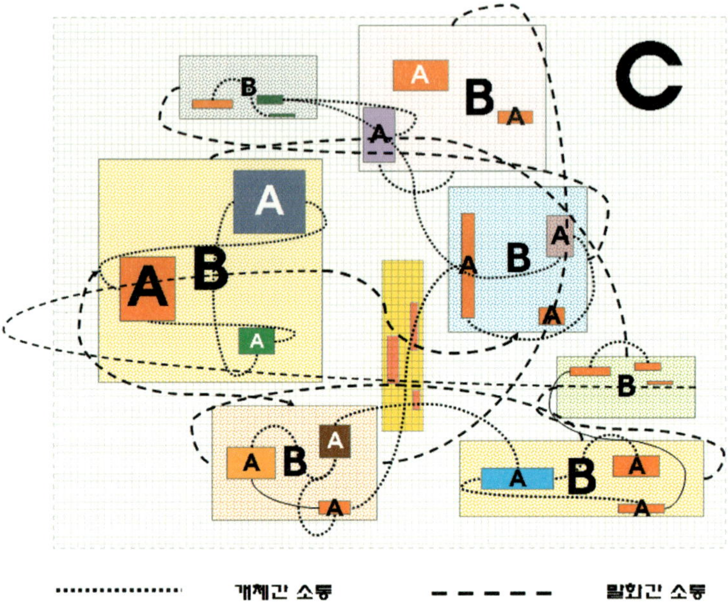


**[그림 2-42]** 행위와 발화 소통의 벡터(vector)에 관한 도식

2-41]은 발화하는 순간에 타자의 시공간망matrix과 접촉하며, 이 접촉으로 변형된 시공간 조직fabric의 밀도와 구체성을 도식화한 것이다. 이 순간의 사건들은 부분적 크로노토프로, 전체적 크로노토프의 한 일부이다. 따라서 크로노토프의 시작점은 유일한 시공간적 지점에서 능동적으로 움직이는 주체가 되며, 타자와 소통하려는 의지(意志)인 다양한 발화들로 상호 소통하여 살아 성장하는 이야기는 크로노토프 형상이 된다.[그림 2-42] 단, 이러한 이야기의 형상은 저자가 이 변수들의 생성을 가능하게 하는 관찰자의 위치에 있을 때 구축될 수 있다.

건축이론의 논리적 관점에서 헤이덕 건축의 특성을 '기이하고 불확정적인 건축언어'로 평가한다. 이것은 결과적 형상을 중심으로 해석하였기 때문이다. 하지만 현대 철학에서 논의되는 현대 사회에 다양한 주제를 건축적으로 해석거나 불확정적이고 독립적인 개체들을 전제로 한 다양한 형태구성을 지향한 건축[그림 2-32][2-33]이라기 보다, 헤이덕 건축은 서술적으로 전개된 건축의 특성, 즉 한 이야기, 혹은 한 프로그램이 전개되며 형상화된 전체적인 시공간 조직fabrics의 자연스러운 패턴pattern으로 이해되어야 한다.

# 3. 크로노토프단계 양상으로 본 존 헤이덕 건축

## 3.1 존 헤이덕John Hejduk(1929-2000)과 연구범위

1929년 뉴욕에서 출생한 존 헤이덕은 쿠퍼 유니온과 하버드 건축대학원(1953)에서 공부하였다. 리처드 마이어Richard Meier, 찰스 과스메이Charles Gwathemy, 피터 아이젠만Peter Eisenman, 마이클 그레이브스Michael Graves와 함께 1969년 뉴욕 5인 건축가 전시회에 참여하였다. 2년 뒤 『5인의 건축가Five Architects』(1971)가 출판되면서 뉴욕 파이브로 불리게 되었다. 뉴욕 파이브의 건축관이 형성되는 1950년대의 미국 건축계는 르 꼬르뷔지에Le Corbusier와 미스 반 데어 로에Mies van Der Rohe 등 유럽 근대 건축가들의 작업들과 이들의 영향으로부터 벗어나려는 미국 건축계의 상황이 공존하는 시기였다.[153)]

존 헤이덕은 1972년부터 2000년까지 쿠퍼 유니온의 학장을 역

153) 임석재, 『네오큐비즘과 추상픽처레스크』, 북하우스, 2001. p.61-63.

임하였으며 다른 장르와의 연계를 강조하는 교육과정을 주도하였다. 1985년에 출판한 『메두사의 마스크Mask of Medusa』(1985)에는 1947년부터 1983년까지의 작업들이 수록되어 있다. 프레임 1기에서 7기로 나눈 메두사의 마스크에서, 프레임 6기는 일련의 시들로 구성되어 있는데 시인 데이비드 사피로David Shapiro와 많은 작업들을 함께 한 것으로 알려졌다. 이후 출판된 일련의 작업들은 주제별 단편들로 출판되었는데, 그 작업들은 『블라디보스톡Vladivostok』(1989), 『소리들Soundings』(1993), 『적응하는 기초들Adjusting Foundations』(1995), 『백랍날개들, 금빛뿔들, 돌면사포들Pewter Wings, Golden Horns, Stone Veils』(1997) 등이 있다.

헤이덕 자신이 출판한 저서 이외의 헤이덕에 관한 문헌들은 건축비평가 마이클 헤이스Michael Hays가 편집한 7인의 에세이집, 『헤이덕의 크로노토프Hejduk' s Chronotope』(1996)와 2002년 뉴욕 휘트니미술관Whitney Museum에서 전시한 회고전 이후에 헤이스가 편집하여 출판한 1999-2000년의 성당프로젝트가 게재된 『성역들Sanctuaries』(2002)이 있다. 이외에 출판된 헤이덕의 시집들로는 『침묵한 목격자The Silent Witnesses and Other Poems』(1980), 『기억이라는 장소들Such Places as Memory : poems』(1953-1996, 1998), 『선들 : 불로 태울수 없는Lines : no fire could burns』(1999) 등이 있다. 저서들은 크게 두 부류로 나뉘는데, 하나는 헤이덕 자신이 출판한 책들과 다른 하나는 다른 건축비평가들이 철학적 관점으로 헤이덕의 작업을 분석한 책들이다. 하지만 헤이덕 자신은 철학적 배경을 언급한 적이 없고 오히려 자신은 건축비평서보다 탐정소설을 즐겨 읽는다고 했다.

헤이덕 건축에 대한 연구는 크게 구축된 작업과 프로젝트 분석으로 나눠진다. 실제로 구축된 작업들은 완벽한 대칭성과 심오한 디테일로 주목받는데, 이 점에 대해서는 헤이덕 자신이 카프카Kafka 소설의 서술적 특성에 비유하였다. 이로 인해 헤이스는 철학가 들뢰즈Deleuze가 비주류minor라는 개념으로 연구한 카프카의 비주류의 비주류성을 비유하여 비주류의 건축으로 논의하지만, 헤이덕이 주목한 카프카의 서술적 특성은 섬세한 기술(記述)로 발생하는 미묘한 모순적 상황이다. 오히려 이러한 서술의 특성은 말레비치Malevich의 절대추상성을 조롱하는 듯한 화가 죠셉 앨버스Josef Albers의 '구조적 성좌Structural Constellation'에서 발견되는 4각형의 모호한 구성과 비교할만 하다. 이처럼 헤이덕 건축은 근대 건축언어를 극단extremity적으로 적용하여 역으로 근대 건축의 추상성에 대한 의문을 던지고 있다. 또한 텍사스주택군Texas Houses의 평면에서부터 나타나는 비대칭성과 이질적 구성, 그리고 중심성과 주변성 등은 내부폭발과 껍질의 개념을 암시하고 있다. 여기에서 기이할 정도로 치밀한 형태의 대칭성을 모호하게 하는 것은 움직이는 사용자의 시공간이다. 이처럼 사용자의 시간과 공간적 감각에서 비롯된 경험과 기억을 중요시 한 헤이덕의 서술적 경향에 대해 스탠 알렌Stan Allen은 그의 건축을 이해하기 위해서는 문학적인 훈련이 필요하다고 말한 바 있다.[154] 비(非)건축이 아닌 이(異)건축을 연구할 때, 건축이라는 범주에서 연구를 시작하여 그 해석이 용이하지 않게 되면 철학적 접근을 통해 끼워 맞추듯 이해하려기 보다는 이(異)건축 자체의 범주를 파악하고, 적용하는 것이 타당하다고 본 것이다. 헤이덕 건축의 경우 문학적 분석의 틀이 필요하다.

크로노토프에 대한 연구가 선행적으로 이루어진 후에, 헤이덕의 건축을 연구사례로 설정할 만큼, 헤이덕 건축의 서술적 특성은 뚜렷하다. 또한 여러 인터뷰에서 그 단서들을 찾을 수 있다.

154) Michael Hays, Editor, 『Hejduk's Chronotope』, Princeton Architectural Press, 1996. p.80.

> 난 역사를 사랑한다. 난 책과 관련된 모든 것들을 읽기 좋아한다. 그러나 밀림과 같은 곳을 관통하는 길을 두려고 할 때 (그 밀림으로부터) 배울 수 있는 것은 거의 없다. 아마도 어떻게 칼을 날카롭게 만드는지 가르쳐 줄지도 모른다. 하지만 그게 다이다.[155)]

본 장에서는 건축언어의 변화를 기준으로, 헤이덕 건축을 전반기 주택 시기와 후반기 캐릭터 시기로 구분하였다. 헤이덕은 프로그램의 요소를 위주로 전개하였던 자신의 작업들을 큐비스트Cubist 건축으로 부르며 그 한계를 느꼈다고 했다. 더불어 각 시기 내에서 크로노토프의 단계적 양상인 행위, 발화, 대화로 구체화된 서술체계의 속성들과 일치하는 헤이덕의 작업들을 분류하여 단계별로 검토하였다.[표 3-1][156)]

크로노토프의 단계별 양상인 행위, 발화, 대화의 항목을 기준으로, 타자성에 기초한 유일한 개체성의 행위, 사건을 밀도와 구체성이라는 시공간구조로 설명하는 발화, 그리고 이들의 총합으로 새로운 크로노토프를 생성하는 대화에 해당하는 헤이덕의 작업을 분류하였다. 또한 헤이덕 건축의 각 단계별 양상은 각 절의 소결에서 크로노토프와 관련된 문학적 논의와 함께 종합하여, 객관적인 분석의 기준으로서 근거와 타당성을 검토하였다.

따라서 시기의 구분은 각 시기의 시작단계에 해당하는 행위단계 양상, 프로그램의 수동적 요소와 프로그램을 생성하는 능동적 주체 설정으로 전환하게 되는 발화, 대화에 관련된 표현과 구축방법이 그 기준이 된다. 따라서 전반기에 해당하는 주택 시기와 후반기 캐릭터 시기는 [표 3-2][157)]에서와 같이 행위, 발화, 대화의 시기로 세분되며, 연도

155) K. Michael Hays, ibid., p.96. 재인용.
156) 필자 작성
157) 필자 작성

별로 배치하였을 때, 전반기 주택 시기 행위-발화-대화, 후반기 캐릭터 시기 행위-발화-대화의 순으로 전개된다.

| 헤이덕 건축 \ 바흐찐의 크로노토프 | | | 행위 단계 | | | 발화 단계 | | | 대화 단계 | | |
|---|---|---|---|---|---|---|---|---|---|---|---|
| | | | 공간: 육체 | 타자성 | 유일한 주체 | 시간: 현재 | 이질 언어 | 사건: 밀도와 구체성 | 시공간 | 동시적 공존 | 다성성 |
| 전반기 주택시기 (1947 - 79) / 메두사의 가면 (1985) | 프레임 1 기 (1947-1954) | 초기작업들 | | | | | | | | | |
| | 프레임 2 기 (1954-1962) | 텍사스 주택 | ○ | | | ○ | | | | | |
| | 프레임 3 기 (1962-1967) | 다이어몬드 주택 | | ○ | | ○ | | | | | |
| | 프레임 4 기 (1968-1974) | 분할 주택 | ○ | ○ | ○ | ○ | | | | | |
| | | 요소 주택 | ○ | ○ | ○ | ○ | | | | ○ | ○ |
| | | 벽 주택 1 | ○ | ○ | | ○ | | | | | |
| | | 벽 주택 2 | ○ | ○ | | ○ | | | | | |
| | | 벽 주택 3 | ○ | ○ | ○ | ○ | ○ | | ○ | | |
| | 프레임 5 기 (1974-1979) | 조용한 목격자 | ○ | | ○ | ○ | | | | ○ | |
| | | 낮과 밤 주택 | | | ○ | | | ○ | | | ○ |
| | | 북동남서 주택 | ○ | ○ | ○ | | | ○ | | ○ | ○ |
| | 프레임 6 기 | 시 | | | | | | | | | |
| | 프레임 7 기 (1979-1983) | 뉴잉글랜드 주택 | ○ | ○ | | | ○ | ○ | ○ | ○ | |
| 후반기 캐릭터 시기 (1985 2001) | | 베를린 마스끄 | | | ○ | | ○ | ○ | ○ | ○ | ○ |
| | 『블라디보스톡』 1989 | 주제 : 캐릭터 | | | ○ | | ○ | ○ | ○ | ○ | ○ |
| | 『소리 』 1993 | 주제 : 시공간 망의 그림자 | | | ○ | | ○ | ○ | ○ | ○ | |
| | 『적응하는 기초 』 1995 | 주제: 요소 간 대화 | | | ○ | ○ | | | ○ | ○ | ○ |
| | 『백랍 날개...』 1997 | 주제: 장르 간 대화 | | | ○ | ○ | ○ | ○ | ○ | ○ | ○ |

**[표 3-1]** 크로노토프의 구축양상 항목과 헤이덕 건축의 관련성

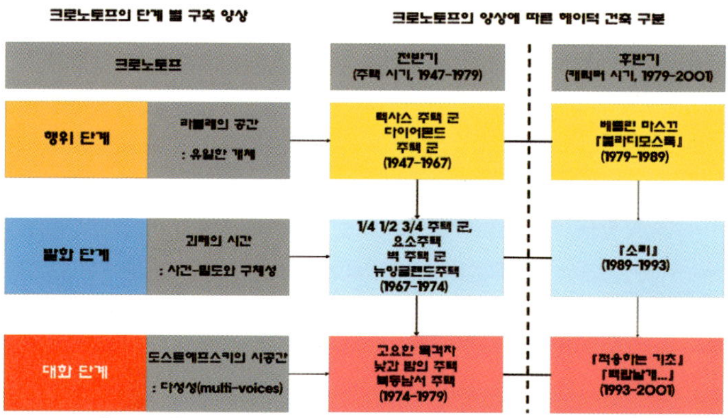


**[표 3-2]** 크로노토프의 구축양상에 따른 헤이덕 건축 분류

본 연구의 중심이 되는 『메두사의 마스크』의 프레임 1기(1947-1954)와 2기(1954-1963)의 작업 일부는 크로노토프의 분석작업에 포함하지 않았다. 1기와 2기의 프레임 작업들은 크로노토프가 아닌, 다른 분석기준이 필요하다고 판단되었기 때문이다. 프레임 1기에 수록된 초기 학생시절의 작업들은 프로그램의 속성에 따라 형태가 결정되는 프로젝트를 발견할 수 있는데, 이러한 유기체적 해석이 반영된 형태들은 독일 기능주의 건축가인, 휴고 헤링의 「가르카우 농장」[그림 4-57]과 비교, 논의될 수 있다. 또한 프레임 2기 중 A그룹Section A, Frame 2에 해당하는 작업들 중에서, 스튜디오 프로젝트Studio Project는 르 꼬르뷔지에의 평면구성방식과 유사하나 창문의 크기와 위치가 각 실의 용도에 따라 결정되어 네오모더니즘의 관점에서 논의 가능하다고 판단된다. 이로 인해 형태를 작동시키는 방법에 대한 논의와 관련된 작업들을 확인할 수 있는 9개의 사각형9 square과 이 사각형이 적용된 텍사스주택군, 다이아몬드주택군부터 크로노토프의 건축사례로 검토하였다.

## 3.2 전반기 주택 시기(1947-1979)

### 3.2.1 행위단계

#### (1) 텍사스주택군Texas Houses

> 벽은 중립적인 상태이다. 그래서 항상 회색으로 칠해져 있다. 그리고 벽은 다이아몬드주택의 '빗변의 순간' 과 같은 상태를 표현한다. - 가장 평온한 순간이며, 동시에 엄청난 긴장의 순간이다. 통로의 순간이다. 벽은 통로의 감각을 상기시키고, 같은 방식으로 그 얇음은 순간에 있다는 감각 - 나는 '현재' 라고 부르는 순간 - 을 상기시킨다.[158]

158) John Hejduk, 『Mask of Medusa』, p.67.

헤이덕에 관한 책들을 편집, 출판하고 있는 마이클 헤이스Michael Hays는 헤이덕의 벽을 '일으켜 세워진 크로노토프elevated chronotope'[159]로 부르기도 한다.

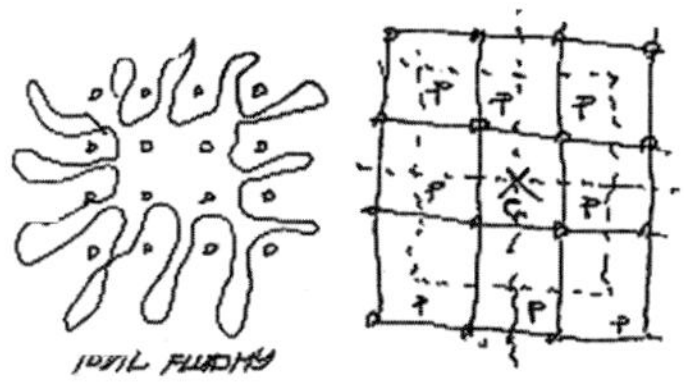


**[그림 3-1]** 9개의 사각형 스케치

그 논의는 관찰자의 시선과 대상의 시선이 중첩된 지점에 생성된 일종의 막membrane인 라캉Lacan의 이미지 스크린image screen개념으로 헤이덕의 벽을 해석하기 때문이다. 하지만 이러한 은유(隱喩)metaphor적 논의는 또 하나의 대상을 생성하여 사고하는 것과 같다. 위의 글에서 헤이덕 자신이 벽을 다이아몬드주택의 빗변hypotenuse과 같다고 한 표현은 은유가 아닌 육화enfleshment의 관점이며, 관찰자observer가 수평적으로 움직이면서 가로 방향으로 빗변을 바라볼 때 공간이 폭발하듯이[그림 3-1][160] 최대 확장maximum extension하는 듯한 경험을 하게 되는 특정 위치, 지점을 말하기 위해서이다.

> ...최대한의 압축으로부터 최대한의 확장에 대한 이론 : 관찰자의 시각에 직각인 공간을 바라보는 것; 빗변에 평행하게 서서 바라보는 것.

대상이 관찰자에 의해 경험되는 순간, 관찰자, 저자, 그리고 대상이 서있는 현재에 순간으로 실체화되는 존재로서 벽을 기술(記述)하고 있는 것이다. 즉, 관찰자가 실제적으로 경험하는 대상에 대한 감각이며, 그 상황을 육화한 것이 벽이라는 것이다. 따라서 헤이덕의 벽은 이미지 스크린이 아니라, 관찰자라는 타자가 실제적으로 움직이며,

159) Michael Hays, Architecture' s Destiny, 『Sanctuaries』
160) 존 헤이덕, 9개의 4각형 스케치, 『메두사의 가면,』 프레임 2, p.38.

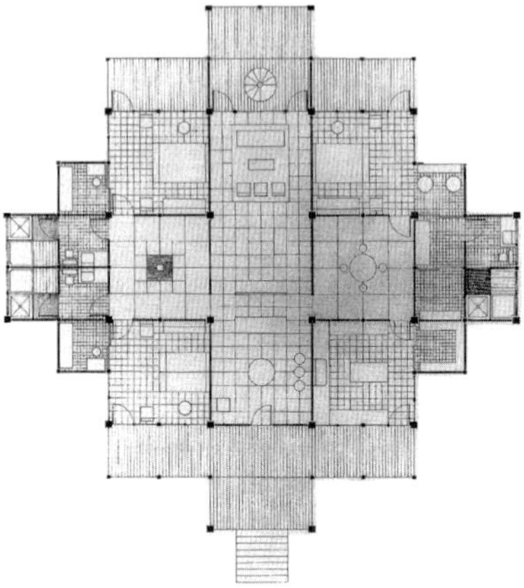

**[그림 3-2]** 텍사스주택 1

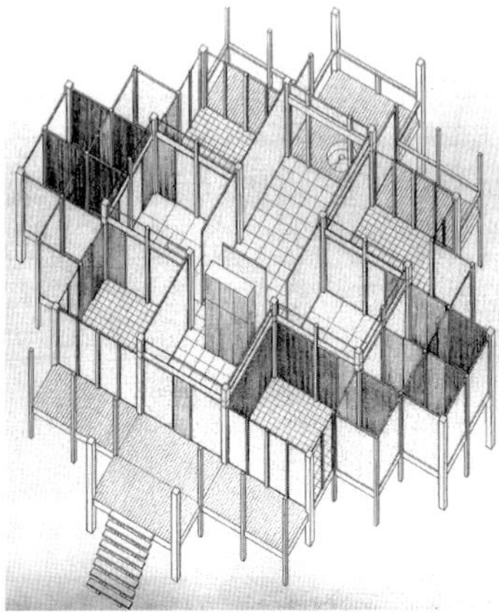

**[그림 3-3]** 텍사스주택 1 투영도

'행위'를 통해 경험하는 불연속적인 공간으로 자신의 시간이 유일해지는 주체, 즉 현재로 활성화(活性化)activated되는 크로노토프의 행위 단계로 논의될 수 있다.

벽의 속성을 결정짓는 인자가 타자이지만, 벽의 속성이 현재라는 시간이기 때문에 벽은 타자성으로만 논의할 수 없는 항목이다. 하지만 움직이는 주체에 대한 인식에서 비롯된 타자성이 구체적으로 언급되는 시기-행위 단계 : 유일한 주체-에 해당하는 사례가 된다.

초기 헤이덕의 타자성은 건축적 공간 생성요소로 논의한 다이아몬드Diamond 구축시스템에서 관찰자 시야(視野)vision로 구체화된다. 헤이덕은 텍사스주택Texas Houses[그림 3-2][그림 3-3][그림 3-4][161] 에서 또한 타자성이 발견된다고 하였다.

여기에서 헤이덕 자신과 비평가들은 타자성을 불투명성opacity, 패러독스paradox, 내부적인 장르간 소통cross-over internally 등으로 지칭한

161) [그림 3-2, 3-3] John Hejduk, ibid., p.223., [그림 3-4] ibid., p.227-237. 필자 편집

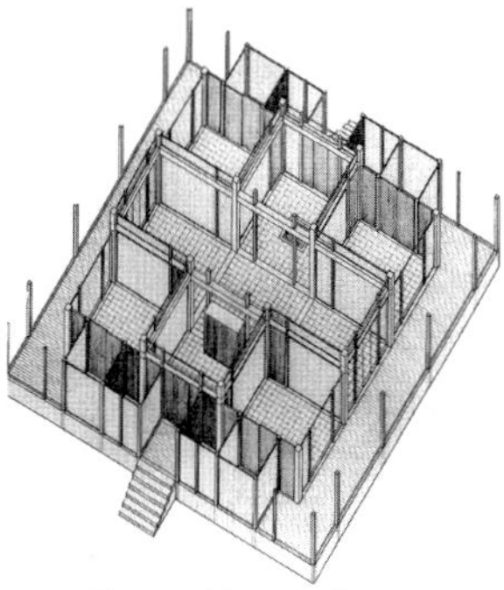

Texas House 2

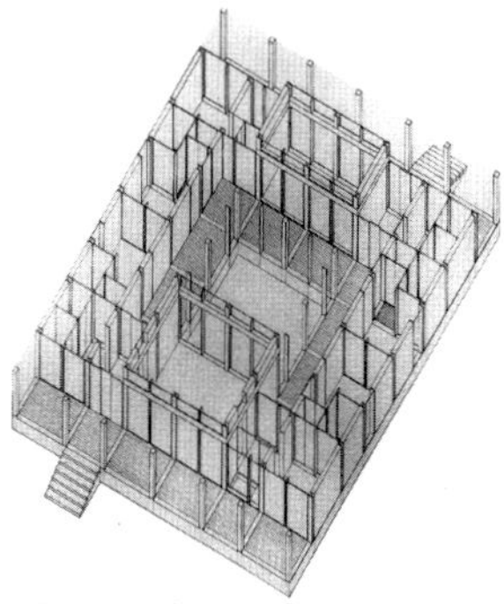

Texas House 3

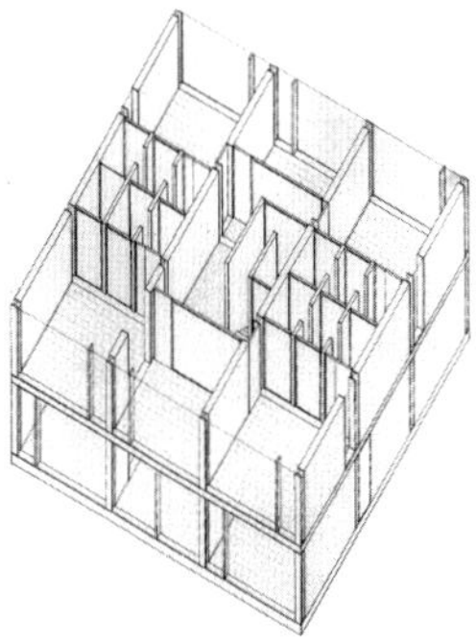

Texas House 4

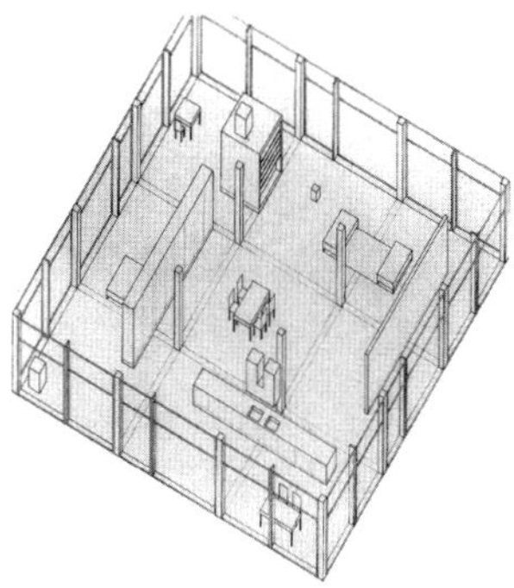

Texas House 5

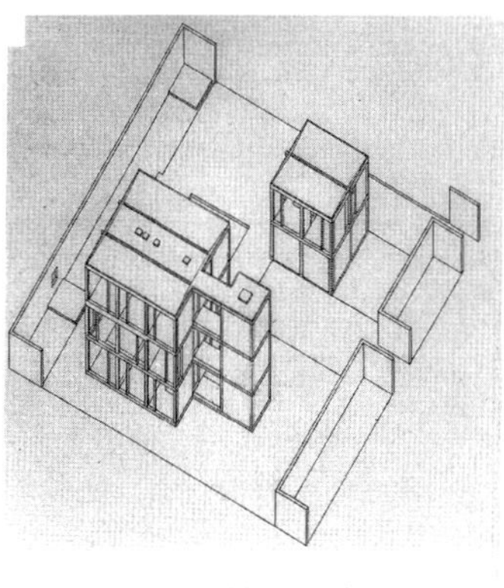

Texas House 6

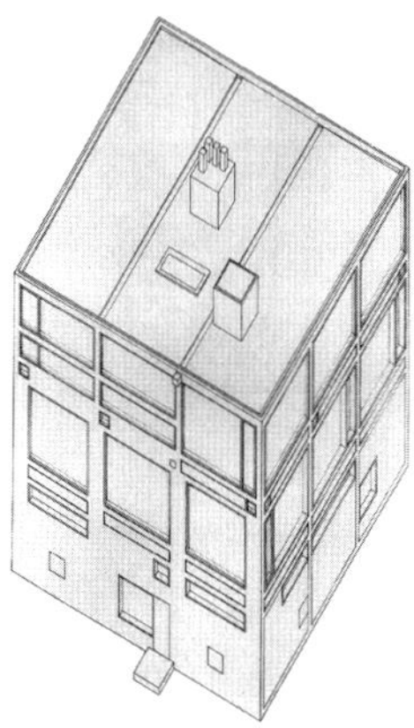

Texas House 7

**[그림 3-4]** 텍사스주택 시리즈

다. 하지만, 이들의 공통적인 속성은 실제적 공간 관계에서 발생하는 질적 상황의 변화로 인해 관찰자가 실제 공간에서 움직이며, 혹은 서성이는지 하는 모순적인 시공간 상황을 야기하는 이질성이라고 할 수 있다. 텍사스주택들Texas Houses 1-7에서의 이질성은 프로그램과 형태간 발생하는데, 대칭적symmetrical 형태 내부에 프로그램들이 비대칭적asymmetrical으로 배치되어 있다. 하지만 프로그램들은 사선 방향으로 상호 관련되어 있다.

이와는 달리, 직접적으로 언급하고 있지는 않지만 [그림 3-1]의 '9개의 4각형9-Square' 개념으로, 하나의 중추적central 4각형과 8개의 주변peripheral 4각형들의 구성에서, 중추적 4각형이 삭제되면서 주변 4각형들만 남아 발생하는 이질성 또한 찾아볼 수 있다. 9개의 4각형은 내부폭발implosion개념의 원형으로 후반기 작업에서 지속적으로 발견된다. 베를린Berlin의 네쌍둥이주택은 이 4각형 시스템이 실제로 구축된 전형적인 사례라고 할 수 있다. 화장실과 욕실 등의 공간이 통로인 중앙 4각형의 주변에 배치되어 형태상으로는 두터운 경계를 구축하고 있지만, 내부에서 외부로 향하는 반복적이고 유동적인 동선들이 그 중앙 공간을 해체/폭발시키고 있다. 이와 같이 헤이덕의 타자성과 그에 따른 이질성에 대한 인식은 구성적 측면이 아니라 움직이는 주체에서 시작된다. 그 시작점은 9개의 4각형 시스템이며, 텍사스주택은 그 실험적 작업이라고 할 수 있다.

(2) 다이아몬드주택군Diamond Houses

다이아몬드주택군[그림 3-5][그림 3-6][그림 3-7][그림 3-8][162]은 헤이

162) John Hejduk, ibid., p.48.

Figure 1

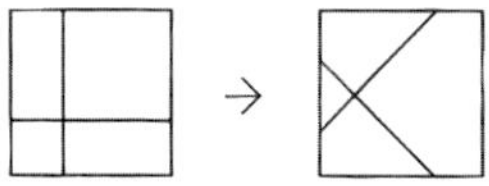

[그림 3-5] 다이아몬드 시스템 형상 1

Figure 2

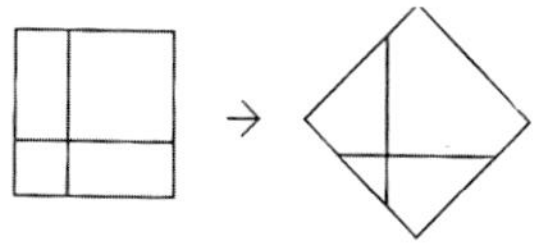

[그림 3-6] 다이아몬드 시스템 형상 2

Figure 3

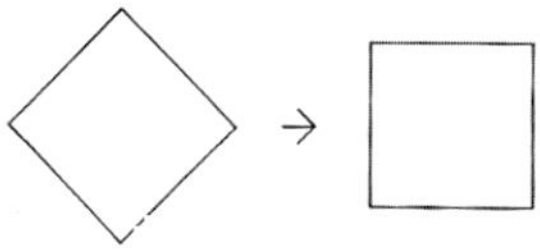

[그림 3-7] 다이아몬드 시스템 형상 3

Figure 4

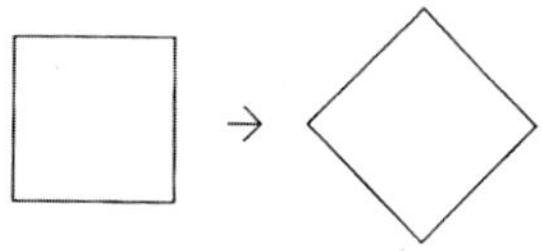

[그림 3-8] 다이아몬드 시스템 형상 4

덕 자신이 테오 반 되스부르그Theo van Doesburg의 회화와 피에트 몬드리안Piet Mondrian의 회화를 비교한 일종의 '논의thesis' 로 지칭하였다. 두 회화의 공통적 이미지는 캔버스 안의 직각을 이루며 교차하는 2개의 직선이다. 되스부르그는 캔버스 내 직각을 이루는 2개의 선을 45° 회전하여 비중심적 공간과 역동적인 주변성을 표현한 반면, 몬드리안은 선들은 그대로 둔 채 캔버스를 45° 회전시킨, 작동방식의 차이를 논의하였다. 이 논의는 암시적으로 르 꼬르뷔지에의 라로쉐주택Le Corbusier' s La Roche House과 되스부르그의 회화에서 뚜렷이 보이는 저자성(著者性)에 대한 비평적 관점이라고 할 수 있다. 회화에서 선lines이 저자(화가)의 의도에 따른, 추상적 개념을 구축하기 위해 변형되는 대상object이라면, 건축에서 르네상스식Renaissance Style의 완전할 정도로 평평한 정면facade과 다이내믹한 공간의 구축은 그 저자(건축가)의 대상으로 존재한다는 것이다. 따라서 헤이덕은 어렵지 않게 완벽한 통제의 대상이 된 라로쉐주택에서, 선호되는 단 하나의 시각(건축가의 의도)을 발견할 수 있었다고 회고하며, 그 역동적인 형태에 내재한 획일성을 비평하였다.

이와는 달리, 대상의 형상과 위치는 그대로 두고 저자의 작업이 투영되는 4각형의 캔버스 자체를 회전한 몬드리안의 구성방식을[그림

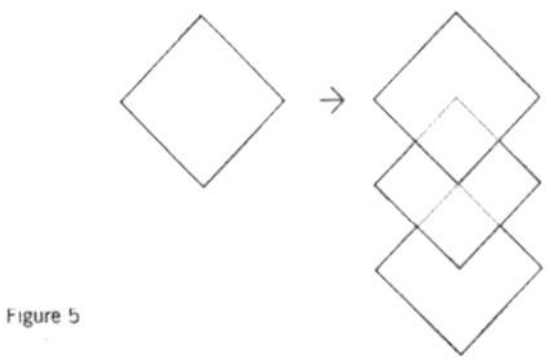


**[그림 3-9]** 다이아몬드 시스템 5

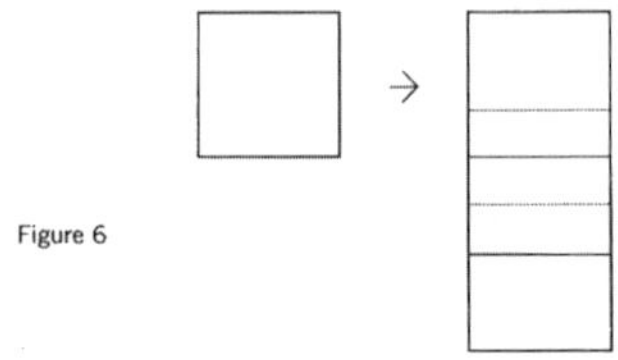


**[그림 3-10]** 다이아몬드 시스템 6

3-9][163] 자신의 평면구성논리로 발전시키며 다이아몬드주택Diamond House으로 명명하였다.[그림 3-10] 따라서 저자와 대상의 관계성을 재정립한 이 주택은 저자의 독백적 형식을 비평한 바흐찐의 타자성과 연계되며, 행위단계 양상에 해당하는 타자성에 관련된 사례로 설정할 수 있다.

4각형의 평면을 입체적인 정사투영(正射投映)orthographic projection 기법으로 작도(作圖)하기 위해서는 45°, 30°, 60°의 각도로 그 평면이 회전되며 그 결과적 형상은 다이아몬드 평면형이 된다. 하지만 투영기법으로 회전되는 본래 평면이 다이아몬드형의 평면이라면, 작도(作圖)했을 때에는 4각형 평면의 입체적 투영이 된다. 여기에서 헤이덕은 전자가 큐비스트cubist 회화가 그려지는 방식으로, 4각형의 평면이 실제처럼 입체적 투영으로 그려지는 다이아몬드 평면형(REAL→VIRTUAL)이며, 후자는 즉, 다이아몬드 평면형에 대한 입체투영으로 그려진 4각형의 투영도reality(VIRTUAL→REAL)는 건축에서의 큐비스트 입장으로 논의하였다. 대상의 실제성을 표현하는 동일한 방법을 적용했을 때, 3차원의 건축은 수평적 평면형들의 중첩으로 그 실제성, 리얼리티를 가시화하게 된다. 따라서 몬드리안 회화의 특성, 즉 경계되는 부분, 모서리에 생겨나는 주변적 긴장감의 증폭과 캔버스 밖으로 확장되는 공간에 대한 건축적 해석은 입체적 형태가 아닌 평면적 경계를 생성하는,

163) John Hejduk, ibid., p.49.

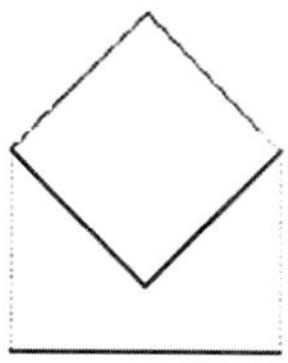

**[그림 3-11]** 다이아몬드 시스템 4

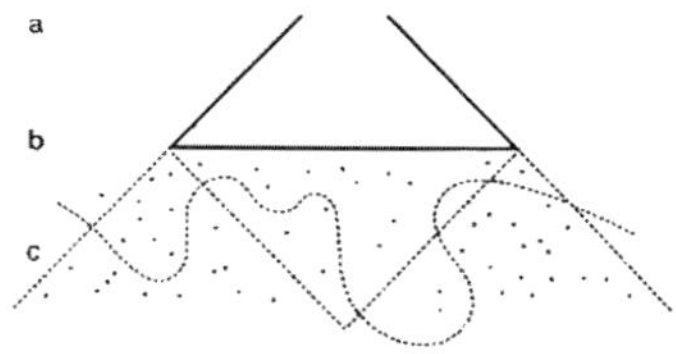


**[그림 3-12]** 다이아몬드 시스템 시간 도식

객체와 주체간 관계성의 변화에서 찾을 수 있게 된다. 반면에 큐비스트가 지향한 캔버스와 그 화면을 구축하는 대상-선들lines 사이의 긴장감에서 비롯된 역동성이라는 2차원적 공간의 질적 특성이, 건축적으로 해석된다는 것은 회화에서처럼, 혹은 그 회화의 구축방식을 모사하는 건축처럼 그 대상의 역동적 형태/형식을 모사(模寫)하는 것이 아니라, 회화의 캔버스에 해당하는 공간과, 대상에 해당하는 관찰자의 관계에서 생성되는 경계에 대한 감각을 구축하는 것이다. 그리고 이 3차원적 경계에 대한 감각의 건축도면은 수평적 투영으로 작도된다.

> ...공간으로 돌아가 더 깊은 퍼스펙티브(perpective)로 들어가게 됨에 따라 점점 더 불분명해진다. 그리고 결코 그 공간을 완전하게 인식하지 못한다. 왜냐하면 그것은 고정되어 있지도 알려진 것이 아니기 때문이다. 그렇게 어두워진다.(a) 현재로 다가올 수록 분명해진다. 현재의 판(plane)에서, 현재는 수평적인 갑옷이다. 빗변의 사선이다.(b) 미래는 단지 추정될 뿐이다. 미래들(the futures)은 다이아몬드의 역전이 될 수 있다. 원뿔, 혹은 계속 확장하는 방법으로 움직일지도 모른다.(c)[164]

이러한 실제적인 공간과 그 도상(圖上)에 대한 다이아몬드주택 연구는 시간에 대한 논의로 확장된다.[그림 3-11][그림 3-12][165] 평평

164) John Hejduk, ibid., p.50.
165) John Hejduk, ibid., p.49.

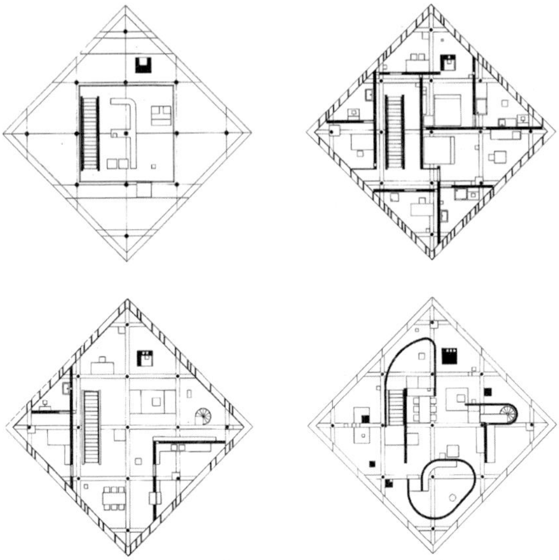

**[그림 3-13]** 다이아몬드주택 A 평면

한 2차원적 표면surface과 입면elevation이 구축하는 정면성frontality과 유일한 시점a single point of view의 의미를 강조하며, 건축에서 공간과 시간으로서의 역사(歷史)에 대한 도식[그림 3-13], 그리고 관찰자가 내부와 외부에서 다이아몬드를 바라보는 경험의 좌표체계를 도식화하였다.[그림 3-12] 특히 '다이아몬드 시스템 형상 4'는 벽을 현재라는 수평의 막membrane으로 해석하는 근거와 헤이덕의 수평적 관계를 지향하는 사실주의적 인식을 이해하는 단서가 된다.

다이아몬드주택군은 다이아몬드 시스템을 적용한 사례들로 주택, A와 B[그림 3-13][그림 3-15][166], 그리고 미술관 계획안 등 3개의 프로젝트로 구성되어 있다. 다이아몬드주택 A[그림 3-17][167]는 계단

166) [그림 3-13] John Hejduk, ibid., p.244. [그림 3-15] ibid., p.246.
167) John Hejduk, ibid., p.244-245.

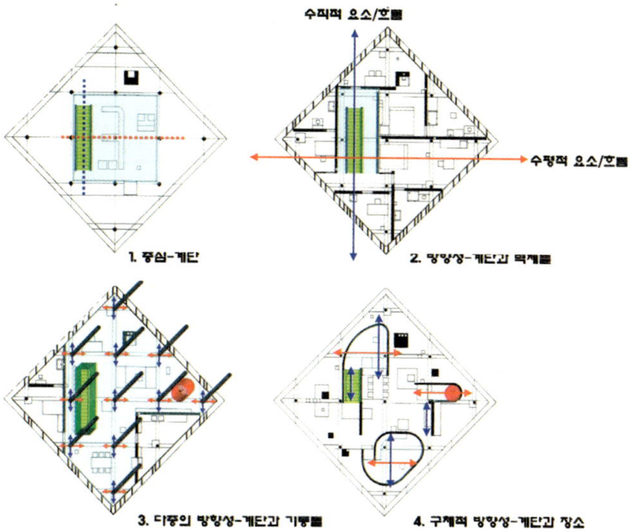


**[그림 3-14]** 다이아몬드주택 A 평면분석-압축과 분산

을 내부에 두고, 그 계단을 중심으로 외부를 향하는 흐름의 압축과 분산이 벽체와 기둥, 그리고 방향성으로 계획되었다. 반면 다이아몬드주택 B[그림 3-18][168]는 자연광이 창과 벽면을 따라 내부로 진입(進入)하면서 생기는 명암shade과 색조tone의 밀도density 차이로 계획되었다.[그림 3-14][그림 3-16][169]

또한 구조(회색)와 벽들(흰색), 그리고 모든 요소들의 수직 표면 색상(흰색)을 지정하고 네 단계로 나눈 입면 높이의 색상을 지정하였다. 헤이덕은 도식[그림 3-20][170]처럼 신체의 단면에 비유하여 색상을 결정하였다. 그리고 앙드레 지드Andre Gide(1869-1951)[171]와 마르셀 프

168) John Hejduk, ibid., p.249.
169) 헤이덕의 도면에 대한 필자 분석
170) 필자 작성
171) 프랑스 소설가, 소설 『좁은 문』의 가상대담, 산문형식의 자서전적 소설 『피가로』의 작가, 인도주의자, 모럴리스트로 알려졌다.

[그림 3-15] 다이아몬드주택 B 평면

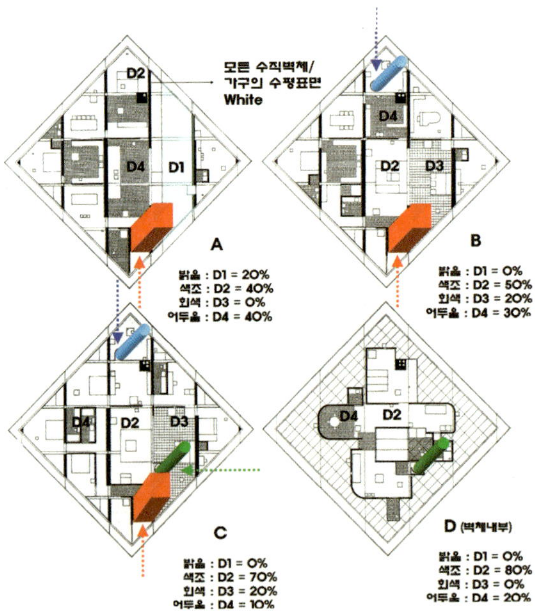


[그림 3-16] 다이아몬드주택 B 평면분석-상대적 밀도

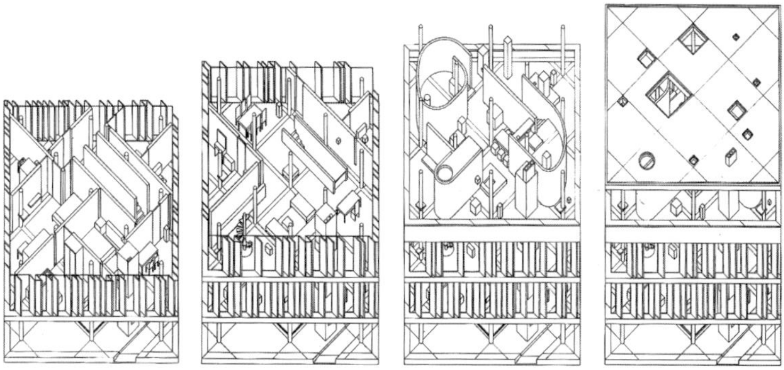

**[그림 3-17]** 다이아몬드주택 A 투영도

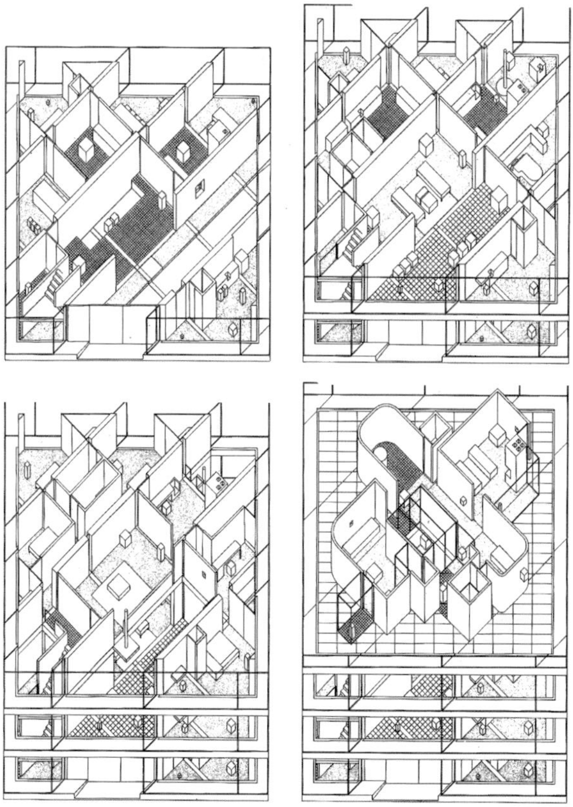

**[그림 3-18]** 다이아몬드주택 B 투영도

로우스트Marcel Proust(1871-1922)[172)]의 소설에 관련된 단어를 리스트[그림 3-19][173)]로 나열시켜 놓았다. 그 리스트의 제목은 '엉성한Sparse'과 '밀집한Dense'으로서, '엉성한'은 큐비스트Cubist에 기초한 회화적 건축공간의 주된 특성을 말하고 '밀집한'은 건축의 큐비스트, 즉 다이아몬드주택의 주된 특성으로 추론이 가능하긴 하지만, 다이아몬드주택 계획안은 이 비교 리스트간의 상호 관계망으로 짜인 계획안이라고 할 수 있다. 헤이덕의 밀도에 대한 인식은 몬드리안의 그림을 통해서 자주 언급된다. 네덜란드를 방문했을 때 모래와 튜울립이 심겨진 땅earth과의 밀도density 차이가 몬드리안의 회화[그림 3-21][174)]를 연상시킨다고 하였다. 그리고 이 지역의 대기air를 일종의 조밀한 불투명함으로 기술(記述)하였다. 즉 회색의 네덜란드 하늘이 튜울립의 붉은, 혹은 노란 원색으로 물들여지는 풍경을 상상할 수 있는데, 하늘과 땅이 개별적이지만 서로에게 반응하여 발생하는 교차의 순간을 불투명한 밀도로 표현한 것이다. 이 빛의 산란에 의한 불투명한 밀도는 요소주택The Element House에서 실험이 되

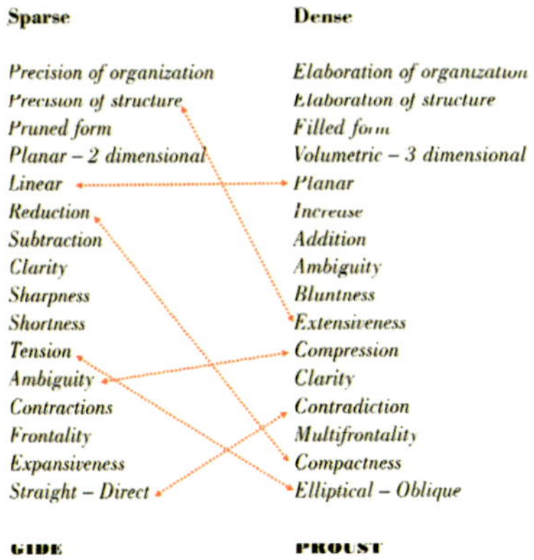


**[그림 3-19]** 앙드레 지드와 마르셀 프로스트의 소설 비교

172) 프랑스 소설가, 『잃어버린 시간을 찾아서』, 구원을 통한 순환적 구조로 시간의 가치를 회복했다는 평가를 받는다. 동시대 작가인 앙드레 지드처럼 동성애자였는데 지드는 그것을 정당화한 반면, 프루스트는 원죄의 상징으로 보았다. 바흐찐적으로 이해한다면 지드는 공적 언어를 사용하는 소설가였고, 프루스트는 라블레처럼 사적 언어를 사용하던 작가라고 판단된다.
173) John Hejduk, ibid., p.51. 가상의 상호 관계망을 필자 작성
174) www.mondrian.com

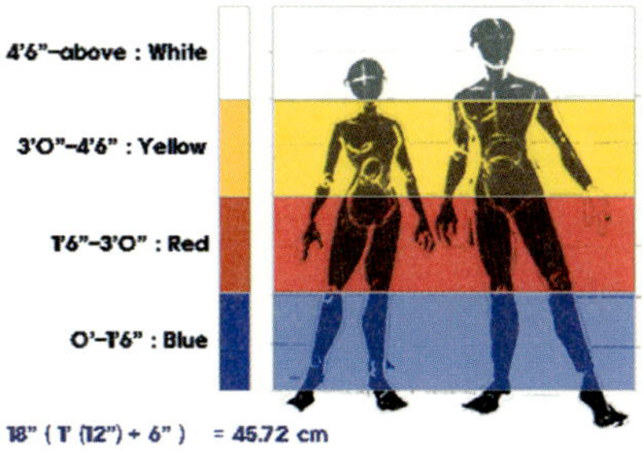


**[그림 3-20]** 다이아몬드주택 수직 색상 지정

**[그림 3-21]** 피에트 몬드리안, 회화, No IV, 1924-25

며, 이 프로젝트에서 벽이 내적이면서internal 동시에 외적인external 관찰자를 통제하는 타자otherness로서, 벽주택군에서는 이질적이지만 공존하던 대상에서, 나와 타자 자체를 생성하는 좌표체계가 되는 계기가 되고, 일조에 따라 변하는 반사된 빛들이 투영되는 불확정적인 판plane으로 논의된다.

동시에 다이아몬드의 빗변과 대응하여 진행되는 관찰자의 시각과 동선을 역동적 공간의 주체로 설정하였다는 점에서, 주체와 객체 대상간의 관계를 재설정하고 있다. 이로 인해 다이아몬드 형상/시스템은 요소와 기능이 공간 구성과 형태를 결정하는 큐비스트적 구축방법과는 다른 공간 생성원space generator이 된다. 이와 같이 헤이덕은 기술적인 드로잉에서 구축될 수 없는 감각적 경험의 형상인 다이아몬드 투영시스템Diamond Projection System을 메타 언어meta language[175] 차원에서 논의하였다. 또한 다이아몬드의 경계막edge membrane에 대해 경계, 선, 그리고 문턱의 상황으로 비유하기도 한다. 그 경험/감정의 강약에 따른 흐름으로 구체화되는 특정 상황에 대한 해석은 부분적 크로노토프minor

175) 인문학 용어로, 언어의 언어이며 현대 건축의 다이어그램 역할을 지칭하는 용어이기도 하다.

chronotope에 해당하는 도스토예프스키의 문턱과 계단 등에 대한 바흐찐의 분석을 참고할 수 있을 정도로 유사하게 정의되었다.

> 실물이 아니고 기억에 의해 실제가 된다. 확장하는 우주, 중앙에서 발산되며, 그것은 폭발적인 중심이다. 코너로 발산되는 에너지가 반영되는 상황, 그 외부에서 그 상황을 구축한 갑옷이다.[176)]

또한 밀도를 유발하는 주체의 움직임에 대해서는 텍사스주택 6과 7을 참고할 수 있다. 이 프로젝트들은 다른 텍사스주택과는 달리 일반적인 내부 엑소노메트릭 드로잉이 없다. 텍사스주택 1-5까지는 9개의 정방형 큐브cube에서 프로그램의 비대칭적 위치 구성을 통해 이질감을 모색하였다. 하지만 텍사스주택 6에서는 현관 부분의 볼륨을 삭제하여 커지게 된 보beam에 주목하였다. 더불어 텍사스주택 7에서는 3개층의 평면들을 소용돌이 효과Whirlpool Effect로 통합하였다.

다이아몬드주택의 중요성은 다이아몬드의 빗변이라고 할 수 있다. 왜냐하면 헤이덕 자신이 벽은 다이아몬드의 빗변이라고 정의하기 때문이다. 빗변은 관찰자의 움직임에 따라 늘 변하지만 통과하는 순간은 평평한 면이 된다. 그 순간이 헤이덕에게는 현재이며 수평적인 것이다. 관찰자가 나란히 있을 때 평행적으로 인지되는 경험의 좌표체계가 현재를 나타내는 수평선, 실제 벽으로 구체화되는 것이다.

과거에 해당하는 벽의 면은 검은색이며, 경사도, 계단, 그리고 엘리베이터 등의 동선체계가 배치되었다. 과거의 면은 투시도적이며, 볼륨감이 있고, 불투명하며, 단색으로 규정하였다. 반면, 조경을 바라보는 다른 한 면은 흰색으로 사적, 사색적, 반영적이며 재료는 유리와

176) John Hejduk, ibid., p.50.

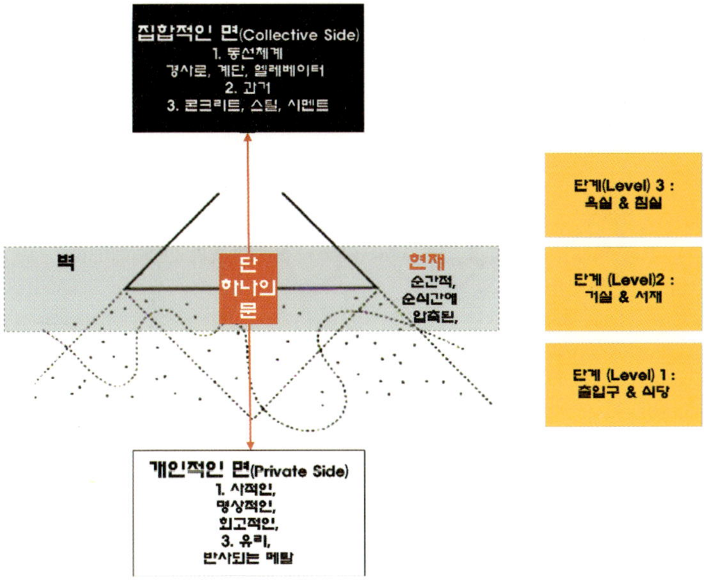


**[그림 3-22]** 다이아몬드 과거, 현재, 미래 다이어그램과 벽주택 도식

반사되는 철판reflective metal이다. 또한 얇은 벽의 공간은 현재의 찰나적인 순간성을 의미하여 명상할 수 있는 시간적인 여유를 제공하지 않는다.[그림 3-22][177]

또한 이 벽을 통과해야만 다른 공간과 연계가 되는데 문은 단 하나만이 있어, 사용자의 일상은 끊임없이 벽의 양 측면, 과거와 미래를 현재인 벽을 매개로 왕복하게 된다. 여기에서 검은색과 흰색은 재료의 반사여부에 따른 설정으로 검은색의 면은 콘크리트처럼 반사되지 않는 면을 말한다. 반면에 흰색의 면은 유리처럼 반사되는 면이다. 이러한 관찰자의 이미지나 배경의 반사 여부가 벽의 속성을 결정하는 이유는 잉여시각the surplus of seeing 때문이다. 헤이덕이 거울과 같은 반사

177) 다이아몬드 시간 도식을 바탕으로 필자 분석

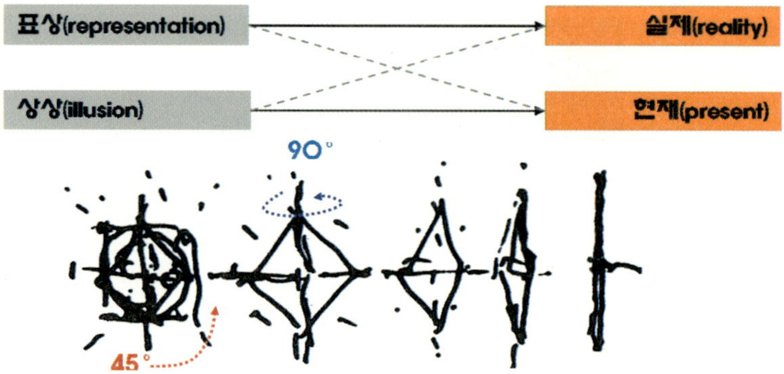


| 1. 사각형에서 다이어몬드<br>2. 회화적 평면<br>3. 2차원적<br>4. 얇은 공간 | 1' 다이어몬드에서 사각형<br>2' 건축적 아이소메트릭<br>3' 3차원적<br>4' 가상의 공간 | 1" 판(Plane)<br>2" 벽<br>3" 4차원적<br>4" 시·공간 |
|---|---|---|
| 텍사스 주택 1-7<br>( 9개 사각형 시리즈 )<br>: 1954 - 1962 | 다이어몬드 시리즈,<br>: 1962 - 1967 | 벽 시리즈-1 단계<br>: ½, ¼, ¾ 주택,<br>요소주택,<br>벽 주택 군,<br>: 1964 - 1974 |

**[그림 3-23]** 다이아몬드 투영과정의 의미와 헤이덕의 관련 건축프로젝트

재료를 사용하였으며 이로 인해 그가 이 시각을 인식하고 있었다는 것을 확인할 수 있다. 잉여시각은 바흐찐이 발화를 설명할 때 논의하는 것으로, 타자와의 대화가 시작되는 동기가 되는 개념이다.

이러한 벽의 개념은 일련의 벽주택군에 앞서 계획된 1/4, 1/2, 3/4주택군에서 3각형, 4각형, 원형과 같은 기초기하학으로 구획된 각 실들을 연결하는 연장된 공간으로 변형되어 나타난다. 헤이덕은 이 연장된 공간을 복도와 같은 기능에 관련하여 지칭하지 않고 건물에 대한 타자성을 생성하는 모호한 요소라고 하였다.

드로잉에서 투시도는 일점의 관점으로 공간의 위계가 설정된 표현이다. 이러한 점에서 근대에 대두된 엑소노메트릭과 같은 드로잉 기법은 대상의 모든 면을 동등하게 분석적이며 기술적으로 표현하는 것이다. 헤이덕의 다이아몬드 투영은 회화에서 그래픽적으로 표현하는 3차원 공간을 실제가 아닌 추상공간으로 인식하는데 근거하며, 비록 같은 표현기법이지만, 2차원 선이나 오브제가 아닌 실제 3차원 건물을 대상으로 삼아 건축의 실제공간을 기술(記述)한 것이다.[그림 3-23][178] 이 실제 공간은 관찰자라고 지칭한 사용자, 즉 타자otherness의 경험과 시각을 수용하려는 건축가의 의지로 구축 가능하며, 회화와 차별화해야 하는 근거가 된다. 텍사스주택까지는 일반적인 아이소노메트릭isometric으로 표현되던 헤이덕 건축의 내부공간은 다이아몬드 주택을 기점으로 평면적 투영으로 표현된다.[그림 3-24][179] 다이아몬드주택의 평면적 투영과 그에 따른 역동성은 내 · 외부가 대립적 관계가 아닌 평행적 관계 구성에서 비롯된다. 이 평행적 관계는 나와 타자[그림 3-25][180]라는 서로 다른 시공간적 양안성(兩眼性)binocularity에 기초하고 있다. 따라서 내부, 외부가 아닌 서로 다른 두 시공간성의 접점이 경계가 된다.

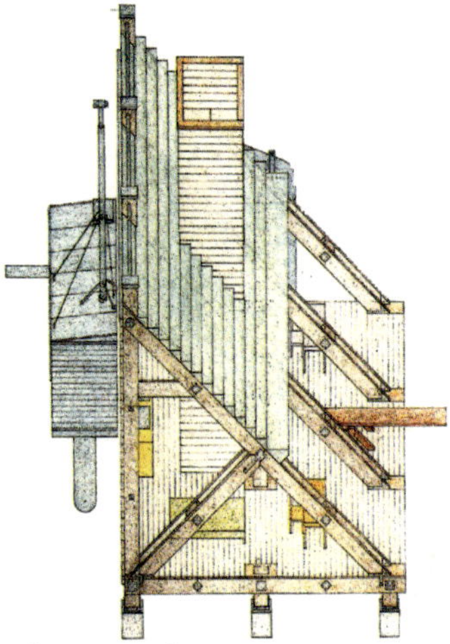

**[그림 3-24]** 은둔 마스끄(Retreat Masque)

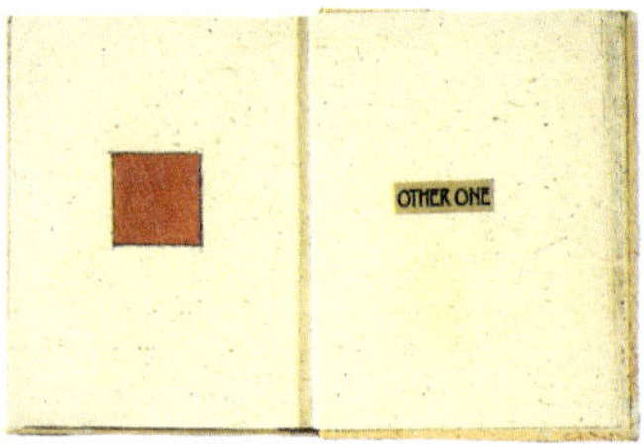


**[그림 3-25]** 베를린 가면 스케치북, 프레임 7

178) 필자 작성
179) John Hejduk, ibid., p.400.
180) John Hejduk, ibid., p.387.

[전반기 '행위단계' 소결-유일한 주체의 형상]

크로노토프의 행위단계에 해당하는 타자, 유일한 주체에 대한 인식은, 바흐찐이 초기 칸트의 형식윤리가 지닌 보편화 및 치명적 이론주의를 신랄하게 비평하며 논의하는 '책임성'과 '구체성'에 기초하고 있다. 그리고 주체의 현재성과 유일한 장소를 점유하고 있는 존재로서 책임있는 행위를 강조하게 된다. 여기에서 책임 혹은 책임성은 곧 주체의 '책임의식'을, 구체성은 그 주체가 속해 있는 사회의 현실적real이고 역사적historical 환경을 말한다. 이러한 논점에서 칸트의 윤리학을 비평하며 제안한 것이 '행위의 구축학'이다.

> 지금 내가 위치해 있는 주어진 유일무이한 지점에, 유일무이한 존재의 유일무이한 시간과 유일무이한 공간에 다른 그 누구도 위치해 있지 않다. 현 존재의 유일무이성은 강제적이며 의무적이다. 행동의 아주 구체적이고 유일무이한 당위의 기저에 깔려 있는 '존재의 나의 부재 증명불가'라는 이 사실은 나에 의해 인지되거나 인식되는 것이 아니라 유일무이한 방식으로 인정되고 확신되는 것이다.[181]

즉, 나의 유일성은 주어진 것이지만 동시에 나의 행위가 현실 속에서 실현이 되는 능동적인 것이다. 책임을 가지고 행동하는 주체로서의 나, 나의 책임있는 행위에 의해서만 나의 유일성이 증명되는 것이다. 행위철학의 논의에서는 당위성보다 구체성과 개별성, 그리고 현존성을 강조한다. 이와 같이 주체를 중심으로 전개되는 논의는 동시대의 형식주의에 대한 비평에서 비롯된다. 바흐찐은 '그가 선해서 그를 사

181) 김연경, 『까라마조프家의 형제들』에서의 낭만적 부정성(否定性) 연구 : 이반을 중심으로, 서울대 석사논문, 1999, p.4.

랑하는 것이 아니라 내가 그를 사랑하기 때문에 그가 선한 것이다' 라는 러시아 속담을 인용하면서 도덕적인 선보다 미적인 선을 강조하기도 한다.

이처럼 칸트가 판단력을 규정적인 판단력과 반성적인 판단력으로 나눈다든지 또는 인간의 지각능력을 감성/오성/이성으로 나누어 체계화한 것과는 달리, 바흐찐의 철학은 체계의 철학이 아니라, 인간이 세계의 가치의 중심에 서 있고 그 세계의 안에서 인간이 체험하는 서로 다른 가치들이 미적인 사랑을 중심으로 하여 인간 주위에 배치되어 있다는 구축학적인 구조주의 철학으로 평가되기도 한다. 따라서 미나 추, 선이나 악은 분류되어 체계화될 대상이 아니라 구축학적인 구조 안에 분리의 경계없이 배치되어 있는 각각의 시공간적으로 유일한 가치가 된다.

또한 바흐찐은 이론적이고 추상적인 보편의 윤리학은 주체를 중심으로 다른 모든 것을 자기화시키고 보편화시키는 동일성의 철학이라며, 그 문제점을 지적하였다.[182] 이 맹점을 극복하기 위해 주체와 타자의 역동성을 생명으로 하는 삶의 철학에 보다 근접한 미학을 고려할 필요가 있다고 보았다. 바흐찐에게 '나' 는 인간 일반(시공간성=0[zero])이 아니라 바로 '이 사람' (시공간성=1[one])이고,[183] 이 사람은 구체적인 크로노토프로 살아가는 것이며, 삶이란 추상적인 것이 아니라, 자신의 구체적이고 유일한 크로노토프-육체/공간에서 타자에 반응을 보이며

182) 이와 같은 논의는 헤이덕이 근대 건축의 기능성, 획일성의 출발점을 모든 가치를 자기 가치 기준에 두는 근대 건축가에 두는 이유이기도 하다.

183) 『도스토예프스키 연구』, 르네 웰렉 편, 고대 노어노문학회 옮김, 1987, 206쪽에 보면 도스토예프스키가 네끄라소프의 말을 인용한 이런 구절이 나온다. ".....주지하듯이 모든 사람을 사랑한다는 것은 필연적으로 당신 옆에 서 있는 진짜 인간을 경멸하고 더러는 증오하고 있다는 것을 의미한다."

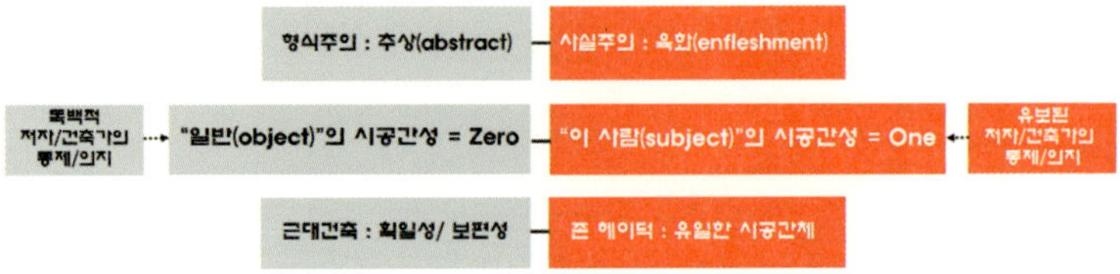


**[표 3-3]** 존 헤이덕의 전반기 행위단계 : 유일한 주체 설정 배경 도식

행동을 수행하는 장소가 된다.[표 3-3][184] 타자 또한 마찬가지로 나에게 반응을 하는 것이다. 마치 도스토예프스키 소설의 주인공들이 자기 자신의 장소를 찾으려는 열정을 보이듯이[185] 바흐찐에게 인간은 그저 막연한 인간 혹은 인간 일반이 아니라 피와 살을 가지고 있고 크로노토프적이며 생생하게 살아 있는 인간이다. 바흐찐은 이렇게 이론적인 세계, 이론적인 이성을 비판한 후 "미적인 존재가 이론적인 세계보다 삶-존재의 실제적인 총합에 더 가깝다."[186]고 이야기한다. 따라서 크로노토프는 이 삶-존재의 실제적인 시공간성들의 총합이 된다. 헤이덕의 경우, 다이아몬드 형상 도식으로 이러한 삶의 기초가 되는 행위단계의 유일한 시공간체인 타자성을 설정한 것이다.

## 3.2.2 발화단계(1967–1974)

### (1) 1/4, 1/2, 3/4주택 1/4, 1/2, 3/4 Houses

발화utterance의 기본 전제는 행위의 주체이며 유일한 시공간적 개체성이다. 타자otherness 또한 나와 같은 유일한 주체로 고유한 시공간성을 지니고 있다. 타자성이 텍사스주택과 다이아몬드주택, 그리고 벽주택에서 이질성과 모호함을 유발하는 작동인자로 구체화되어 가면서, 타

184) 필자 작성
185) 게리 솔 모슨, ibid., p.205.
186) 게리 솔 모슨, ibid., 「행동철학에 대하여」, p.24.

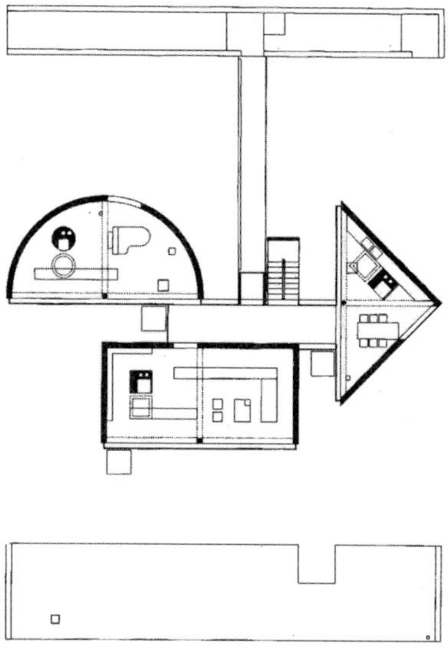

**[그림 3-26]** 1/2주택

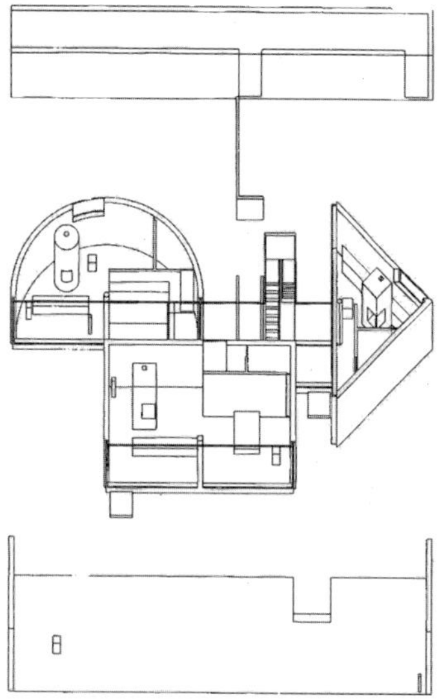

**[그림 3-27]** 1/2주택

자와의 발화 또한 구축되었다. 즉, 단일한 층에 분산되어 있던 각 실들은 벽, 현재의 순간이며, 동시에 경험의 좌표체계를 제공하는 벽을 따라 각기 다른 레벨로 고유한 위치를 점유하게 된다.

이와 같이 주체들은 고유한 위치를 점유하지만, 1/4, 1/2, 3/4 주택군[그림 3-26][그림 3-27][187]까지는 각 실 모두 개별적으로 벽의 부피와 동등한 부피로, 벽에 의지하여 구축된다. 이들은 지면에 정착하거나 개별적인 지지, 필로티로 지지되어 벽과 통합되며, 각 층은 같은 형태의 반복으로 중첩된다. 하지만 벽면이 기본 도형패턴으로 부분적으로 삭제subtraction되어 있다. 태양광선이 내부의 하얀 벽면에 반사되는 요소주택The Element House 이후, 벽주택군Wall Houses의 개별적 주체

187) John Hejduk, ibid., p.270.

들에 해당하는 각 실들은 지면에서 떨어져 벽면에 부착되어 부유하게 된다. 모호하고 중립적인 공간, 벽에 대한 해석이 변화한 것이다. 사실, 모호한 속성의 공간, 벽은 독립적으로 존재하는 것이 아니라, 모든 속성들이 혼합되어 있는 잠재적 공간이어서 중립적일 수 밖에 없다. 따라서 태양광선과 개체들의 원색들이 서로 반사되고 혼합되어 시시각각 달라지는 요소주택에서 흰색 벽을 통하여, 벽 또한 개체들과 마찬가지로 반응하고 성장하는 요소로 재해석하게 하는 계기가 된 것으로 판단된다. 이렇게 유연하고 반응하는 벽의 개념으로, 개별적인 공간으로 서로 분리되어 있던 모호한 중립적인 공간인 벽과, 벽이라는 경험의 좌표체계 내에서 모든 가치들이 매몰되어 있다가 특정의 순간, 현재화되면서 분출되어 자신의 고유 영역을 확보한 것이 각 실들이라는 시나리오를 추정할 수 있다.

1/2주택에서 적용된 기하학적인 공간의 구성[그림 3-28][그림 3-29][그림 3-30][188]과 특성의 부여는 1/4, 3/4주택들에게도 똑같이 적용되었고, 분할된 기하학과 벽과의 관계 설정이 보다 더 다양하게 계획되었다. 먼저 1/4주택이 A, B, C, D타입[그림 3-31][그림 3-32][그림 3-33][그림 3-34][그림 3-35][189]으로 계획되었고, 1/2주택, 그리고 3/4주택이 계획되었다. 1/2주택의 기본 도형들에 부여된 특성과 기능, 그리고 색상이라는 일련의 코드는 이후 주택들과 다른 작업들에 공통적으로 적용된다. 원형은 욕조의 물water이 있는 공간이며, 다이아몬드형은 벽난로의 열heat, 그리고 4각형은 태양빛과 음식을 조리하는 곳이다. 이로 인해 각 실의 기능도 정립되는데 물이 있는 파란색의 공간

188) [그림 3-28, 3-29], 필자 작성, [그림 3-30], John Hejduk, ibid., p.270.
189) [그림 3-31], John Hejduk, ibid., p.258. [그림 3-32], ibid., p.260. [그림 3-33], ibid., p.263. [그림 3-34], ibid., p.266. [그림 3-35], ibid., p.272.

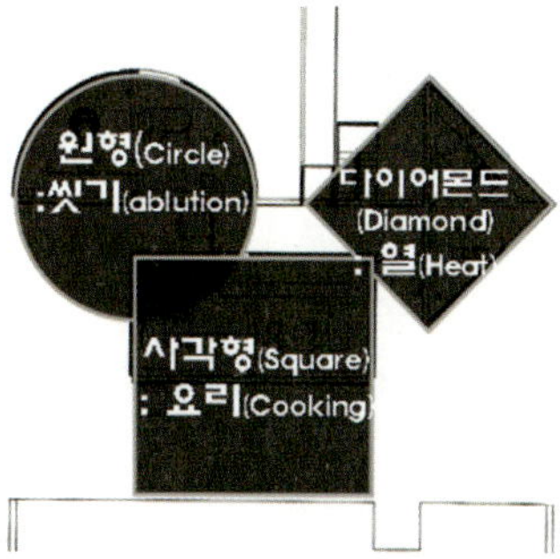


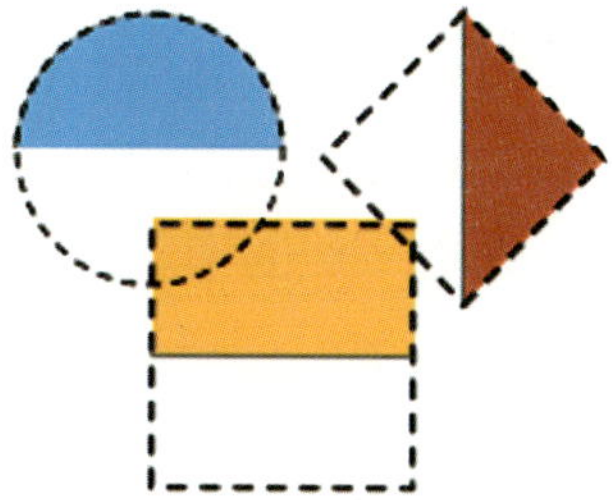

**[그림 3-29]** 1/2 분할

**[그림 3-28]** 1/2주택 기본 기하학과 색상 의미

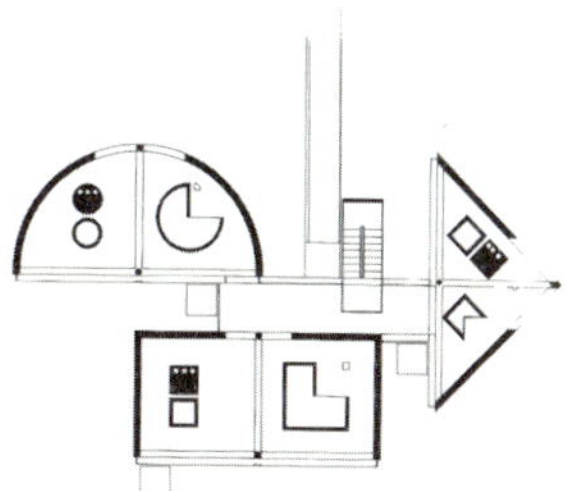

**[그림 3-30]** 1/2주택 평면

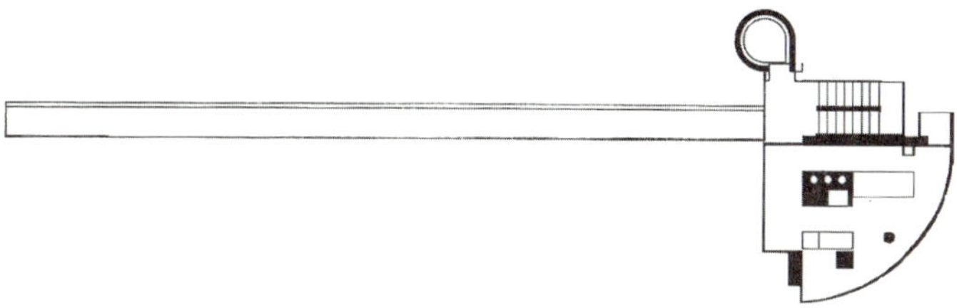

**[그림 3-31]** 1/4주택 A

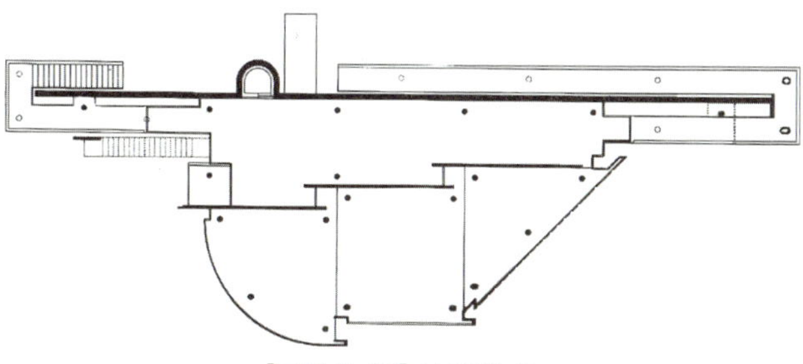

**[그림 3-32]** 1/4주택 B

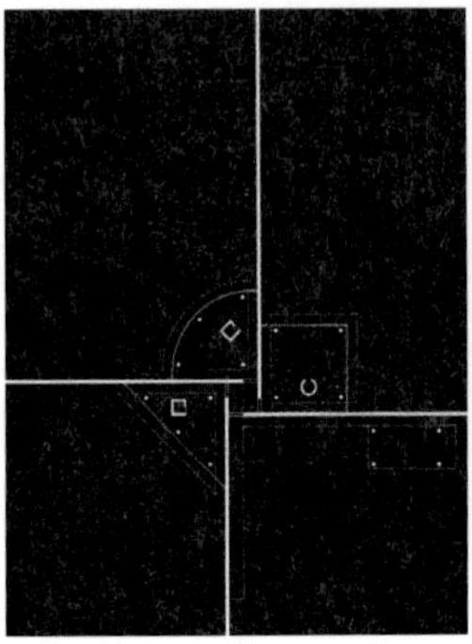

**[그림 3-33]** 1/4주택 C

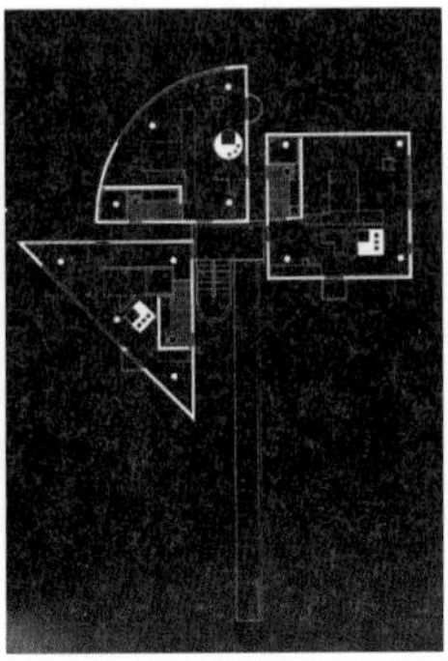

**[그림 3-34]** 1/4주택 D

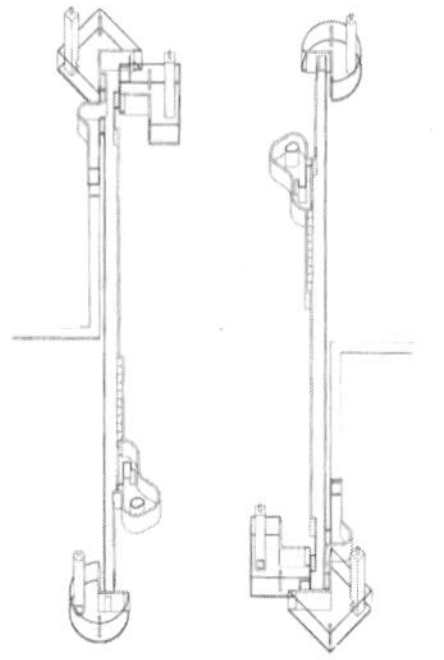

**[그림 3-35]** 3/4주택

은 욕실이 되며, 벽난로가 있는 빨간색의 공간은 거실, 그리고 태양빛으로 성장을 지원하는 음식이 조리되는 노란색의 공간은 식당과 부엌이 된다. 여기에서 중요한 점은 기능을 설정하고 그에 따른 공간을 계획한 것이 아니라는 점이다. 순수기하학에 특성을 설정하고 그 특성이 기능을 발견한 것이다. 각 프로그램 자체의 색상과 형태들은 시간, 태양이 뜨고 지는 시간이 개입되는 요소주택과 비교되며 그 시간은 색상의 차이로 나타난다.

1/2주택과 다른 분할주택들에서의 벽은 현재라는 모호하고 순간적인 역할만을 부여받지 않았다. 텍사스주택에서 언급한 것처럼 벽은 삶의 역동성을 반영하는 주체로, 중심에서 외부로 발산되어, 폭발하는 공간을 감싸는 표피이다. 또한 벽은 현재라는 모호한 공간이면서 동시에 각 실들, 각 주체들이 발산되도록 그 길을 제공하는 역할로서 해석 가능하다. 정리하자면, 벽주택의 초기 안에 해당하는 분할주택군에서 벽과 각 실들, 즉 주체들은 지면ground에 모두 정착되어 있거나 필로티로 지지되며, 각 주체들의 외형은 수직적으로 동일하다. 각 주체들의 개구부opening는 각 분할된 기초 도형의 연장선이 수렴(收斂)되는 지점면에 상대적인 크기로 위치하고 있다.

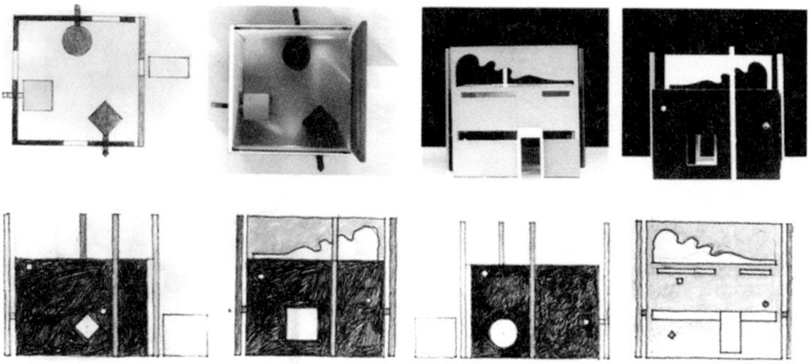

**[그림 3-36]** 요소주택(The Element House)

(2) 요소주택The Element House

헤이덕이 자신의 딸을 위해 계획한 요소주택The Element House[그림 3-36][190]은 내러티브 건축narrative architecture으로 평가된다. 유일한 주체에 대한 구축이, 이 계획안 전에는 실의 기능과 관련되어 있었지만, 이 작업을 계기로 주체의 유일성에 대한 다양한 판단 요소들criteria이 총합된다. 그 요소들은 큐브cube, 색상, 구조, 프로그램, 벽, 부엌, 화장실, 벽난로와 같은 기본적인 설비 유니트unit, 그리고 태양빛과 같은 물리적 벡터를 포함한다. 분할주택군1/4, 1/2, 3/4 Houses 이후 각각의 실들, 다양한 개체들은 벽으로 분산 배치되고 집합하게 되는데, 이로 인하여 벽을 일종의 물리적 시공간망으로 해석할 수 있었다. 바로 이 점에서 헤이스Michael Hays가 헤이덕의 벽을 '일으켜 세워진 크로노토프Elevated Chronotope'로 지칭하였다고 판단된다.

이 주택을 계기로 벽은 무한한 우주, 그 불확정적인 시공간에서 사람의 움직임으로 인식되는 특정한 순간, 즉 현재의 수평선이 된다. 따라서 개별적 유니트unit들, 실들은 이 현재의 선을 따라 배치되어 현

190) John Hejduk, ibid., p.290-291. 필자 편집

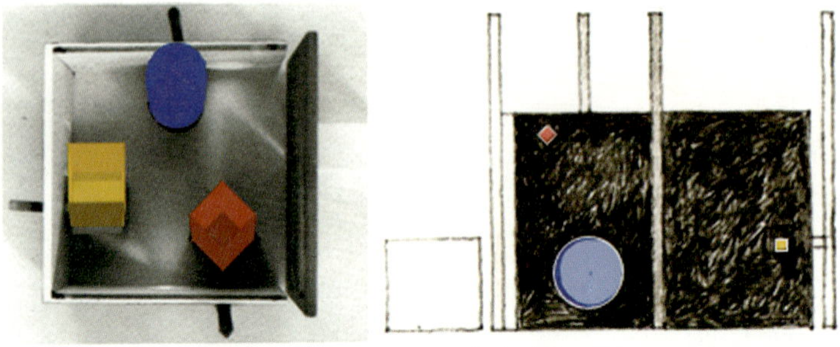

**[그림 3-37]** 요소주택 모형과 입면스케치

재의 순간에 접속하여 있는 것이다. 또한 이러한 현재에 대한 인식에서 태양은 단지 조명하는 빛의 모체로 다뤄지지 않고, 개체들을 변화시키는, 그리고 자체도 변화하는 성장 에너지로서 개체들을 통합하는 중요한 시간적 요소로 설정하였다.

요소주택에서는 개체들의 색상에 따라 흰색 벽에 반영된 빛의 혼합을, 프로그램, 구축, 공간, 볼륨, 표면, 기능, 의도 등이 통합된 상황으로 비유하며, 형태가 아닌 기본적인 색상과 태양의 실제적인 관계를 논의하였다. 이로 인해 헤이덕의 주체는 단 하나의 실 기능으로 독립적인 형태를 지니고 서로 거리를 두고 존재하던 이전의 계획안에서, 현재라는 벽에 빛이라는 실질적인 시간을 개입시켜 주변에 반응하며 성장하는, 즉 살아 있는 한 특정 시공간적 개체로 진화하고 있다는 것을 발견할 수 있다.[그림 3-37][191)]

이 프로젝트를 설명하는 헤이덕의 인터뷰에서 바흐찐의 발화에서 중요한 논의인 잉여시각이 재료의 반사 여부로 비유된다. 바흐찐의 잉여시각surplus of seeing과 관련되는 직접적인 언급은 없지만, 관찰자 자신의 이미지를 반영하는 면plane에 대한 설명은 정확하게 바흐찐이 정

191) John Hejduk, ibid., p.290. 필자, 각 형상에 따른 색상 기입으로 이미지 변형

**[그림 3-38]** 요소주택 모형

의하는 잉여시각[192]과 일치한다.[그림 3-38][193] 더불어 개별적 공간으로 구축된 실에 기본적인 색을 지정하고, 햇빛이 그 원색의 표면에 반사되어 흰색 벽에 반영되는 상황을 설명하는데 그 상황은 발화를 대기 중의 빛의 산란으로 설명한 바흐찐의 논의와 상당히 유사하다.

> 태양빛들이 안으로 파고들어 요소들을 치고 튀어 나오면 컬러는 벽에서 섞이기 시작한다. 2차적인 색상들의 풍화: 연두색, 오렌지색, 보라색, 빛의 양, 각도, 그리고 하루 중 어느 때이었나에 따른 다양한 농도와 씻어내림(washes)으로, 그래서 기본적으로 단순하게 지어진 그 주택은 복잡해진다.[194]

요소주택의 역전된 상황으로도 해석될 수 있는 1/2주택에서 기하학적 원형의 반쪽 표면을 껍질shell로 표현하는데, 절반으로 잘리기 전 원형이 이 껍질로 싸여져 있기 때문인다. 껍질이라는 표현은 "확장하는 우주, 중앙에서 발산되며, 그것은 폭발적인 중심이다. 코너로 발

192) The House for the Inhabitant Who Refused to Participate에서는 거울이 배치된다. 빈방 맞은편에 위치하며 그 방에서 거울을 보았을 때 관찰자는 자기 자신을 바라보게 된다.
193) John Hejduk, ibid., p.290. 프레임 4
194) John Hejduk, ibid., p.62. 도스토예프스키의 소설에 등장하는 문턱에 대한 바흐찐의 해석과 같다. 부분적 크로노토프의 사례로 논의되었다.

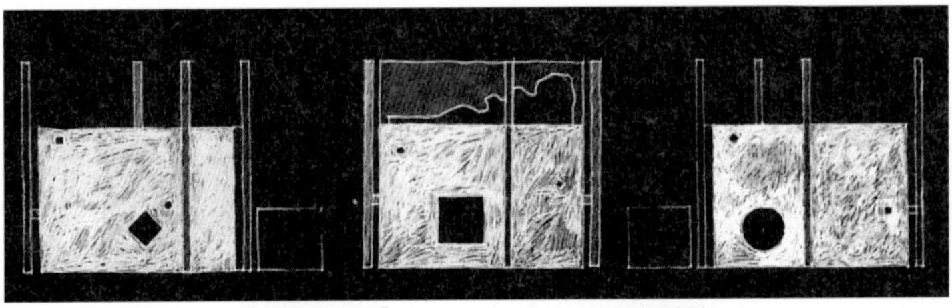

**[그림 3-39]** 요소주택 입면 이미지 변형

산되는 에너지가 반영되는 상황, 그 외부에서 그 상황을 구축한 갑옷이다."라는 다이아몬드 다이어그램의 갑옷에 해당한다. 이로 인해 잘려진 표면 방향으로 가상적 공간의 확장이 가능해지며 그 면의 재료로 유리가 적용되었다.

이와 같이 이 시기에 대두된 벽은 색상과 태양으로 기술된다. 헤이덕은 르 꼬르뷔지에Le Corbusier의 라로쉐주택La Roche House을 그 기점으로 언급하였지만, 개체들의 원색 표면에 반사된 태양광선으로 생성되는 불투명한obscure 밀도는 다이아몬드 투영시스템에서 이미 논의되었었다. 밀도를 반복적으로 주체, 즉 개별적 실유니트와 관련하여 논의하는 이유는 바흐찐의 사건에 대한 정의, '밀도와 구체성'과 상당한 관련성을 가지기 때문이다.

바흐찐은 크로노토프 연구에서 사건을 밀도와 구체성으로 명명하였는데, 그 이유는 유일한 시공간적 개체가 위치하는 지점으로 구체성을 확보하고, 타자와 발화하는 순간에 밀도가 변한다고 보았기 때문이다.[그림 3-39][195] 또한 발화하는 그 순간이 밀도로 구체화되는 발화, 즉 언어행위인 목소리의 어조를 대기 중의 빛의 산란으로 비유하여

195) John Hejduk, ibid., p.290-291. 필자 이미지 변형. 역전된 이미지에서 한 면을 동질의 정적인 재료로서가 아니라 연필의 흔적들에서 벽면을 빛으로 인해 동적이며 다양한 속성이 내재된, 끊임없이 변하고 성장하는 가치로 인식한 헤이덕의 사고를 발견할 수 있다.

가시적으로 사고하였기 때문이다. 이 점이 헤이덕의 전반기작업 전개 과정과 상당히 유사하다. 따라서 사건을 가시화하는 구체적 토대로 크로노프를 적용할 수 있는데, 우선 이 시기 벽의 크로노토프는 한 대상의 본질적인 속성을 있는 그대로 다른 대상에 투사한, 환유적 치환의 한 사례로 검토해야 한다.

> 프랑스 고전주의 화가인 장 오거스트 도미니끄가 1845년에 그린 '도손빌백작부인' 이 있다. 이 그림은 내 벽주택에 있다. 요소들의 분절, 벽의 불투명성, 깊이감의 부족... 내게는 아주 중요하다. 그 회화의 모든 것이 매우 프랑스답다. 그런데 그것이(회화의 모든 것) 근대 이념에 따라 지은 르 꼬르뷔지에의 라로쉐주택에도 있다. 빛이 들어오는 경사로, 그 색조, 그 그림에서 그녀를 빼면 라로쉐주택이 된다.[196)]

주체에 관한 논의에서 벽의 의미는 각 주체들을 연결하거나 거리를 유지해주는 모호하고 이질적인 공간에서, 밀도와 구체성으로 돌출되는 각 주체들의 고유한 생성 토대가 된다.

> 그렇게 안녕주택(the Bye House, Wall House 2)은 침묵하는 원색들의 컬러바퀴(wheel of colors)이다. 그리고 보충물을 회색의 벽으로 침묵하게 한다. 벽은 필터 같은 중화제이다. 벽의 회색은 다른 모든 컬러에 내재되어 있다. 그래서 중화되며, 침묵한다. 그러나 더 강렬하게.[197)]

따라서, 각 주체들은 벽에서 생성되었기 때문에 땅이 아닌 현재로 직립하고 있는 수직의 벽을 대지로 삼아 수평적으로 성장하여, 그 벽

196) John Hejduk, ibid., p.76.
197) John Hejduk, ibid., p.76.

을 관통하며 부유floating하게 된다. 벽주택 1은 벽의 초기 설정인 양 측면에 설정된 이중성duality의 도식을 유지하고 있다. 즉, 벽의 양측, 전면과 후면의 표피가 필요한 공간만큼 늘어나서, 혹은 부풀려져서 생긴 공간에 주체들이 내재하고 있다는 설정과 그 주체들은 단지 부유하고 있을 뿐, 생성된 주체들이 직면(直面)하는 것은 반사면의 재질로 된 벽면이라는 벽체 중심의 설정을 보여주는 메타 디자인 언어meta design language 도식에 가깝다. 이에 반해 벽주택 2Wall House 2인 안녕주택The Bye House에서 각 실들/주체들은 각자 고유한 방향과 형상을 지닌다.

(3) 벽주택군Wall Houses

요소주택과 분할주택군The 1/2House Series에서 배정된 기하학, 색상, 그리고 기능의 총합으로 주체는, 혹은 개별적 실들의 속성은 유지되지만 대지 환경에 따라 어느 정도 변형되어 벽으로부터 생성되었다는 것을 일련의 드로잉들을 통해 추정할 수 있다. 과도할 정도로 도면에 표현되어 있는 나무들과 태양, 그리고 구름은 원형적인 시공간체가 주변 환경의 속성에 따라 변형 가능한 유연한 조직이라는 것을 암시하고 있

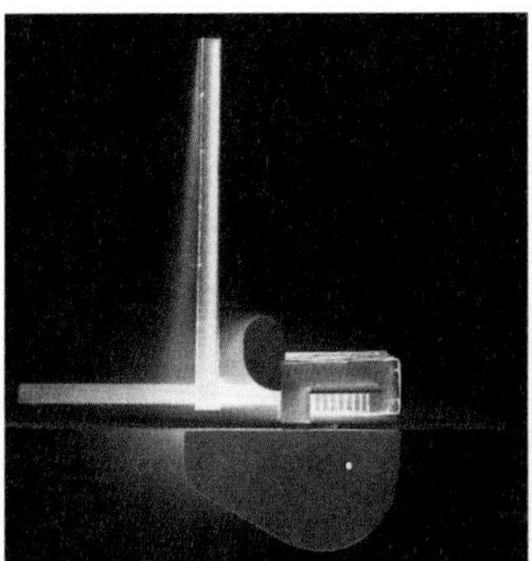

**[그림 3-40]** 벽주택 1 변형

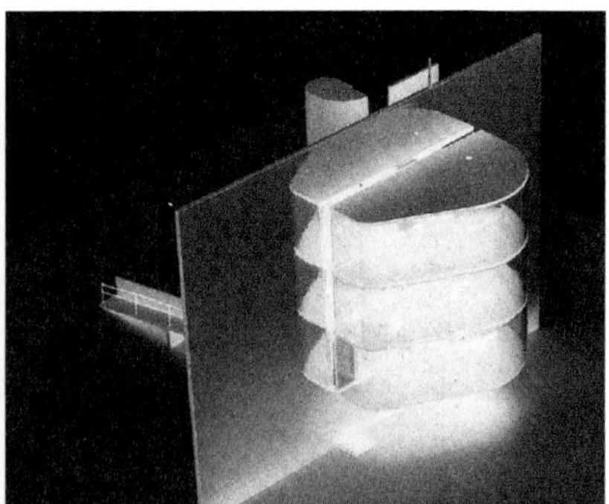

**[그림 3-41]** 벽주택 1 모형 변형

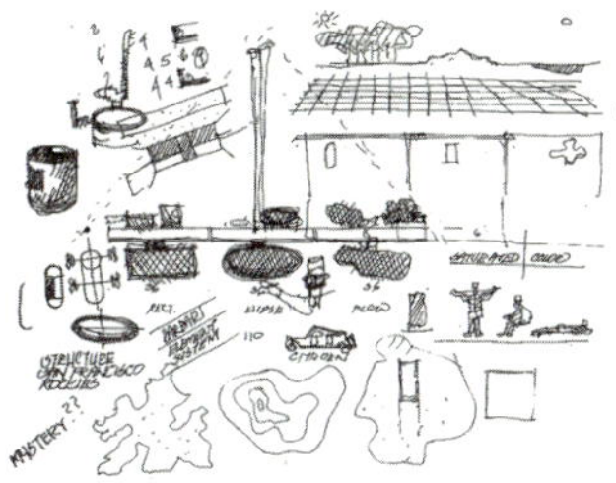

**[그림 3-42]** 벽주택 2 스케치

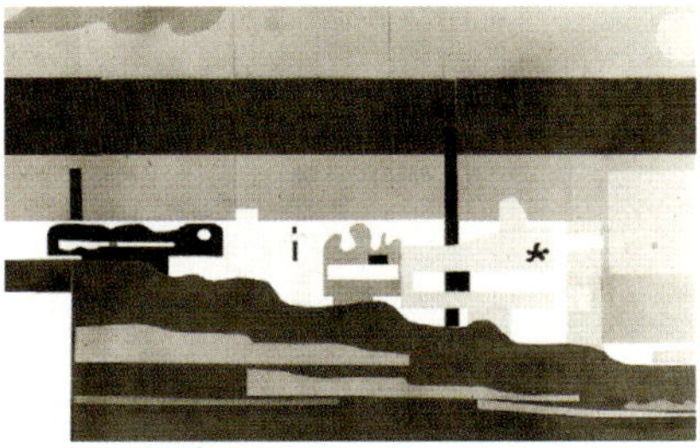

**[그림 3-43]** 벽주택 2 드로잉

다.[그림 3-39] 물의 속성을 표현한 스케치에는 요소주택에서 동그란 형태로 표현된 씻는 장소의 형상이 동질적인 곡면 형상을 유지하며 변형되어 표현한 것을 발견할 수 있다. 즉, 원형, 4각형, 그리고 다이아몬드와 같은 기초 도형에 실제 대지의 시간적 흐름이 투영되어 수직, 수평적으로 늘려지고 부풀려지며 고유한 시공간체로 3차원화된 것이다.[그림 3-40][그림 3-41][198]

이와 같이 요소주택에서 시작된 헤이덕의 유일한 시공간체들은 주변의 다양한 시공간체들이 중첩되면서 변하는 유동적 형상으로 표현된다.[그림 3-42][그림 3-43][199] 하지만 이들은 여전히 벽이라는 중추적인 존재에 종속되어 있어서, 후기의 능동적이며 독립적인 시공간체들과 비교되며, 이로 인해 부분적 크로노토프에 속하게 된다.

벽주택 시기 1Wall House Phase 1에 해당하는 요소주택, 분할주택군과 벽주택의 차이는 역전된 벽의 역할이다. 시기 1에 해당하는 벽들은 부여된 실 기능처럼 주체를 위한, 주체에 의하여 작동되는 공간이었지만, 주체들이 벽을 모체(母體)로 하여 부유하기 시작하는 벽주택 1

198) [그림 3-40] John Hejduk, ibid., p.292. 필자 이미지 변형, 역전된 이미지에서 빛의 효과를 발견할 수 있다. [그림 3-41] ibid., p.294.
199) [그림 3-42] John Hejduk, ibid., p.306., [그림 3-43] ibid., p.301.

이후 작업들에서, 벽은 주체를 생성시키는 기원(紀元)이 된다.

하지만 주체를 생성하는 중립적이며 능동적인 벽으로 해석되기는 하지만, 여전히 공적(公的) 언어와 사적(私的) 언어를 구분한다는 점에서 벽주택 또한 부분적 크로노토프에 해당한다.

헤이덕은 중세 유토피아 사회와 페시미즘Pessimism의 관계를 오픈 스페이스와 독자적인 공간을 점유하고 있는 주택의 각 실의 관계로 설명한다. 이것은 바흐찐이 연구한 중세 소설가, 라블레 소설에 등장하여 사적 언어를 공식화하는 중세 사회의 바보, 악당, 그리고 광대역할과 비교될 수 있다.

형식적인 측면이 강조되는 공적 언어와는 달리 일상 생활의 실제적인 측면을 부각시키는, 기괴하게 뒤틀려진 육체와 해부학적인 서술이 그 특징인 라블레 소설에서 바흐찐이 의미를 둔 것은 육체라는 유일한 시공간적 지점이다. 이 시기의 헤이덕이 실제로 경험되는 건축공간을 형상화하는 방법에 있어, 그 자체의 고유한 시공간적 특성에 주목하였다는 점이 라블레의 기괴한 육체 설정과 비교 가능하다. 이러한 점이 형식주의의, 혹은 건축에서의 큐비스트적 방식인 기하학적 추상작용과 상반되는, 속성에 기인한 산문적 추상작용과도 연계가 된다. 중세의 광대, 바보가 사적(私的) 언어로 소통되는 일상의 이야기를 공식화하기 위해 광장이라는 장소를 필요로 한 것처럼, 개체들, 즉 능동적 시공간체들은 자신들의 속성을 가시화하는 장소로 벽을 필요로 하고 있다.[그림 3-44][그림 3-45][200] 하지만, 벽 없이는 시공간적 주체 생성이 불가능하다는 점이 광대의 광장과 유사하면서도 다른 점이다.

200) [그림 3-44] John Hejduk, ibid., p.298-307. 필자 이미지 조합 편집, 스케치들로 유형적 형태의 근원을 보여주고 있다. [그림 3-45] ibid., p.300.

벽주택 2와 벽주택 3의 커다란 차이점은 주체들의 시공간적인 분절(分節)성에서 찾을 수 있다. 벽주택 2에서의 각 실들은 상하 동일한 볼륨들이 중첩되어 있고, 색상color과 좌우 방향horizontal만이 고유한 형상을 결정하는 인자들criteria이다. 그렇지만, 벽주택 3에서는 볼륨volume과 좌우horizontal, 그리고 상하vertical의 방향성이 고유한 시공간성을 확보하고 있다. 벽주택 2의 일부 스케치에는 평면 바닥의 형상에 비례하여 수직적으로도 부풀려진 이미지[그림 3-44(下)]가 남아 있지만, 그 이미지는 벽주택 3에 이르러서야 실제로 구체화된다. 또한 이 벽주택 3에서는 요소주택과 같은 도식의 기본 도형들의 각 모서리가 사라진 채, 압축된 볼륨으로 부유하고 있는 실, 주체의 바닥면에 매달려 있다. 마치 벽에 종속되어 있는 주체가 새로운 개체를 생성한 것처럼 대지를 향해 돌출하여 있다. 주체가 또 다른 주체를 생성하는 주체개념이 등장하는 벽주택 3은 프레임 4기에 해당하는 '생각의 재를 위한 묘지Cemetery for the Ashes of Thought' 와 비교 가능하다.

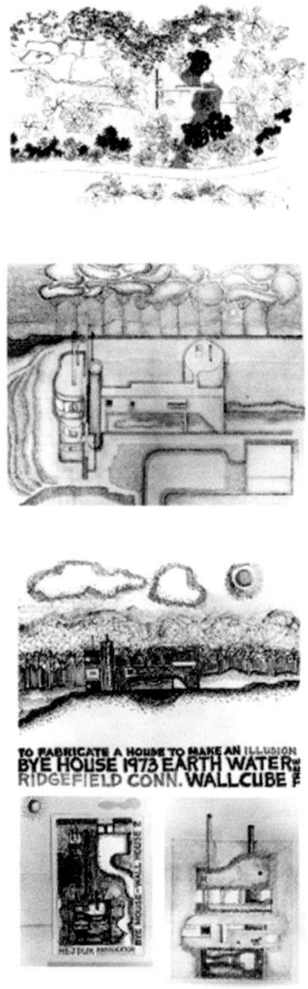

**[그림 3-44]** 안녕주택(벽주택 2) 스케치

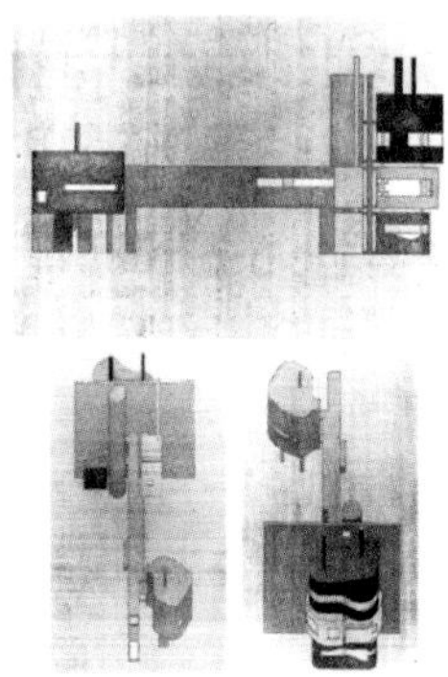
**[그림 3-45]** 벽 주택 2 투영도

벽주택 시리즈에서 벽은 관찰자의 내적, 외적 경험을 통합하는 좌표체계로서 설정되었다. 거시적 관점에서 볼 때 저자, 혹은

**[그림 3-46]** 벽주택 2 모형 이미지 변형

건축가의 추상적 의지가 아닌, 참여자들의 고유한 시공간성으로 구축되어 타자에 의한 건축이라고 할 수 있다. 하지만, 미시적으로 각 실들의 생성기원은 벽이기 때문에 각 실들은 벽과 대등한 개별적 시공간성으로 성장하지 못하고 있다.[그림 3-46][201] 거시적 측면에서 헤이덕의 타자와의 관계개념은 자신이 이중성duality으로 지칭하는 건축과 실질적 경험과의 관계라 할 수 있다.[그림 3-47][202] 관찰자가 대상의 외부에만 위치하는 회화와는 달리 건축에서 관찰자는 대상 자체도 될 수 있다는 것이다. 따라서 관찰자나 저자와 같이 대상의 외부에 존재하다가 대상, 혹은 건축의 한 요소로 이월(移越)하는 순간이 현재라는 실제적인 시간이며 그 매개체가 벽이라는 설정이다. 이러한 매개체를 통한 차원의 전환은 화가 르네 마그리트의 주된 주제[그림 3-48][203]이며, 그 화가와 헤이덕이 공유하는 사상은 실제적 환경의 특성 또는 속성을 형상화하기 위해 저자 개인의 형식적 통제를 유보하는 타자성이라고 할 수 있다. 이와 같이 벽주택 3에서 벽은 잠재성의 공간이라고 할 수 있

201) John Hejduk, ibid., p.305.
202) John Hejduk, ibid., p.306-7. 우측의 스케치에서 각각 다른 재료가 적용되어 겹으로 다중화되는 벽을 발견할 수 있다.
203) www.magritte.com

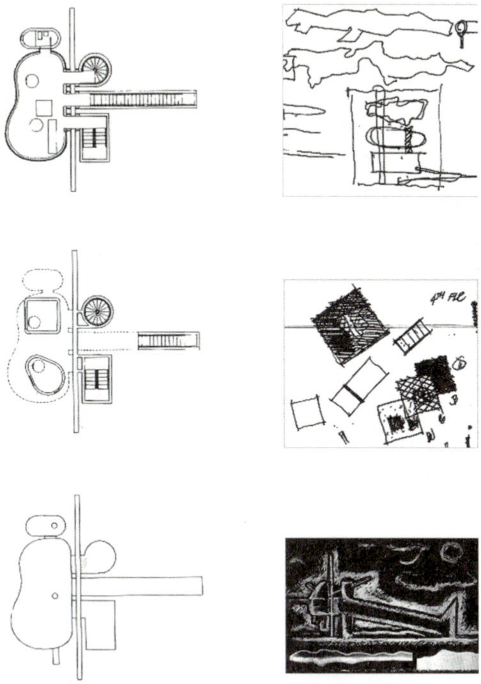

**[그림 3-47]** 벽주택 3과 관련된 스케치

**[그림 3-48]** 벽주택 3, 생각의 유골을 위한 묘지

**[그림 3-49]** 르네 마그리뜨, 데칼꼬마니아(Decalcomania), 1966

다.[그림 3-49][204] 파란 벽면으로 구축된 집합적 면Collective Side을, 벽주택 2의 드로잉의 상당 부분을 차지하고 있는 주변 환경과 하늘에 대한 환유적 치환이라는 사실주의적 서술방식으로 해석할 수 있다면, 사적인 면Private Side의 갈색 벽면은 땅으로, 그리고 불과 음식, 빨간색과 노란색을 품고 있는 녹색은 녹지Plant가 되며, 하부에 매달려 있는 변형된 4각형(음식)과 원형(씻기)는 삶과 죽음의 환유적 치환이 된다.

헤이덕과의 인터뷰에서 피터 아이젠만은 이러한 환유적 치환의 서술방식을 메타포metaphor로 해석하며, 자신은 메타포가 아닌 건축을 논의하고 싶다[205]고 하였다. 헤이덕의 대상에 대한 해석과 관련된 구축 형상은 속성의 유사성에 근거한 환유적 치환으로 논의될 수 있는 사실주의적 서술방식이다. 하지만 논리적 영역에서 이러한 과정을 해석하고자 할 때, 아이젠만과 같이 주관적이라는 암시와 함께 메타포로 단순화시키곤 한다. 하지만 뚜렷한 저자의 의도와 통제가 아니라, 개별적으로 고유한 주체를 환유적으로 치환한 속성의 육화에 따른 현상이라는 점에서 메타포라는 지칭은 타당하지 않다. 따라서 억지스러운 논리적 해석에 우선하여, 서술체계의 객관적인 분석방식인 크로노토프로 헤이덕의 서술적 건축의 작동방식을 발견할 수 있다.

요약하면, 벽주택까지 헤이덕이 구축한 유일한 시공간체는 벽에

204) John Hejduk, ibid., p.331.
205) John Hejduk, ibid., p.87.

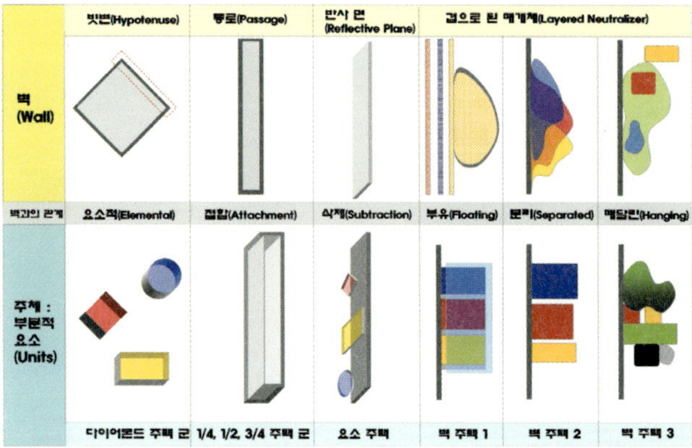


**[그림 3-50]** 벽의 의미 전개과정 도식

종속되어 벽을 통해 생성되는 부분적 크로노토프에 해당하며, 벽과 동등한 개체들이 등장하는 후반기 캐릭터character의 형상화과정에 나타나는 산문적 추상작용literal abstraction은 환유적 치환의 서술방식에 기초한다.

벽이라는 중립적인, 건축적 메타 언어에서 실제적인 캐릭터, 즉 한 유일한 시공간 주체가 어떻게 생성 구축했는가에 대한 과정을 벽과 유니트와의 관계로 정리할 수 있다.[그림 3-50][206] 벽이라는 일종의 막, 혹은 중첩된 망들이 개체들과 구축하는 다양한 관계의 설정, 그리고 그에 따른 변형된 형상은 바흐찐이 밀도와 구체성으로 정의한 사건의 형상을 추정할 수 있게 한다.

(4) 뉴잉글랜드주택New England House

16, 17세기의 영국에서 유행하던 가면극을 가리키는 용어인 마스끄masque는 개별적인 가면mask을 쓴 캐릭터들의 총칭이다. 프레임 7기에 해당하는 베를린 프로젝트Berlin Project는 개별적인 마스크Mask들이 모인

206) 필자 작성

[그림 3-51] 뉴잉글랜드 주택

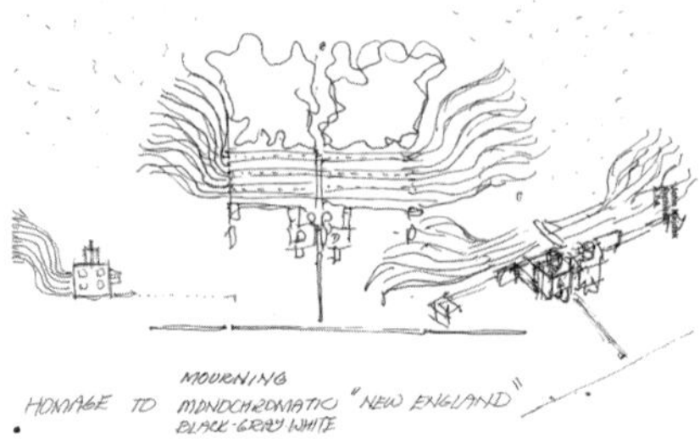


[그림 3-52] 헤이덕의 뉴잉글랜드주택 스케치

마스끄Masque로 베를린 마스끄Berlin Masque라고도 한다. 하지만 마스끄 개념은 이 프로젝트 이전에 계획한 뉴잉글랜드주택에서 먼저 논의하였다. 전통적인 미국 동부의 뉴잉글랜드주택New England House[그림 3-51][207]을 계획하면서, 완벽할 정도로 대칭적인 외형과 이질적인 내부 이야기들이 내재하는 모호한 상황들이 주택이라는 한 프로그램으로 구축되어 있는 시공간적 상황을 마스끄에 비유하며, 마스끄를 새로운, 출처가 분명한authentic 프로그램을 찾는 주체로 정의하였다.

별을 바라보고, 그 별의 반짝이는 빛을 만지려 하지만, 실제 만지게 되는 것은 금속일 수도 있다고 말하며, 여기에서 프로그램은 시(詩)처럼 금속과 같다고 비유하였다.[208] 따라서 이 금속이 건축작업, 시, 그리고 마스끄와 같이 노골적일 수도 있지만, 빛을 실제로 구축한 재료라는 것이다. 프로그램을 이와 같이 한 우주universe의 성분, 금속에 비유하는 이유는, 프로그램 자체를 빛이 아닌, 그 빛에 가려진 금속이라는 사실적인 생성시스템으로 해석하였기 때문이다. 이러한 시각적

207) John Hejduk, ibid., p.375.
208) John Hejduk, ibid., p.122.

**[그림 3-53]** 갈대숲의 피터팬

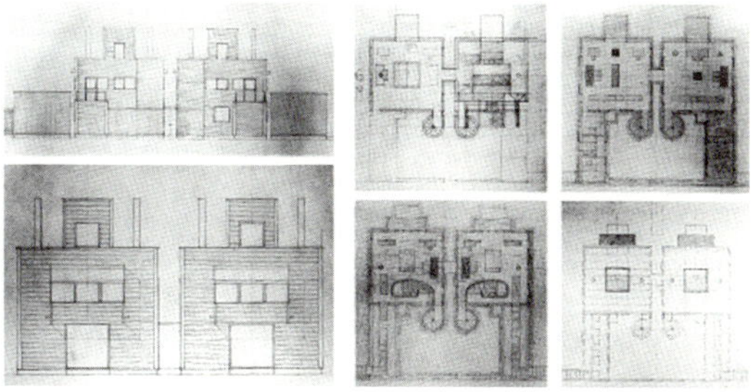

**[그림 3-54]** 뉴잉글랜드주택(New England House) 평면, 입면도

형상과 그 형상과는 이질적인 요소로 구축된 형상, 그 이면에 내재하는 실질적인 작동시스템을 뉴잉글랜드 마스끄, 즉 새로운 프로그램으로 정의하였다.[그림 3-52][209]

헤이덕은 뉴잉글랜드주택들에서 발견되는 이중적인 시공간성[그림 3-54][210]에 대해 신비롭다mysterious고 표현하였다. 그리고 헤이덕이 감지한 이러한 이질적이긴 하지만 유일한 시공간적 상황으로 파열된 감각[그림 3-53][211]은 뉴잉글랜드주택 프로젝트의 작동방식이 된다. 또한 19세기 소설 『보봐리 부인』[212]을 언급하는데, 부분적 크로노토프에서 지방 소도시의 크로노토프로 바흐찐이 사례를 든 소설이기도 하다.

209) John Hekduk, ibid., p.375.
210) John Hejduk, ibid., p.377.
211) www.wikipedia.com
212) 브리태니커 백과사전, 프랑스의 소설가 귀스타브 플로베르의 작품(1857). 실제로 일어난 신문의 사회기사를 소재로 작가의 주관을 철저히 배제하면서 실증주의 정신에 따라 쓴 최초의 소설이다. 1850년대 시골 부르주아의 전형인 에마 보바리는 현실을 등진 채 소설 속의 사랑을 동경하며 따라가다가 점차 타락에 빠지지만 결국 현실을 깨닫고 자살한다. 이 작품의 성공으로 비로소 사실주의가 확립되었는데, 자연의 조직이나 구성을 작품에 그대로 옮겨놓아야 한다는 플로베르의 작법은 이후 모파상을 비롯한 많은 사실주의 작가들에게 큰 영향을 끼쳤다. 저속한 영혼이 서정적이면서 위대한 열망을 실생활에 잘못 적용했을 때 생길 수 있는 부도덕 · 타락 · 비참 등을 가리키는 '보바리즘'이란 용어는 여기에서 비롯되었다.

**[그림 3-55]** 뉴잉글랜드(New England House) 주택 평면, 입면도

> 드러나지 않은 어조를 포착하는 한 주택을 창조하기 위하여, 예전에 매우 단순했던 심지어 지루하기도 하지만 공백을 남길 정도로 파열(imploding)하기도 하는 현재의 금욕적인, 엄격한, 불길한 예감의, 금지된 깊이로 감춰진 영혼; 빈 중앙으로 주택을 구축하기 위하여, 현재의 범주에서 한 과거를 상기시키기 위하여, 회상처럼 보이기 위하여, 그 과거로부터 분출된 메아리처럼, 그러나 거북한 새로운 나타남들. 이질적인 디테일 없이 평온함으로 환원된다.[213]

헤이덕은 설계를 의뢰받은 이 주택을 계획할 때 주변의 주택들, 즉 뉴잉글랜드주택들을 복제하는 대신 이 주택들이 지어질 당시의 금욕적인austere 시간성을 포착하고자 하면서 여러 문제들이 제기되었다고 한다.[그림 3-55][214] 이러한 시간성을 포착하는데, 유럽의 익명성을 상징하는 마스끄와 연계한 이유는 청교도적 감각 뒤에 감춰진, 드러나지 않은 관능적인 감각에 대한 인식에 따른 것으로 해석하였다. 사적인 생활조차도 도덕적 코드code로 통제되던 사회의 시공간성과 유일한 주체의 시공간성의 공존으로 야기되는 모호함과 이질성이 이 프로젝트를 구축하는 구체적인 건축언어로 작동operate된 것이다.

213) John Heduk, ibid., p.123.
214) John Heduk, ibid., p.374(좌), p.378.(우)

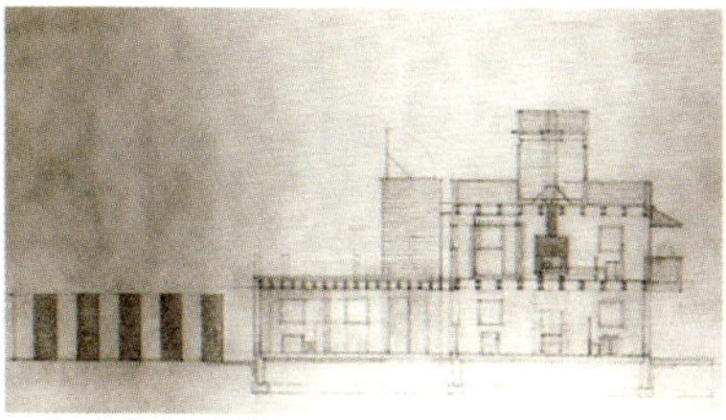

**[그림 3-56]** 헤이덕의 뉴잉글랜드주택 스케치

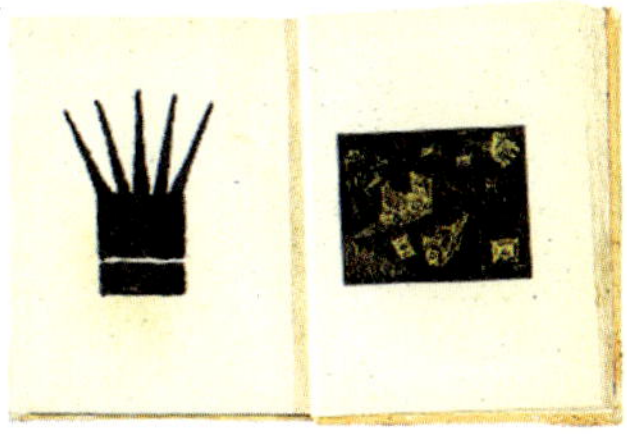

**[그림 3-57]** 베를린 가면 스케치, 프레임 7

2개의 동으로 이루어진 주택 내부에서 수직적으로 진행되는 대칭과 비대칭 구성은 1층에 비대칭적이며 하나의 통합된 공간[그림 3-56][215]을 두고, 2층은 대칭적이지만 가구가 비대칭적이며, 3층은 요소 자체가 대칭적으로 계획되었다. 또한 가구furniture에 특정 행위를 지정하였는데, 예를 들면 낮의 책상, 밤의 책상, 고해하는 의자, 3각형은 담배, 4각형은 술 등으로, 물리적으로 바닥에 고정되어 있지는 않지만, 사용자의 구체적 행위를 시공간적으로 고정하는 역할을 부여하였다. 즉, 가구와 사용자의 일반적 위계를 역전한 것이다. 헤이덕은 뉴잉글랜드주택 당시의 시공간성을 공식적인 생활을 위하여 사적 영역까지 조정받은 비극적인 비관주의pessimism의 시대로 규정하는데, 여기에서 9개의 사각형에서부터 시작된 내부폭발의 개념과 헤이덕의 비관주의 건축프로그램을 작동하는 실질적인 건축언어와 그 배경, 모호함과 이질성들을 구축하는 방법-어조tone를 발견할 수 있다.[그림 3-57][216] 그 방법의 하나가 주체와 그 주체의 그림자를 통합하는 시공간망이다. 다이아몬드주택에서 경계를 구축하던 양안성, 타자와 나의 시공간성은 이제 주체와 그 주체의 잠재된 시공간성의 양안성으로 발전된다.

215) John Hejduk, ibid., p.376.

216) John Hejduk, ibid., p.387. 우측의 스케치들을 참고해볼 때 뾰족한 형상들은 빛의 투사로 인해 사방에 걸쳐 생긴 4각형의 그림자들이라고 할 수 있다.

### 3.2.3 대화단계(1974-1979)

프레임 5기부터 빛의 반영reflection, 혹은 빛의 그림자shade와 더불어 다양한 움직임의 주체들이 공간 분할과 경계를 구축하기 시작한다. 이러한 전개과정은, 발화의 주체들이 동일한 공간, 혹은 장소에서 동시적으로 발화하는 동시적 공존상황을 대화로 정의하는 바흐찐의 논의와 일치한다. 모임/통합이라는 주제를 발견할 수 있는 헤이덕의 작업들은 주체들이 평행적으로 존재하는 크로노토프의 대화단계 양상에 대한 환유적 치환의 서술방식이라고 할 수 있다. 따라서 크로노토프의 대화단계 사례들로 모임/통합이 구축된 작업들을 설정하였다.

#### (1) 전시모형, '조용한 목격자Silent Witnesses'

대화단계에 해당하는 유일한 주체들의 모임gathering/통합(統合)에 대한 사례는, 다이아몬드 형상에서와 같이, 주체들이 저자와 대상, 독자가 평행적 관계로 나란히 배열되는 작업들을 설정할 수 있다. 유일한 주체에 대한 정의가 주택이라는 프로그램에서는 개별적 실들로, 현재의 시간, 즉 벽에 의해 지지되는 시공간상 위계적 관계로 통합되었다면, 프레임 5기에서는 주체가 시공간적으로 독립적인, 한 프로그램으로 그 의미가 확대되어, 통합은 프로그램과 프로그램의 관계가 된다. 이 확대된 주체들간의 평행적 관계는 다시 주택에도 적용되어, 낮과 밤주택Day and Night House, A Suburban House for the City of the Angels과 북동남서주택NESW House에서 찾아볼 수 있다. 이렇게 추론이 가능한 이유는 프로젝트의 구축연도에 따른 것이기도 하지만, 이 주택들 이전에 계획한 조용한 목격자Silent Witness와 정통

**[그림 3-58]** 조용한 목격자

파를 위한 새로운 마을The New Town for the New Orthodox 때문이다. 조용한 목격자는 5개의 모형으로 구성된 전시물로, 각 모형은 4개의 주택들을 포함하고 있다.[그림 3-58][217)]

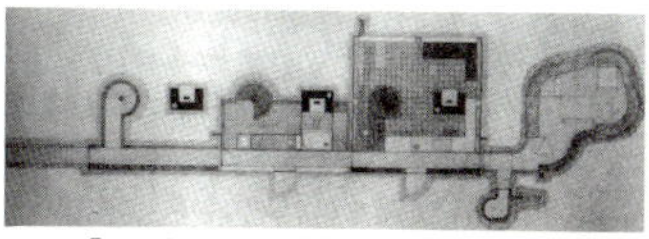

**[그림 3-59]** BX주택, 1936

**[그림 3-60]** 정통파 교회를 위한 새로운 마을 스케치

120년의 역사를 파노라마 랜드스케이프panoramic landscape로 형상화한 것이다. 헤이덕은 이 계획안을 순수예술이 아니라, 예술 비슷한 것approximation으로서 건축을 지향하는 자신의 가장 중요한 선언이라고 하였다. 각각의 모형들은 1878년부터 시작하여, 각각 30년이 배정되었다. 이와 유사한 평행적 시간의 형상은 BX주택[그림 3-59][218)]과 도시계획에 해당하는 '정통파 교회를 위한 새로운 마을The New Town for the New Orthodox' 에서 또한 찾아볼 수 있다.[그림 3-60][219)] 여기에서 '새로운 마을' 이라는 도시의 위치는 물의 도시인 베니스Venice 외곽으로 설정하였다.

베니스같은 수로canal로 구성되어 있는 지역에 거주하는 주민의 숫자를 원래 36,000명에서 그 절반인 18,000명으로 그 숫자를 고정시키고, 18,000개의 집과 입국소Town Custom, 시청Town House, 정통파 교회Town Orthodox, 공원, 병원, 호텔, 그리고 공동묘지를 계획하였다. 이 도시의 공동묘지가 거주민들의 관(棺)으로 채워지면, 그 도시는 버려진다는 시나리오를 제안하였다. 이로 인해 르 꼬르뷔지에Le Corbusier의 도

217) John Hejduk, ibid., p.333.
218) John Hejduk, ibid., p.361.
219) John Hejduk, ibid., p.359.

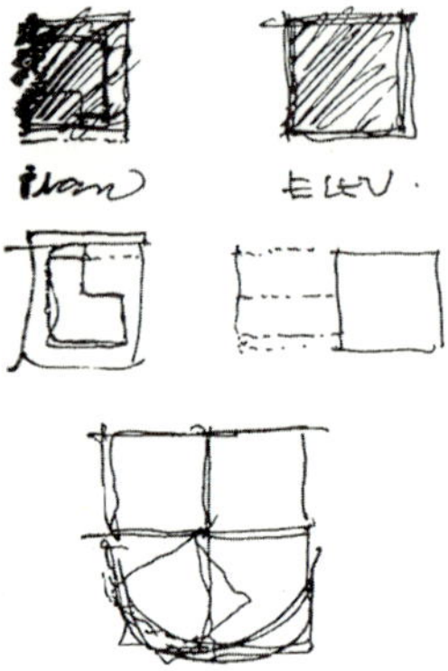

**[그림 3-61]** 딜레마주택 스케치

**[그림 3-62]** 딜레마주택

시계획에서의 대상object이 되는 주체를 역전inverse한 것으로 해석 가능하다. 헤이덕은 르 꼬르뷔지에가 계획한 것은 표준화된 건물로, 사람의 삶과 죽음이라는 시간과는, 혹은 그 시간 속에 살고 있는 거주자, 참여자participant와는 무관하게 고립된 오브제isolated objets라고 지적하였다. 그리고, 건물이 아닌 사람을 고립시켰다. 사람은 고립되면 그 상황을 죽음처럼 생각한다고 말하며 거주자의 숫자를 한정하여 사람의 삶과 죽음으로 버려질 수도 있는 도시를 계획한 것이다. 황당한 시나리오로 받아들여질 수 있지만, 태어나고, 자라고, 죽는 삶의 시공간성을 그대로 수용하고 반응하는 도시개념 또한 발견할 수 있다.

이와 같이 헤이덕의 통합, 모임에 관련된 시나리오로 프레임 5기부터는 서로 다른 역사의 동시적 공존과 삶이라는 순환적인 시간의 형상이 평행적으로 구축된다. 크로노토프의 대화단계 양상인 모임/통합에 관련된 주체들이 상호 평행적 관계로 구축한 동시적 공존은 딜레마주택Dilemma House[그림 3-61][그림 3-62][220]에서 또한 찾아볼 수 있다. 이 계획안에서 주체와 그 주체의 시간에 반응하는 양상을 위해 빛과 그 주체의 그림자가 수학적으로 형상화되었다. 자신의 작

220) [그림 3-61], John Hejduk, ibid., p.366., [그림 3-62], ibid., p.89.

업 중 가장 추상적인 계획안이라고 언급할 만큼, 실체와 그의 반영인 그림자를 수학적 도식, 더하기(+)와 빼기(-) 그리고 회전관계로 통합하였다. 이 계획안의 결론으로 헤이덕은 +, -주택은 결국 +, -의 총합이라고 말하였다.221)

**[그림 3-63]** 낮과 밤주택

**[그림 3-64]** 북동남서(NEWS)주택

(2) 낮과 밤주택Day-Night House

프레임 5기에 해당하는 낮과 밤주택Day-Night House[그림 3-63]222)과 북동남서주택NESW House[그림 3-64]223)은 이 시기의 다른 작업과 마찬가지로 태양의 움직임과 관련하여 시간을 형상화한 작업에 속한다. 이때문에 벽주택군에서는 확정적 결정요소가 없었던 각 주체의 방향성과 그에 따른 형상을 결정할 수 있게 된다. 헤이덕은 태양과 연계하여 시간을 형상화한다고 직접적으로 언급하지는 않는다. 단지 낮 시간과 밤 시간을 해가 뜨고, 져서 발생하는 수축과 팽창현상이 논의되며, 태양빛에 반사된 개체들의 원색이 벽면으로 퍼지며 나타나는 원색의 그림자인, 오렌지, 녹색, 보라색 등의 출현과 그 색들의 혼합을 논의하였다. 벽주택들에서보다 요소주택에서 중점적으로 논의되었던 빛의 산란으로 인해 지속적으로 변하는 벽의 유연성은, 이 프로젝트들에서는 개체들을 왕복하는 사용자들의 움직임으로 성장하는, 동시에 순환적 일상의 시간을 형상화하는 매개체로 발전된다.

221) John Hejduk, ibid., p.89.
222) John Hejduk, ibid., p.364.
223) John Hejduk, ibid., p.369.

헤이덕은 방향성vector을 가진 빛의 산란이 개입되지 않은 벽주택 2, 즉 안녕주택Bye House을 "회색 벽과 소리없는 원색들로 된 색상 바퀴a color wheel of muted primaries with a grey wall"라고 하였다. 소리없는 원색들이란 태양 아래 자연히 발생하는 빛의 산란이 건축언어로 등록되지 않은 상황으로, 바흐찐이 일상 생활에서 어떻게 목소리가 없는 언어가 가능한가를 반문하며, 목소리와 어조가 없는 언어는 추상적인 예술로 대상을 재료화하는 형식주의에서나 가능하다고 논의한 점과 비교할 수 있다.

> 특정한 사건들과 이미지에 대한 우리의 관계는 우리의 경험으로부터 떨어져 나온 파편들의 확정적인 출몰로 때맞추어 나타난다. 당구 게임을 하듯이 우리는 관찰자이며 동시에 참여자이다. 원형 전등으로 밝혀진 고정된 한 장소에서 어슬렁거린다; 계획하기(contemplating); 각도를 설정하기; 그런 후, 자세를 잡고; 계산하고; (당구공)친다; 그리고 바란다. 우리는 그 장소가 이미 주어진 것이라는 것을 앎으로 어둠 속에서 나오게 된다는 사실, 그리고 거기에는 3개의 구체들이 있다(흰색 2개, 빨간색 하나); 처음에는 고요한; 기다리는; 빽빽하게 압축된 과거 역사들의 분자들(atoms); 그리고 미래도 마찬가지다; 우리의 의지에 의해 움직이게 된다; 흔쾌히 참여하려는 우리의 의지; 정확한 각도로 된 완충물(당구대의 쿠션)을 가지고 노는; 가상자리들을 맞추면서; 최적의 지름선상에 있는 다수의 포인트들을 때리면서; 몇개의 이미지들을 그리고 그보다 적은 아이디어들이 영속(perpetual)의 무대와 극장으로 튕겨져 들어간다; 한 시대라는 정지 화면에 갇혀; 일종의 계시를 고대(anticipating)하며.[224)]

위의 글에서 당구공의 움직임을 빛으로 상상한다면 헤이덕의 일출, 일몰과 관련된 작업들을 이해할 수 있다. 2개의 흰색 공과 하나의 빨간색 공은 각각 과거와 미래, 그리고 현재라는 시간을 상징하는

224) John Hejduk, ibid., p.92.

[그림 3-65] 낮과 밤주택 모형

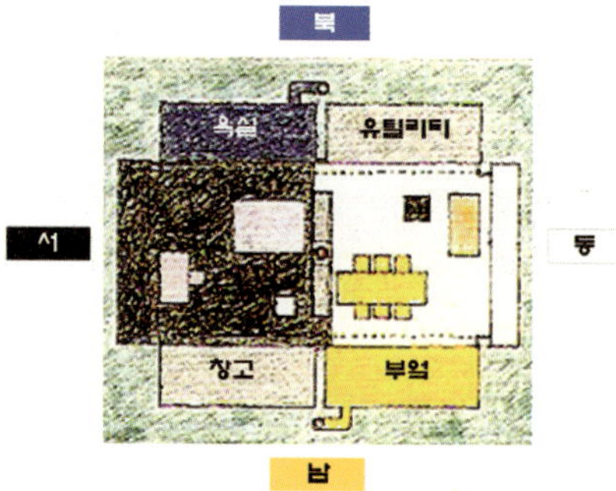


[그림 3-66] 방위에 따른 실 기능배치 도식

[그림 3-67] 낮과 밤주택(천사도시 교외주택)의 일출, 일몰과 지형에 관한 스케치

구체가 된다. 그리고 정적인 두 시간의 구체에 생기(生氣)를 부여하는 것은 인간의 의지가 된다.

낮과 밤주택과 북동남서주택은 태양의 궤도를 따라 달라지는 시간의 빛으로 기능이 결정되는 주택들이다. 전자는 각 면facade에 고유한 색상 배정과 다양한 개폐장치들의 조합[그림 3-65][225]으로 동서남북 방향을 형상화하였다.[그림 3-66][226] 반면 후자는 4개의 벽이 각각 고유한 색상과 내부 요소들을 가지고 있으며, 중앙의 빈void 공간을 두고 동서남북의 방향으로 배치되었다. 전자의 내부공간은 밤과 낮으로 이분되어 있으며[그림 3-67][227] 후자는 태양의 순환에 따른 4분할이다. 후자의 경우, 각 벽에 개별적 실들이 벽주택의 도식과 같이 한 면에

225) John Hejduk, ibid., p.365.
226) John Hejduk, ibid., p.365.
227) John Hejduk, ibid., p.365. 프레임 5, 필자 이미지 위 텍스트 기입

**[그림 3-68]** 낮과 밤주택 모형

는 공통적으로 복도와 계단을 두고 또 다른 한 면에는 개별적인 기능들이 독립적으로 배치되어 있다. 공통적으로 중심점이 설정되어 있는데, 전자는 벽난로이며 후자는 빈 공간이다. 낮과 밤주택은 해가 뜨고 짐에 따라 공간의 온도 차이가 발생하여, 즉 따뜻한 공기는 상승하고 차가운 공기는 가라앉는 속성에 근거하여, 압축적인 밤의 공간과 반대인 팽창하는 낮의 공간으로 구분하였다. 이로 인해 밤과 낮의 공간으로 분할되고, 그 낮과 밤 사이에 해당하는 중앙의 공간에는 이 두 공간을 물리적으로 분리하는 동시에 공기의 흐름으로 통합하는 요소인 벽난로가 배치되어 있다.

태양빛으로 인해 달라지는 시공간성은 색상과 개폐의 차이로 경계면이 구축되며,[그림 3-68][228] 그에 따른 공간의 질적 가치의 변화로 순환적인 시간의 형상이 결정된다. 즉, 공기Air의 움직임과 동서 방향에 배치된 주택의 주된 기능에 비례하는 사용자의 머무르는 시간에 따라 볼륨을 결정하여 주택의 일상적인 시간의 형상을 구축하였다. 입면에 표현된 흐름의 형상은 주택이 위치하는 지역에 따른 것으로, 산에서 바다를 향하는 대지의 지형적 흐름flow과 공기air의 흐름을 반영한 것이다. 요소주택과 같이 빛의 내부 투영으로 경계들을 구축하고 있지만, 빛의 산란과 그 변화에 따른 효과가 아닌 실제적인 움직임들이 경

228) John Hejduk, ibid., p.365.

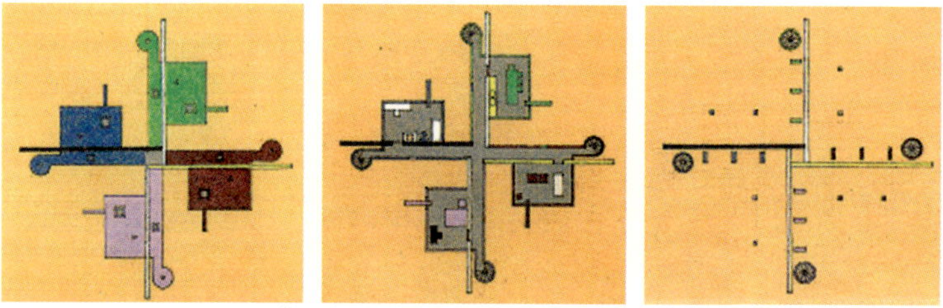

**[그림 3-69]** 북동남서주택 평면도

계를 설정함으로, 사용자의 시공간망 또한 실제적인 작동인자operator로 중첩되고 있다.

(3) 북동남서주택NESW House

대화단계 이전의 작업들에서 파사드facade와 벽을 기준으로 설정된 방위는 이 벽들에 부속되어 있는 모든 실들, 유일한 주체들에게 또한 공통적으로 적용되어, 이 주체들과는 무관할 수 있는 단일한 좌표라고 할 수 있다. 북동남서주택은 개별적인 시공간적 형상을 가지고 있지만, 평행적 관계라는 전체적 크로노토프의 일부분으로, 특정 시공간적 짜임을 구축하고 있어 부분적 크로노토프라고 할 수 있다.

4개의 벽주택들로 구성된 북동남서주택[그림 3-69][229]은 각 벽주택마다, 즉 각 방향마다 두 가지 색상이 지정되었다. 각 주체들에게는 대지의 색상이, 이 주체들의 각자의 벽에는 하늘, 즉 태양의 순환(새벽, 낮, 황혼, 밤)에 따른 색상이 지정되었다. 다시 각 벽의 사적인 면private side이 향하는 방향에 놓인 대지의 상황에 따라, 각 주체들의 색상이 지정되었으며, 벽이 수직적으로 뻗어가 교차되는 지점을 중심으로 설정하였다. 태양의 방위에 따른 색상은 낮과 밤주택에 지정되었던 색

229) John Hejduk, ibid., p.371.

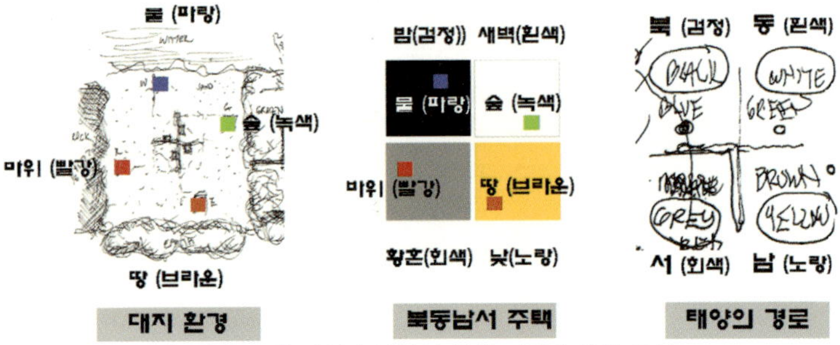


**[그림 3-70]** 지상과 방위의 색상 지정에 관한 도식

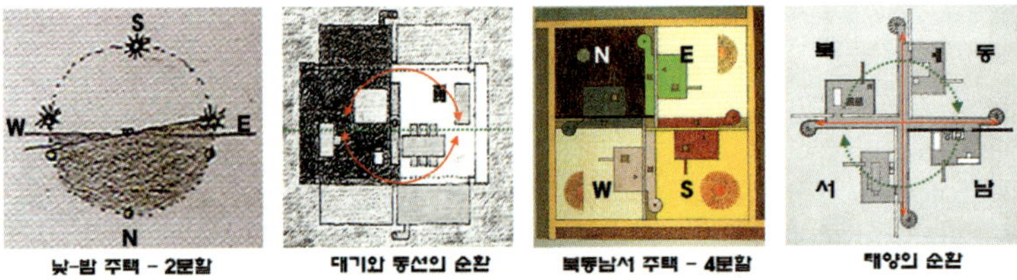


**[그림 3-71]** 두 주택의 방위 설정과 움직임 비교 관련 도식

상과 유사하다. 즉 동쪽은 흰색, 남쪽은 노란색, 서쪽은 회색, 그리고 북쪽은 검은색이다. 예를 들면, 녹지가 있는 동쪽의 경우, 흰색 벽에 녹색의 개체가 설정된다.[그림 3-70][230][그림 3-71][231]

이제까지는 행위자나 건축가, 또는 저자나 관찰자와 같은 외부적인 존재에서 사용자와 독자나 등장인물 등과 같은 내부적인 존재로 전환되는 순간에, 그 경계를 넘는 움직임으로서 시간의 형상이 논의되었으나, 북동남서주택에서는 참여자/사용자의 주기Time cycle로 시간의 형상이 제안되었다. 움직임으로 시간을 형상화한다는 공통적인 전제로 볼 때, 낮과 밤주택에서는 공기air의 움직임으로 주택이라는 프로그램

230) 이미지 위 필자 편집
231) 이미지 위 필자 편집

program이 통합되고, 해가 뜨고 지는 하루의 시간이 형상화된다. 반면에 북동남서주택에서는 독립적으로 위치하는 실들을 오고 가는 사용자의 동서남북 움직임으로서 주택프로그램이 통합이 되고 있다. 이로 인하여 전자의 시간은 물리적이며 순환적이라면, 후자의 시간은 진행하고, 후퇴하며, 서성거리는[232] 경험적이며 비체계적인 시간이 된다. 단지, 다른 실로 직접 진입한다거나cross-over, 사적인 면Private Side과 집합적인 면Collective Side이 역전reverse되는 상황은 아직 계획되지 않았다는 헤이덕 자신의 지적에서 볼 수 있듯이 주체들이 각각 시간적, 공간적으로는 독립적이나 유일한 시공간체Space-Time Continuum로서 능동적이거나 독립적이지 않은 단계임을 알 수 있다.[그림 3-72][233]

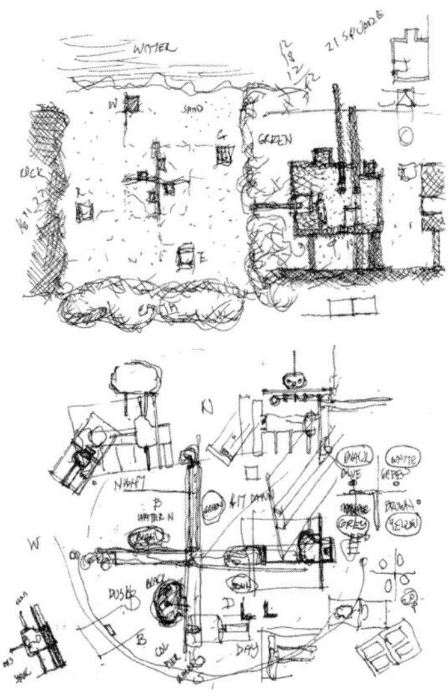

**[그림 3-72]** 북동남서주택의 지형과 방위의 스케치

더불어 벽은 경험의 좌표체계에서 실제적인 수평성으로 구축되어 이에 따른 요소들은 수평적으로 위치하고, 상호 관계한다. 물리적으로는 벽으로 구축된 요소들로, 개별적이며 독립적인 시공간적 주체는 발견되지 않지만 각 요소와 벽의 방위를 표현한 색상 드로잉에서 후기

232) John Hejduk, ibid., p.88. "A Time-Cycle is instructed, though need not be adhered to continuously. That is to say, one may move forward and back, around and about, and reversals and cross-overs are inevitable yet..."
233) John Hejduk, ibid., p.343.

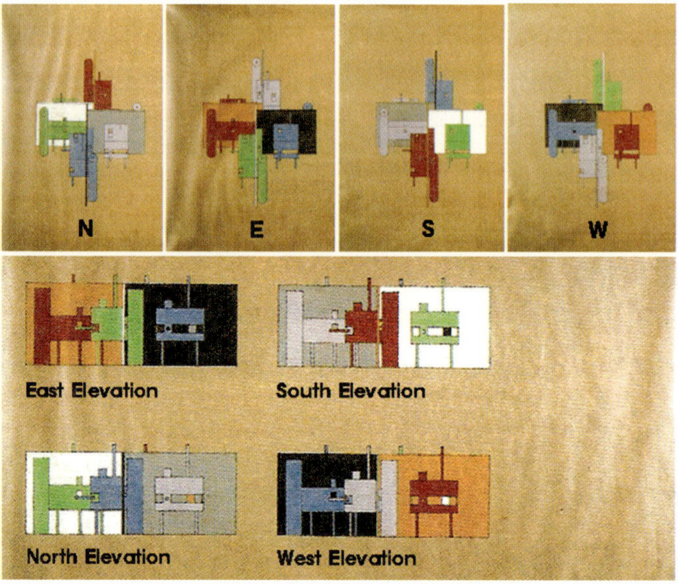

**[그림 3-73]** 북동남서주택의 색상

전체적 크로노토프에 속하는 충돌에서 뒤섞이는 색상의 구체적 위치와 그 기원적 양상을 찾아볼 수 있다.[그림 3-73][234)]

[전반기 '대화단계' 소결-모임/통합 : 장르의 형상]

근대 이후 소설이 내용이나 형식면에서 고대의 소설과 다른 이유를 바흐찐은 근본적으로 시공간개념이 고대와 근대가 서로 다르기 때문으로 보았다. 각 시대마다 고유한 현실을 예술적으로 표현하는 기법도 시공간적 인식에 상응하여 고안되어 왔기 때문에 각 소설의 크로노토프는 그 소설의 장르를 구분하는 역할을 수행하게 된다는 것이다. 이에 근거하여 바흐찐은 문학작품 속의 크로노토프는 시간과 공간이 융합된 장

234) John Hejduk, ibid., p.368.

르Genre[235]를 규정하는 의미를 지닌다[236]고 정의하였다. 따라서 크로노토프는 시간과 공간의 상호 작용으로 짜인 관계망으로 텍스트, 즉 이야기, 사회, 혹은 문화가 생성하는 의미를 서술적으로 형상화(形象化)visualize하는 장치로 해석 가능하다. 이로 인해 크로노토프는 서술체계의 장르를 가시화하는 구체적인 방법론이라고 할 수 있으며, 결과적으로는 장르[237]의 형상이 된다.[그림 3-74][238]

**[그림 3-74]** 베를린 가면 스케치, 프레임 7

소설은 인간의 경험을 가장 정확하게 개념화하는 방식이며, 그 장르는 사유의 방식이라 할 수 있다. 바흐찐은 삶과 마찬가지로, 소설을 추상적 개념으로 전사될 수 없는 경험의 형식이며, 장르를 설명하는 방식이 아닌 구체적 사례를 전개하는 방식으로 세계에 대한 시각을 전달한다고 말하며, 이로 인해 가시화된 장르는 형식이나 이데올로기ideology가 아닌, 경험에 대한 특정 감각을 구체화하는 특정 행위로 기술(記述)된다[239]고

235) 문예 양식의 갈래. 특히 문학에서는 서정, 서사, 극 또는 시, 소설, 희곡, 수필, 평론 따위로 나눈 기본형을 이른다. 공통의 특징을 지닌 사물의 무리. 생물학상 용어로서는 종(種) 다음에 오는 '속(屬)'의 뜻이고 문학 · 예술 분야에서는 부문, 양식, 형(型)을 뜻한다. 네이버 백과사전

236) 미하일 바흐찐, ibid., p.261.

237) 생물학상 용어로서는 종(種) 다음에 오는 '속(屬)'의 뜻이고 문학 · 예술분야에서는 부문 · 양식 · 형(型)을 뜻한다. 문학에서는 종래에 문체를 '조(調)', '풍(風)'과 같이 구분하여 사용하였으나 현재는 운문과 산문의 구분, 시 · 희곡 · 소설 · 평론 등의 구분, 더 나아가 정형시 · 자유시 · 소네트 등으로 세분할 때 장르라는 용어를 사용한다. 또 회화에서는 특별한 의미로서 풍속화를 가리켜 장르라고 부를 때도 있다. 이것은 비교적 작은 화면에 일상적인 비근한 제재를 그린 '장르 바(비속한 양식)'가 축소되어 일컬어진 것이다.-네이버 백과사전

238) John Hejduk, ibid., p.387.

239) 바흐찐은 용어에 대한 정의를 비유적으로 표현한다. "발가벗겨진 시체가 아니라 살아 있는 충동으로서 기억과 활동성을 지닌 존재"

하였다. 즉, 유일하고 구체적인 한 육체의 능동적인 움직임, 행위-공간으로 생성된 경험-시간은 누적되어 장르를 형성한다는 논리이다. 바흐찐의 가시화된 장르에 대한 정의에 따라, 헤이덕이 순수예술이 아닌, 예술 비슷한 것approximation으로서 건축을 지향하는 자신의 가장 중요한 선언이라고 한 전시물, '조용한 목격자'를 이해할 수 있다.

> 과학, 예술, 문학은 모두 시간적 공간적 규정에 종속되지 않는 의미적 요소를 포함한다.
> 모든 수학적 개념들: 시간적 공간적 현상들을 측정하는데 사용하지만 그것들 자체는 아무런 내재하는 공간적, 시간적 규정도 가지지 않으며 추상적 인식의 대상에 불과하다. 그것들은 많은 구체적 현상들의 형식화 및 엄밀한 과학적 연구에 필수불가결한 추상적, 개념적 형상이다.[240)]

누적된 시간들로 인해 바흐찐은 장르를 경험이 한 세대에서 다음 세대로 전달될 수 있는 일종의 통로로서 논의하였다. 따라서 장르를 유일하고 고유한 시공간적 짜임으로 해석하여 기억의 핵심기관이자 역사성의 중요한 매개체로 여겼으며 인간의 형상도 본질적으로 크로노토프적[241)]이라고 말한다. 더불어 바흐찐은 의미를 현재화되지 않은 잠재적 시공간성으로 시간이 지나면서 성장하는 경험이 누적되어 형성된 장르에 인식되지 않은 채로 남아 있던 의미론적 가능성-잠재력이 타자의 잉여시각으로 외재화externalize되며 새로운 장르로 현재화되어 성장하는 가능성을 제시하였다.

이러한 잠재적인 시공간성이 새로운 장르를 생성하는 가능성에

240) 미하일 바흐찐, ibid., p.261.
241) 미하일 바흐찐, ibid., p.261.

대한 바흐찐의 논의는 헤이덕이 9개의 사각형에서부터 지속적으로 논의하는 파열/내부폭발implosion의 토대가 된다. 이 파열/내부폭발의 개념은 후반기 캐릭터 시기에서 그림자와 통합된 유일한 주체의 모호한 시공간망에 적용되어, 새로운 프로그램이 빛과 색상으로 현재화되는 방법으로 구체화된다. 바흐찐은 추상적 형식논리가 아닌 경험의 축적으로 형성된 장르를 설계도라기 보다는 조각 조각 기우는 작업patchwork과 유사하다고 비유하기도 한다. 언어 또한 체계가 아니라 모아지는 것으로, 발가벗겨진 시체가 아닌 살아 있는 충동으로서 기억과 활동성을 지닌 채 존재 가능한 이유도 장르로 짜이기 때문이라고 언급하였다. 따라서 소설이라는 서술체계의 언어, 언표는 통사(通史)적 원리가 아니라 일종의 메타 언어인 장르genre적 원리에 따라 조직된다고 할 수 있다.

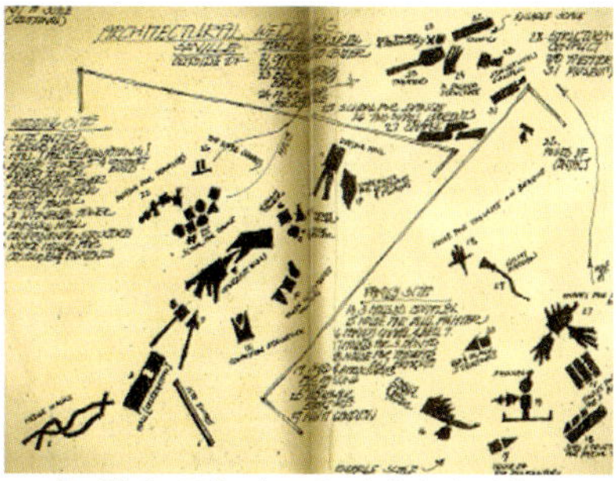

**[그림 3-75]** 자두빛 방에서의 결혼식

**[그림 3-76]** 검은 자두빛 방에서의 결혼식

이에 관련된 사례를 논의할 수 있는 헤이덕의 프로젝트로는, 구축과정을 결혼식 대지wedding site, 가족 대지family site, 그리고 마을구조town structure라는 3개의 항목으로 분류한, '검은 자두빛 방에서의 결혼식'이 있다.[그림 3-75][그림 3-76][242] 본 연구에서 후반기 캐릭터

242) John Hejduk, 『백랍날개들, 금빛뿔들, 돌면사포들』, p.110-111.

**[그림 3-77]** 별자리 형상, 1627

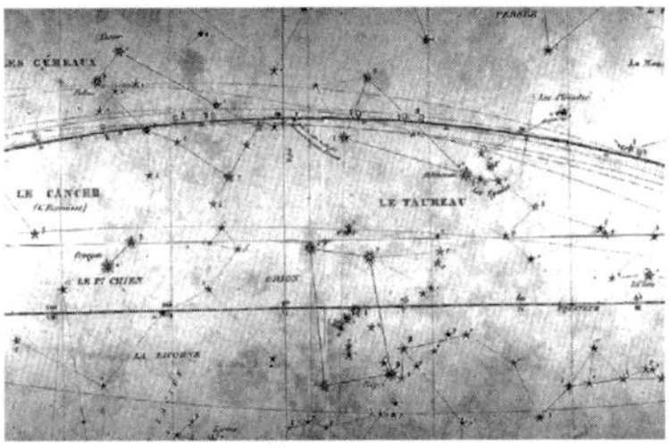

**[그림 3-78]** 별자리 형상, 1830

character 시기에 해당하는 프로젝트이긴 하지만, 전체적인 구축과정은 장르의 형상으로도 논의할 수 있다. 각 항목들은 행위와 인물, 그리고 특정 지점에 관련된 하부요소들이 32개 번호로 3항목에 나뉘어져 열거되어 있다. 이 하부요소들이 항목을 이탈하여 한 곳에 통합되지만, 그 개별적 맥락, 혹은 개별적 시공간성은, 혹은 기억은, 형상과 번호로 지속된다. 이 항목들은 건축의 기능적 요소가 아닌 개별적 시공간성을 지닌 이야기 요소story elements로 해석된다. 이와 같은 장르의 이야기 요소들이 각 시공간적 유일성을 유지하면서 하나의 장소에 통합되어 구축하는 비체계적인 시공간 짜임 혹은 조직fabric은 개별적 위치에서 시작된 몇백만년 전의 빛들이 관찰자의 시각적 영역에 위치하는 별자리[그림 3-77][그림 3-78][243] 형상과 비교할 수 있다.

이와 같이 소설이라는 서술체계에서 전개되는 구체적 시공간망을 크로노토프로 형상화하려는 바흐찐의 궁극적인 목적은 그 소설의

243) Anthony W. Auerbach, 『Structural Constellations』, p.51, 70., Ph.D. Slade School of Fine Art University College London, 2003. [그림 3-77] Sanctis Tribus Regibus (Hercules) from Julius Schiller, Coelum Stellatum Christianum, Augsburg, 1627. [그림 3-78] Charles Dien, Uranographie(detail), Paris, 1830

대상이 된 삶과의 실제적 소통에 있다. 이러한 장르의 맥락에서 볼 때, 변화와 생성은 혁명적인 것이 아니라 일상적인 시공간망으로 이루어지는 산문적이고 연속적인 것이 된다.

이러한 점에서 바흐찐은 도스토예프스키가 다성성(多聲性)으로 인간경험의 여러 측면을 접할 수 있게 하는 새로운 장르를 만들었다고 평가한 것이다. 도스토예프스키의 소설은 동시대 다른 러시아 사실주의 소설가들과 마찬가지로, 인접성에 근거한 평행적 관계의 설정과 사실주의적 서술방식인 환유적 서술로 이루어졌다. 하지만 이야기 전개방식이 대화적이라는 점에서, 사유를 저자가 단독적으로 사유하지 않고, 관점, 의식, 목소리를 통해 사유한다고 평가하였다. 따라서 다성성은 체계가 아니라 인간적 지향들-경험과 목소리들-의 유일한 시공간적 벡터의 유기적 조합으로 이루어진 구체적 사건[244]의 물리적 형상을 구축하는 주체들의 총합이라고 할 수 있다. 저자없이 이야기가 전개되어 어떻게 끝나는지 알 수 없을 때, 증폭되는 호기심처럼, 이 주체들의 평행적 관계로 인한 벡터성이 동시적으로 표면화되며, 실제 삶의 역동성을 시각화한다. 이처럼 바흐찐은 서술체계가 대화적으로 전개될 때, 대화적인 말, 다성성을 토대로 내용을 분석할 수 있는 정밀한 방법론, 즉 주관적이지 않고 동시에 비개성적이지도 않은 방법론, 다시 말해서 크로노토프를 창안할 수 있었으며, 이를 통해 그 예술적 형상인 목소리들의 모임, 통합, 즉 개별적 벡터를 지닌 시공간망들의 짜임을 가시화할 수 있었던 것이다. 헤이덕의 캐릭터처럼...

244) 바흐찐의 사건성-사건을 특수하게 하며, 종결 불가능하게 하고, 예측 불허의 다양한 가능성에 열어 놓는 모든 것-을 전사해버리는 이론주의를 비판한 적이 있다.

## 3.3 후반기 캐릭터 시기(1979–2001)

헤이덕은 다이아몬드 목록catalog을 다이아몬드 다이어그램, 다이아몬드 투영시스템으로 부른다. 다이아몬드주택 계획안이 있으나 헤이덕은 그 계획안이 지어지지 않기를 바란다고 했다. 반면 베를린 마스크Berlin Masque[그림 3-79][245)]을 언급하며 이 프로젝트는 꼭 지어지기를 바랐다. 헤이덕 자신의 두 작업이 이처럼 본인에 의해 다르게 구분되는 것은 건축 작동architectural operation의 주체 때문이다. 베를린 가면에 비하면 다이아몬드 다이어그램은 추상적 형식에 가까운 작업이다. 프레임 5기 이후 인터뷰에서 직접적으로 다이아몬드 다이어그램이 큐비스트cubist적이었다고 회고했다. 그것은 후기 프로젝트에 비하면 형식적 측면에 의존한 방법론이었기 때문이다. 이로 인해 본 연구에서 바흐찐의 전체적 크로노토프와 부분적 크로노토프에 해당하는 프로젝트를 각각 분류했을 때, 다이아몬드 다이어그램 관련 프로젝트와 벽주택들 프로젝트는 후자인 부분적 크로노토프(발화단계 양상-사건)에 속하고, 프레임 7기부터의 프로젝트는 전자인 전체적 크로노토프(대화단계 양상-

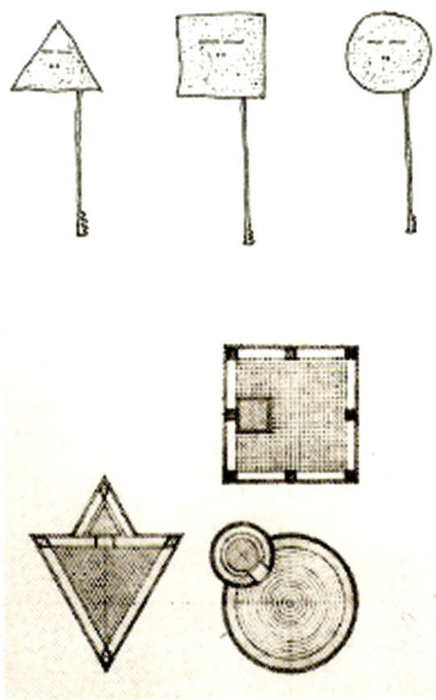

**[그림 3-79]** 베를린 마스끄 스케치와 게스트타워, A(3각형), B(원), C(4각형)

245) John Hejduk, ibid., p.382-383. 전반기에서는 3각형+4각형+원형들의 조합이었는데, 베를린 마스끄에서는 동일한 그러나 스케일이 다른 한 도형의 조합을 발견할 수 있다.

장르)에 속한다. 건축적 개념은 보류한 상태에서, 프로젝트를 작동하는 주체를 검토했을 때, 부분적 요소들에 의해, 혹은 주도적인 역할을 수행하는 프로그램의 일부 요소가 있을 때 부분적 크로노토프에 해당하는 프로젝트로 구분하였는데, 헤이덕 자신의 큐비스트적이었다고 언급하는 작업들과 일치했다. 프레임 5기에서 벽에 반영된 빛의 그림자가 건축적 요소로 적용되면서, 한 프로그램을 작동시키는 주체는 주택이라는 프로그램에 종속된 부분적 기능이 아닌, 고유한 주체들이 모여 프로그램을 구축하게 된다. 예를 들면, 주택은 이 개별적 시공간체들이 그 유일한 시공간성을 유지한 채 주거기능을 생성하는 통합체가 되는 것이다. 이처럼 프로그램을 생성하는 주체로서 캐릭터들Characters은 베를린 공모전에 제출한 베를린 가면에서 나타나기 시작한다.

### 3.3.1 행위단계 : 베를린 마스크Berlin Masque

뉴잉글랜드주택 마스끄에서 논의한, 출처가 분명한 프로그램이란 공식적인 청교도적 정신에 가려진 개인적인 관능적 감각을 외재화함으로써 생성된 모호함을 말한다. 유럽의 전통을 정면으로 대치하는 '생각의 유골(遺骨)을 위한 묘지Cemetery for the Ashes of Thought' 또한 같은 맥락에서 이해될 수 있다. 뉴잉글랜드주택의 모호함은 유럽의 전통적 형식을 그대로 수용하면서 발생한 고유한 그 무엇인가로 해석하고 그 모호함의 본질을 찾는 것으로 해석을 확대할 수 있다. 따라서 마스끄Masque는 마스크Mask를 쓴 어떤 상황, 또는 마스크들이 한 곳에 모여 만드는 이야기로 해석할 수 있다. 더불어 마스크를 껍데기인 공식적인 언어로 수용하는 동시에 그 마스크 아래 가려진 실제를 부각시킨 것이다. 이것이 건축적으로는 출처가 분명한 프로그램이 된다. 하지만 헤이덕은 메타언어적 측면에서 논의하는 마스끄를 프로그램이 아닌, 르 꼬르뷔지에

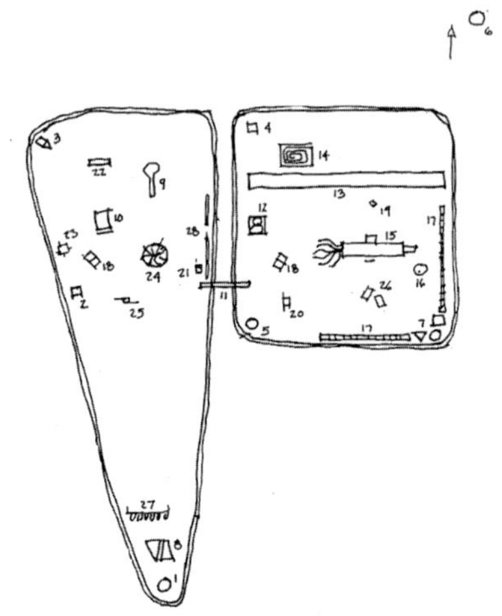


**[그림 3-80]** 베를린 마스끄 요소들-구조들 배치

의 라로쉐주택도 관련하여 논의하였다. 과거와는 단절된 합리적인 근대의 형식을 완성하고 있지만, 라로쉐주택은 본질적인 특성과는 무관한 형식들로 구축되었다고 지적하였다. 따라서 그 형식을 실제로 경험할 때 본질적인 속성들이 표면화되면서 그 형식과 충돌을 일으키고, 이로 인해 모호함이 생성된다는 것이다. 하얀색 재료로 마감되었지만 실제 공간은 백색의 공간이 아닌, 다른 실체들에 부딪힌 빛들의 그림자로 인해 다채로운 색상으로 가득 차 있으며, 수술대 같은 식탁 테이블은 주택이 아닌 다른 프로그램을 연상하게 된다고 하였다.

헤이덕은 베를린 마스끄Berlin Masque를 구성하는 유일한 주체인 캐릭터들을 '요소들-구조들Elements-Structures'로 지칭하였다. 28항목/이름의 캐릭터들은 12피트12feet=3,657cm 높이의 울타리가 쳐진 3각형과 4각형의 대지에 분산되어 있다.[그림 3-80][246] 또한 각 항목들의 역할, 높이, 구조, 그리고 위치를 개별적으로 기술(記述)하였다.[그림 3-81][그림 3-82][247] 4각형의 대지에 배정된 캐릭터들의 공통적인 속성

246) John Hejduk, ibid., p.384.
247) [그림 3-81] John Hejduk, ibid., p.150-151. [그림 3-82] ibid., p.151-152.

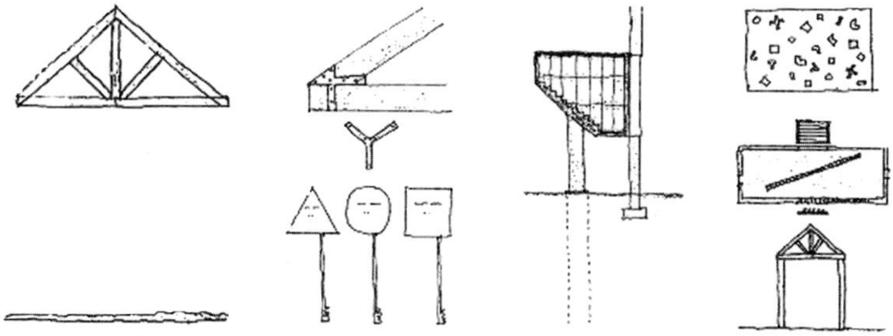

**[그림 3-81]** 베를린 마스끄의 '마스끄' 스케치('좌'에서 '우'로 진행)

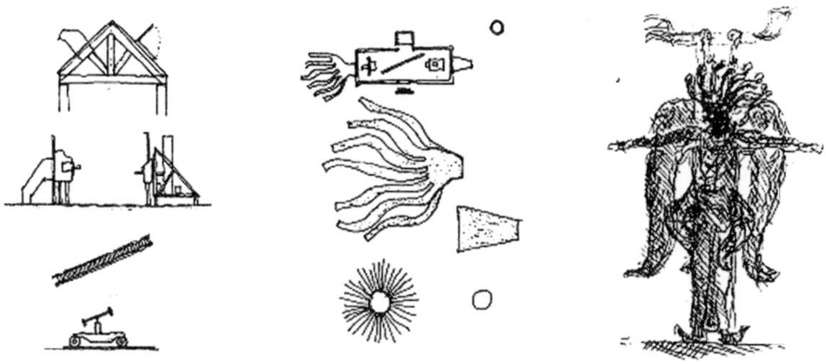

**[그림 3-82]** 베를린 마스끄의 '마스끄' 스케치('좌'에서 '우'로 진행)

은 반복적이지만 동적이며, 3각형의 대지에는 반복적이지 않지만 정적인 캐릭터들이 배치되어 있다. 총 7개 중 5개의 모서리에 공통적으로 개별적인 탑tower들이 배치되어 있으나, 2개의 동북부 모서리들에는 탑들이 위치하지 않는다. 대신 대지 밖에 저자의 위치를 암시하는, 1개의 관찰탑Observation Tower이 위치하며, 3각형 대지 중간 경계부분에 조망탑Watch Tower이 위치하고 있다. 화장실인 공용시설Public Facility은 두 대지에 각각 배치되어 있다.

이 계획안의 본체에 해당하는 마스끄Masque는 4각형의 대지에 위치하며, 캐릭터 내에 부속(附屬) 마스끄Sub-Masque인 남성과 여성이

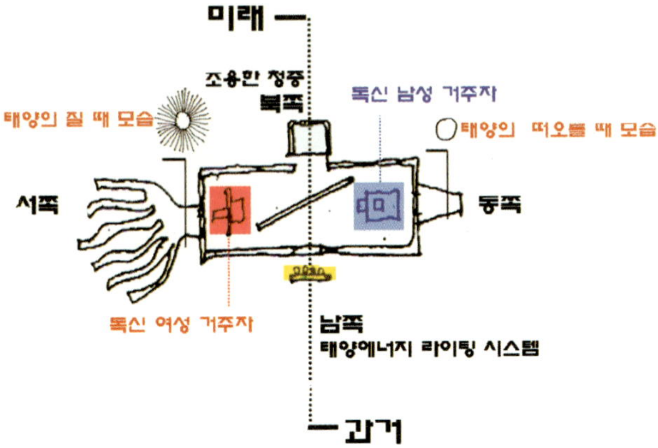


**[그림 3-83]** 마스끄의 시간 구축 도식

마주보며 공존하고 있다.[그림 3-83][248] 이에 반대되는 캐릭터로, 재판관과 종교인의 부속 마스끄들을 포함한 중재회관Arbitration Hall이 3각형의 대지에 존재한다. 이 마스끄는 다양한 이중성들로 구축되었는데 그 이중성이란 천정과 바닥, 일출과 일몰, 동서남북의 방향성과 남성과 여성, 과거와 미래 등으로 서로 짝을 이루고 있지만 개별적 시공간성을 유지하고 있다. 또한 뉴잉글랜드주택에서 마스끄를 새로운 프로그램으로, 그리고 시각적으로는 빛이지만 실제로는 금속과 같다고 비유한 것처럼, 목구조wood frame structure의 연결 부속재를 지구로 여행하는 별빛을 구체화하는 것과 같다고 비유하였다. 동서남북의 방향을 건축적으로 구축하는 다양한 방법을 발견할 수 있는데, 예를 들면, 지붕의 북쪽을 향한 경사면의 창문은 빛을 위해 깔때기 모양이 되며, 남쪽 경사면의 창문은 환기를 위해 들창 형식으로 구성되어 있다. 벽이 현재라는 순간으로 사용자 전체에 적용된 시간개념이었던 반면에, 이 캐릭터에

248) John Hejduk, ibid., p.152. 이미지 바탕으로 필자 분석

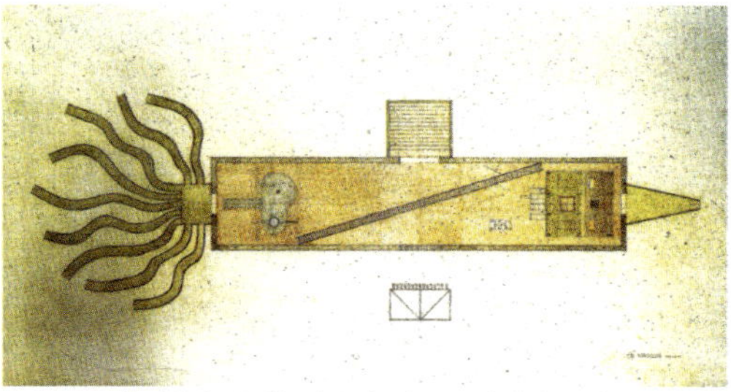

**[그림 3-84]** 베를린 마스끄의 '마스끄'

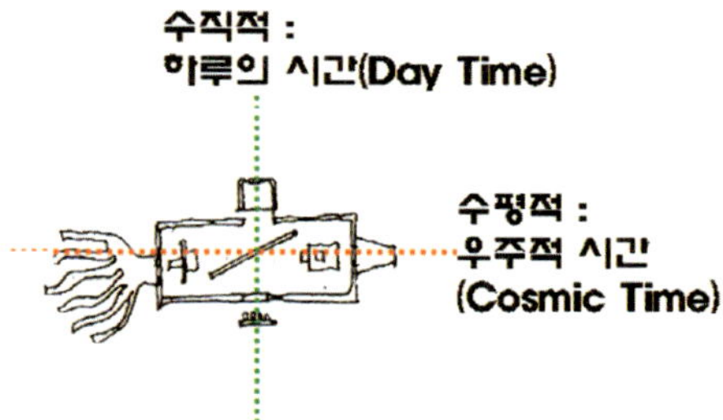


**[그림 3-85]** 수직, 수평시간 도식

서는 과거와 미래의 교차점으로, 남성과 여성의 다른 방향 설정에서 생성된 경계를 현재로 구축하고 있다.[그림 3-84][249)]

예를 들면, 남성은 과거에 위치하며 미래를 바라보고, 여성은 미래에 위치하며 과거를 바라본다. 따라서 현재라는 순간은 캐릭터들의 위치와 방향이, 교차하며 결정되는 개별적 시간으로 존재한다. 이에 따라 동서남북 방위에 따른 시간의 설정은 입구와 출구의 연합ally에서, 동쪽은 금속의 연통으로, 서쪽은 메두사 같은 연통으로 순환적인 우주적 시간이 구축되었다.[그림 3-85][250)] 일상의 반복적인 시간은 '침묵하는 관객들' 캐릭터가 12명이 한 줄에 앉을 수 있는 길이, 그리고 계

249) John Hejduk, ibid., p.405.
250) John Hejduk, ibid., p.152.

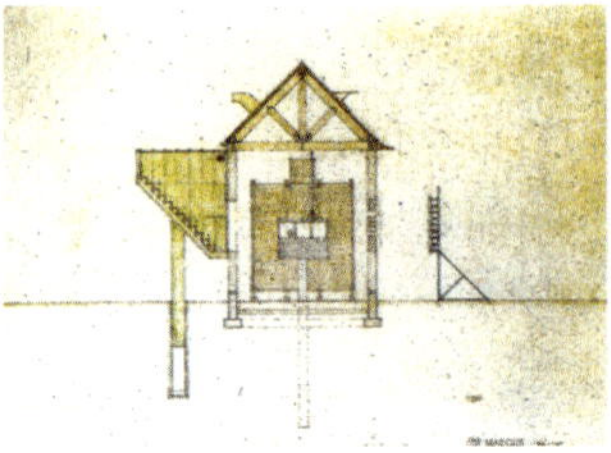

**[그림 3-86]** 마스끄의 종단면

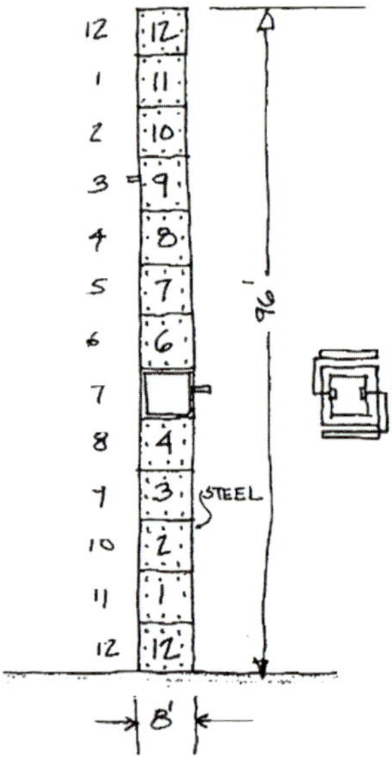


**[그림 3-87]** 시계탑

단의 단 차이를 10개와 두 단의 차이가 합해진 1개로 하여 총 11개의 단을 두어, 12시간의 반복되는 일상의 시간을 구축하였다. 하루라는 시간의 흐름은, 움직임은 대각선으로 놓인 나무로 된 작은 기찻길을 따라 이동할 때 양쪽에서 핸들을 잡고 위아래로 반복적으로 움직여서 수평적으로 진행할 수 있는 작은 기차를 배치하고, 침묵하는 관객들의 실 자체를 수압펌프로 수직적으로 이동 가능한 계획으로 구축하였다.[그림 3-86][251)]

계단의 단 차이가 11개인 것은 시계탑 계획안과 같은 개념에서 기인한 것으로 추정된다. 각각 1에서 12까지 숫자가 적혀진 12개의 숫자판과 중복된 12 숫자판 1개, 총 13개의 숫자판이 수직적으로 배열되어 있다가 해당시간이 되면 그 숫자판이 숫자가 없는 판으로 가려진다.[그림 3-87][252)] 그 이유를, 헤이덕은 시간의 흐름에 종속되어 있는 존재는 고정된 시간을 볼 수 없고, 현재를 느낄 수 없기 때문이라고 설명하였다. 따라서 반나절의 시간, 12시간마다 그 캐릭터가 수직적으로 위아래 반복

251) John Hejduk, ibid., p.405.
252) John Hejduk, ibid., p.141.

적으로 움직인다면, 해당 시간은 현재진행형으로 구체화할 수 없기 때문에 2개의 단 차이가 하나로 통합된 것이라고 할 수 있다. 일출의 동쪽 출입구는 단일한 연통을, 그리고 메두사 연통Medusa Funnel으로 서쪽 출입구를 계획하였는데, 그 연통들의 단면적sectional 형상은 일출과 일몰의 태양 형상이다. 이로서 '메두사의 가면Mask of Medusa'이 완성된다.[그림 3-88][그림 3-89][그림 3-90][253)]

> 이로서 베를린 마스끄를 우리 시대의 마스끄로 구성하였다. 고도로 합리적이고 실용적이었던 15세기 당시 사회 조차도 사회가 그 역할을 수행하기 위해 마스끄들, 마스크들, 군중들의 창조가 필요했던 것처럼 우리 또한 우리 시대를 위한 마스끄들(프로그램????)을 창조해야 하는 것 같다.
>
> John Hejduk
> august
> new york 1981[254)]

실제적 형상과 그 산문적 추상의 형상이 모두 메두사의 두상(頭狀)과 유사하며, 메두사 자체가 지니는 상징적 의미는 헤이덕의 변화된 주체에 대한 인식에 근거한다. 메두사의 신화적 상징은 이중적 본성을 지닌 존재이다. 즉, 아름다움과 추함을 통합하는 존재이다. 달리 말하면, 아름다움은 가장 끔찍한 공포와 유사하다는 것이다. 메두사는 인간의 양면성을 외재화하는 존재로서, 문명화된 사회와 원시적이고 모호한, 혼돈의 상황이 한 몸에 공존하고 있다.[255)] 더불어 이러한 이중성을 헤이덕은 일반적인 뉴잉글랜드주택 지붕에 있는 작은 발코니, 과부의

253) [그림 3-88] John Hejduk, ibid., p.384. [그림 3-89, 3-90] John Hejduk, ibid., p.140-149. 배치항목에 근거하여 이미지 위 필자 텍스트 기입 및 분석
254) John Hejduk, ibid., p.152.
255) Trees Pepoorter, 「Madame Lamort and the ultimate Medusa experience」, 『Image & Narrative』, ISSN 1780-678X, 2003

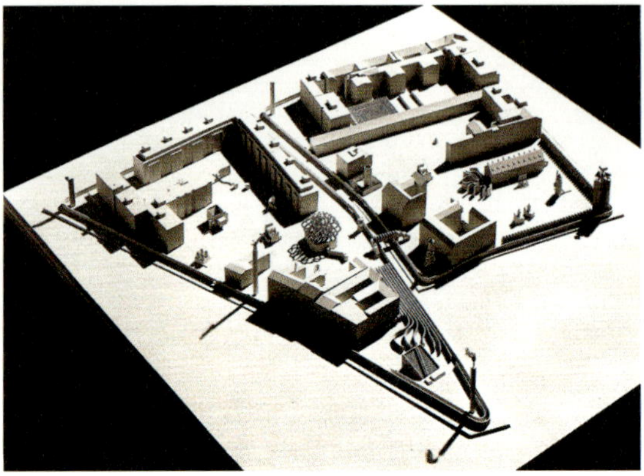

베를린 마스끄 배치 도식과 모형 사진

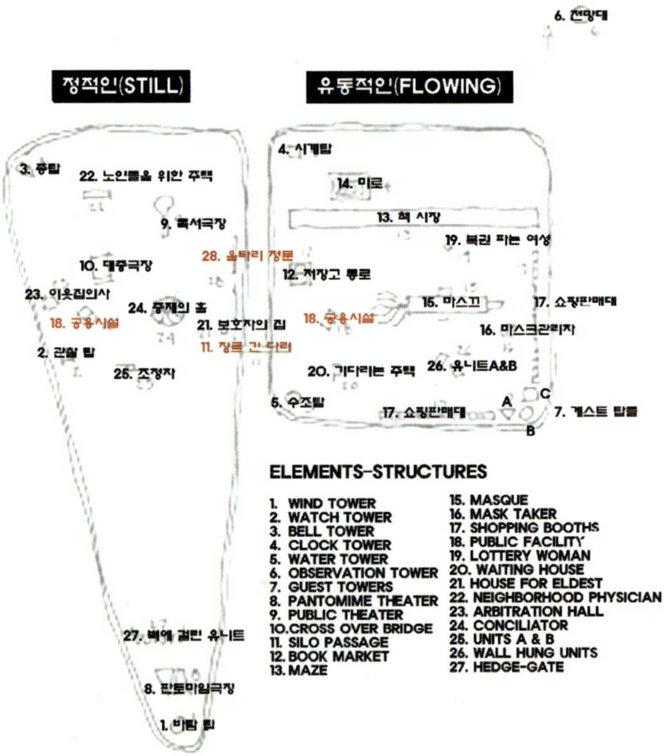


**[그림 3-88]** 베를린 마스끄 배치 도식과 모형 사진

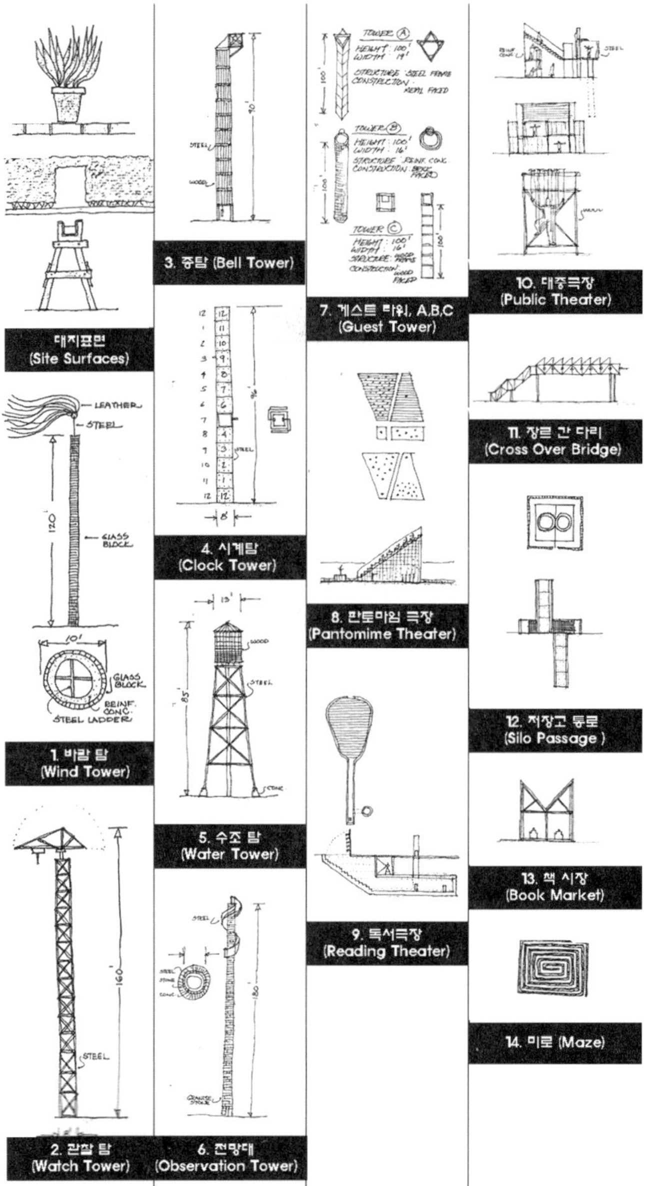


**[그림 3-89]** 베를린 마스끄 배치 도식과 모형 사진

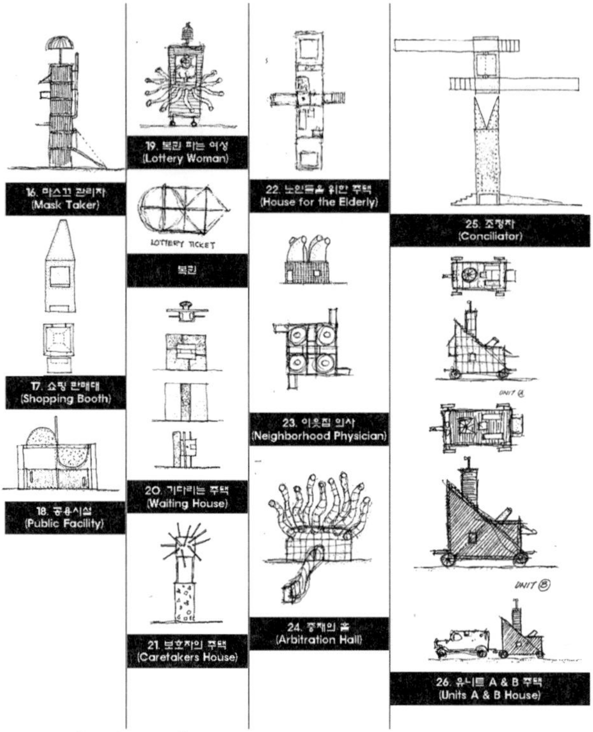


**[그림 3-90]** 베를린 마스끄 배치 도식과 모형 사진

발판widow' s walk에서도 언급하였다. 바다에 나간 남편이 무사히 생환(生還)하는지를 확인하는 장소로, 한 장소에서 죽음과 삶이 교차하고 있다는 것이다. 하나의 요소에 이중적인 상황이 동시적으로 공존한다는 점을 언급함으로, 벽으로 구체화하였던 현재에 대한 해석이 재고되었음을 알 수 있다. 더불어 남성과 여성의 부속 마스끄의 방향과 위치는 19세기 상징주의 화가 아놀드 뵈클린Arnold Böklin(1827-1901)의 '신혼여행' [그림 3-91][256]을 연상시킨다. 이 그림에서 여성은 어두운 곳

256) www.arnoldbocklin.com

**[그림 3-91]** 아놀드 뵈클린, 신혼 여행, 1890

**[그림 3-92]** 아놀드 뵈클린, 망자의 섬, 1883

**[그림 3-93]** 이삭 레비탄, 미완성, 1900

을 응시하고 있지만 그녀의 몸은 전면, 미래에 위치해 있고, 남성의 얼굴은 전방을 향해 있지만 몸은 어두운 후면에 위치해 있다. 하지만 그 어두운 영역에는 반짝이는 표면들이 등장한다. 헤이덕의 이중성과 모호함 속에 빛나는 표면이라는 잠재되어 있는 현재성의 상징을 뵈클린의 그림에서 발견할 수 있다. 이처럼 헤이덕의 마스끄에서 삶과 죽음이라는 절대적이며 수직적인 시간의 세계[그림 3-92][257]와 수평적이며 순환적인 화려한 색상으로 현재화될 수 있는[그림 3-93][258] 기억들로 충만한 삶의 수평적 세계를 동시에 발견할 수 있다.

257) www.arnoldbocklin.com
258) www.wikipedia.com

[후반기 '행위단계' 소결-유일한 주체의 육화 : 능동적 시공간체]

삶의 최소치, 존재의 최소치는 둘이며 존재는 소통communication이라는 바흐찐의 타자성은 주체와 타자의 문제를 근원적으로 재설정하면서 시작되었다. 바흐찐의 타자성은 행위철학에 관한 글들 이후에 출간된 『미학적 행위에 있어서 저자와 주인공』과 『예술과 책임』에서 정의되었다. 여기에서 타자성은 저자성을 배제하여 성립되는 개념이며, 저자와 동등한 유일한 주체의 능동적 시각인 잉여시각으로 논의하였다. 그 예로 도스토예프스키 소설은 세계 속에서 주인공이 누구이냐가 아니라, 우선 주인공에게 세계는 무엇이며 주인공은 주인공 자신에게 무엇인가를 문제 삼는 것을 특징으로 한다고 지적하였다. 작가는 이제 소통의 참여자, 즉 대화상대로서의 주인공과 나란히 서는 평행적 관계의 존재가 된다는 것이다.

『미학적 행위에 있어서 저자와 주인공』과 『예술과 책임』에서 미학적 책임회피 또한 논의하였다. 특히 미학적 행위에서 육화enfleshment는 공간을 차지하는 육체의 물리적 성질로, 경계를 마주 하는 것들이 상호 작용하는 시공간체로서 논의되었다. 이 상호 작용은 서로 자신이 볼 수 없는 영역을 상대방이 바라보는 잉여시각surplus of seeing에 근거하며, 또한 타자성의 실질적 이유이며 융합과 반응을 야기하는 발단이 된다. 이 시각으로 서로를 복제하지 않고 각자의 고유한 시각으로, 서로를 보완하고 자기 자신을 알게 된다고 하였다. 하지만 결정적으로 바흐찐의 미학에서의 육화는 프로이트와 대립되는 개념으로 명확해진다.

바흐찐은 현실적 경험, 꿈, 그리고 환상을 구분하지 않고, 하나로 사유하였다. 프로이트는 환상을 추동하는 동기는, 만족하지 못한 소망이고 하나 하나의 환상은 만족하지 못한 현실의 교정이며, 소망의 충족으로 창조성을 논의하였다. 하지만 바흐찐에게 경험, 꿈, 환상은 동등한 실체로, 꿈은 육화를 통해 현실이 되고, 현실은 육화를 통해 환상이 되기도 한다. 즉, 저자는 주인공에게 육체를 부여하는 것처럼, 창조적 예술은, 혹은 미학적 활동은 무의식적인 신체상의 욕구불만에 대한 반응이 아니라, 의식적인 육화로서 구체화되어 저자의 외부에 독립적인 유일한 시공간적 존재가 된다는 것이다. 예를 들면, 내가 꾼 꿈을 말로 가시화할 때, 타자에게 말해진 꿈은 독립적인 존재로 내 자신의 밖에 위치하게 된다. 내 뜻대로, 자기 자신조차도 꿈을 종결할 수 없는 위치, 외재성이 실현된다고 하였다.

프로이트의 경우, 관찰자로서 저자를 논의하여 대상의 잠재성을 종결하지만, 바흐찐은 저자와 관찰자를 구분하지 않음으로, 새로운 의미의 가능성을 내포하고 있는 창조적 활동이 육화될 수 있게 된다. 따라서 육화된다는 것은 살아 있는 의식으로 사건이 존재 가능하다는 것을 말한다. 이로 인해 영혼은 가치배제적이고 인과적인 과학인 심리학이 다룰 수 있는 문제가 아니라, 개별적이고 가치평가적이고 자유로운 하나의 전체-유일한 시공간체가 된다. 이러한 논의를 토대로, 바흐찐은 기술적이고 기계적인 형식주의의 외재성을 비평하였다. 형식주의 입장에서라면, 말을 다루는 학자와 시인을 구분할 수 없게 된다고 비유하기도 한다. 그 비평의 요지는 형식주의자들은 형식을 문학의 본질로서 분석할 수 있도록, 형식에 대한 감각의 원칙을 구축하고, 형식의 감각을 형식을 느끼게 해주는 예술적 기법을 위한 장치로 설정하였다는 것이다. 하지만 바흐찐은 실제 삶, 내용을 주관적이라며 배제한 형식주의와 달리, 예술작품에서 혹은 예술적 임무에서 내용, 형식, 재료를 구분할 수 없다고 주장하였다.

> 형식은 내용과 독립하여 이해될 수 없으며, 재료의 성질로부터도 독립적일 수 없으며 재료의 성질에 의해 조건화된 기법으로부터 독립적일 수 없다. 한편, 형식은 주어진 내용으로 조건화되며 재료의 특징과 재료를 가공하는 수단으로 조

건화된다. 순수하게 재료의 예술적 임무는 기술적인 실험이다. 예술적인 기법은 언어적 재료를 단순힌 가공하는 것이 될 수 없으며, 이것은 무엇보다도 구체적인 내용을 가공한 기법이 되어야만 한다. 그렇지만 이때 반드시 구체적인 재료의 도움을 통해서 그렇게 되어야만 한다.[259]

형식적 방법은 사물들을 고립시킴으로서 과학이 가능하다고 전제한다는 점을 지적하고 예술의 자율성은 삶에서의 고립이 아닌 참여에 의해 독특하고 필연적이며 대체할 수 없는 장소에 의해 가능하다고 주장하였다. 바흐찐에게 작품을 미학적으로 인식한다는 것은 사람이 또 다른 인간의 현존을 느끼는 것처럼, 작품 안에 있는 또 다른 의식을 느끼는 것이다. 이로 인해 바흐찐은 저자의 의무를 세 가지 속성을 지니는 구체적인 세계, 즉 가치를 발생시키는 중심으로서 살아 있는 육체를 지닌 공간적 세계, 그 세계의 중심으로서 영혼을 지닌 시간적 세계, 그리고 육체와 영혼의 통일이라는 의미가 부여된 세계를 조직하는 것으로 정의한다.[260] 따라서 크로노토프는 저자성이 아니라, 저자의 의무로 육체-공간과 영혼-시간이 통합되어 의미가 부여된 세계를 육화하는 매개체medium라 할 수 있다. 이러한 맥락에서 헤이덕의 캐릭터는 저자의 통제로부터 자유로운 유일한 주체가 육화된 능동적 시공간체가 된다.

### 3.3.2 발화단계 : 『소리들Soundings』[261]

벽주택 3 이후 타자와 리얼리티reality에 대한 인식의 변화로 헤이덕은 그림자shade[그림 3-94][262]를 논의하였다. 르 꼬르뷔지에Le Corbusier의

259) 미하일 바흐친, ibid., p.257.
260) 게리 솔 모슨, ibid., p.155.
261) plural : a place or part of a body of water where a hand sounding line will reach bottom
262) John Hejduk, 『백랍날개들, 금빛뿔들, 돌면사포들』, p.267., 271.

**[그림 3-94]** 멀리서 들리는 속삭임의 언덕(Valley of Remote Whisper)의 스케치와 모형

라로쉐La Roche주택에서의 경험과 도손빌백작 부인Madam D' Haussonville 그림에 대해 돈 월Don Wall과 대담하면서, 그림자의 시공간성과 관련된 상황을 언급하였는데, 그 개념들은 어조Undertone, 불투명함Opacity, 어둠의 공간Voids of Darkness 등이다. 직접적인 논의는 러시아 화가 라파엘 소이어Raphael Soyer에 대한 영화에서 그 화가가 자신의 여자 모델의 넓적다리와 함께 그린 검정 3각형을 그림자shadow라고 말한 장면에서 이뤄진다. 이 장면을 인상깊게 보았다는 헤이덕은 그 화가가 형태만 그린 것이 아니라 그녀에게만 존재하는 볼륨적 추상성volumetric abstraction 또한 그렸다고 평가하였다. 볼륨적 추상성이라는 표현은 추상적이면서도 실체의 질감을 가지고 있는 것tactile으로 말하며 그 그림자를 특정 양식으로 죽어버린 형태와 비교한다. 그리고 그 형태를 살아서 호흡하게 하는 그 무엇인가가 필요하다고 논의하였다.

다이아몬드 투영과 벽주택군에서는 실체화되는 한 순간, 즉, 현재라는 시간을 통해 각 실 기능의 요소들, 주체들이 형성되었지만 일련의 경험으로 이 주체들에 대한 인식이 바뀌게 된다. 이제 헤이덕은 한 건축물을 실재하게 하는 것을 건축가의 유토피아적인 형식이 아니라, 그 이면에 내재한 또 다른 현실의 속성을 그림자, 즉 불투명함, 어조,

**[그림 3-95]** 몬드리안, 부기우기

**[그림 3-96]** 도손빌백작 부인

그리고 어둠의 빈 공간으로 제안한 것이다. 불투명성은 거울이 생산되기 전에 거울의 역할을 하던 금속재료인 백랍Pewter에 반영된 이미지로 설명하였다. 거울은 엑스레이X-ray처럼 투명하게 형태를 기술(記述)하지만, 백랍은 이러한 형태에 투사된 빛의 그림자를 반영한다는 것이다. 그리고 이 빛의 그림자들에서 헤이덕은 밀도density라는 대기의 특성을 발견하는데, 이 밀도의 개념은 다이아몬드 투영시스템을 연구할 때부터 몬드리안의 그림으로 논의하였었다.

불투명함, 어조, 그리고 어둠의 빈 공간, 모두 잠재된 리얼리티인 그림자에 관련된 용어로, 형식이나 형태 이면에 가려진 본질적인 속성을 지시하고 있다.[그림 3-95][그림 3-96][그림 3-97][그림 3-98][263] 이와 같이 헤이덕은 잠재되어 있는 본질적인 속성을 불투명한 표면으로 짜인 장field의 빈 공간으로 생성되는 밀도로 설명하였다. 또한

263) [그림 3-95] Piet Moddrian, Broadway Boogie-Woogie. 1942-1943. http://en.wikipedia.org.
[그림 3-96] en.wikipedia.org/wiki/Gabriel_Paul_Othenin_de_Cleron_comte_d' Haussonville.
[그림 3-97] Jan Vermeer, A Woman Asleep at a Table, 1657, www.encyclopedia.com.
[그림 3-98] Henri Matisse, The Music Lesson, 1917. www.wikipedia.org

**[그림 3-97]** 잠든 여인

**[그림 3-98]** 음악레슨

이 빈 공간의 깊이는 빛의 밀도와 비례하며 존재의 무게를 결정하게 된다. 이러한 논리를 감성적으로 이해할 수 있지만, 고밀도의 중력장으로 빛마저도 탈출하지 못하는 블랙 홀을 설명하는 아인슈타인의 상대성이론이 이 논리와 같다는 점을 주목할 필요가 있다.

> 각각의 작가들은 고유의 세계를 가지고 있다. 하지만 거리가 좀 있지만 연계되어 있다. 이들 작가들의 작업에는 밀도가 있다. 말하자면, 회화의 깊이로부터 관찰자에게 전달되는 일종의 불분명함이다. 대상의 뒤에 있는 투명하지 않은 표면으로부터 오는 빛의 질(quality)이다. 대부분의 경우, 그들의 창조대상들의 한 부분이 잠재되어 있는 현실, 혹은 저음, 완화된 색(undertone)과 불투명한 반사(reflection)가 있는 빈 공간과 관련된다.[264)]

따라서 다이아몬드주택과 벽주택군[그림 3-99][265)]에서 내적이며 동시에 외적 존재로서 설정된 주체는 그 내적/외적 전환의 매개체

264) Jonh Hejduk, ibid., p.91.
265) www.wallhouse.nl

**[그림 3-99]** 벽주택 2

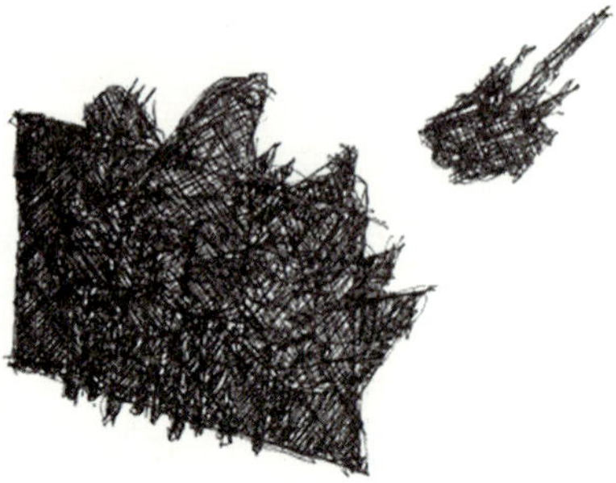
**[그림 3-100]** 백랍날개, 금빛뿔, 돌면사포

로, 현재라는 벽이 절대적이었지만, 그림자의 시공간으로 형식과 형태 이면에 잠재된 현실에 대한 인식을 재설정함으로 헤이덕의 주체, 실 기능, 요소들은 벽으로부터 자유로워진다. 또한 이러한 주체들의 그림자는 사람의 기억과 같이 잠재되어 있는 현실로, 시간개념을 포함하고 있다. 이로 인해 벽이라는 현재의 시간을 통해 과거와 미래로 설정된 공간을 오고 가던 사용자의 동선으로 통합되던 시공간적 개념에서, 그림자를 통합함[그림 3-100][266]으로 시공간적으로 잠재적인 주체가 된다. 이들이 캐릭터이며, 이로 인해 현재라는 벽은 사라지고 대신 불투명한 어두운 그림자의 시공간망들이 서로의 접촉으로 생기는 순간적인 빛이 현재가 된다. 이러한 순간의 빛으로 재설정되는 헤이덕의 현재 개념은 화가 조지 브라끄George Braque의 새bird그림에 대한 헤이덕의 해석에 나타난다.

> 날개짓으로 내부의 막(membrane)들을 잘라내는, 구체에 갇혀 있는 생각의 비상(flight)이다. 그림으로 때로는 슬픔과 때로는 기쁨을 가지고 외부를 톡 쏘는 인상(impression)으로 조용한 정지들(stillnesses)과 강조된 움직임으로 드러나게 된

266) Jonh Hejduk, 『Pewter Wings Golden Horns Stone Veils』, p.174.

**[그림 3-101]** 브라끄의 새, 1957

다... 불투명한 빈 공간은 상상 가능한 것들 중에서 가장 밀도 높은 완화된 색(undertone)이다. 브라끄의 정물화 내부를 이리 저리 움직이고 다니는 새처럼, 그들의 공기air는 그려질 수 있는 공기air이다. 너무나 빨리 사라지는 그러나 기억이라는 빈 공간에 남아 있는 표현된 생각의 움직임과 같다.[267)]

날개짓하는 순간 빛나는 날개의 끝은 노란 색상으로 채색되어 있다. 제각각 다른 밀도와 그 깊이를 암시하는 추상적 배경을 관통하는 새의 움직임으로 표면화되어 빛나는 경계 자체가, 현재가 되며 새의 움직임으로 지워진 표면은 기억이 된다는 것이다.[그림 3-101][268)] 따라서 본질적인 형태나 형식의 주체는 그 주체의 그림자와 통합되어, 내적이며 동시에 외적인 가치를 내재한 불투명한 시공간을 구축하게 된다. 즉, 불투명한 막membrane of opacity에서 새의 날개짓과 같은 움직임으로 그 공간에 밀도 차이가 생기고, 이로 인해 막에 깊이 또는, 볼륨이 형성되며 그 볼륨은 빛으로 빛나는 경계로 주체를 생성하고 형상화한다. 이러한 주체의 형성과정은 헤이덕의 후기 작업들에서 벽과 함께 그려진

267) John Hejduk, 『Mask of Medusa』 p.94.
268) George Braque, 『Spaces』, 1957, 표지, www.mchampetier.com

그 벽의 그림자가 하나로 통합되어 검정색의 기이한 형상이 되는 과정을 이해하는 단서가 된다. 더불어 그 통합된 형상에 박힌 조그마한 개체들이 색상을 가지고 성장하여 검정의 그림자가 그 색상들의 조합으로 부풀려지고 사라지는 과정은, 형식화되어 죽어버린 형태에 생기를 불어넣는 호흡으로 설명 가능하다.

역설적으로 흰색의 라로쉐주택은 근대 건축의 빛으로 가득 찬 유토피아를 상징하지만 실제로는 불투명함과 모호함으로 가득하다고 헤이덕은 지적한다. 내부 공간은 흰색의 마감재료와 그 이미지와는 달리 그 흰색 표면에 반사된 빛의 다양한 색상으로 채워졌고, 구축 당시 건축주가 정신과 의사였지만, 현재 의사가 아닌 일반 사람들에게는 일상적인 주택의 가구들조차 시체실의 테이블처럼 생각된다는 경험을 이야기한다. 개방적인 공간, 최소한의 프라이버시privacy 등, 빛과 움직임으로 가득 차 있지만 그것은 건축가의 의지일 뿐, 사용자의 움직임을 생성하는 그 어떤 경계, 밀도 차이에 의해 발생하는 경계를 찾아볼 수 없다고 지적하였다. 이 점에서 이 주택을 빛의 공백voids of light으로 지칭하고, 근대 건축의 공통적 특성, 낙천주의optimism의 한 사례로 평가하며, 자신은 이러한 절대적인 낙천주의와 평형을 이룰 수 있는 어둠의 공백voids of darkness을 통해 비관주의pessimism를 제안하고 싶다고 말하였다. 라로쉐주택과는 대비적으로 불투명한 표면, 검정의 비반사적인 non-reflective 표면에 빛이 투사되면, 그 표면은 당연히 흰색이 되는 것처럼 초현실적인 물리적 현상[269]이 부정적인 네거티브negative가 아니라고 강조하였다.[그림 3-102][그림 3-103][270]

269) John Hejduk, ibid., p.306.
270) John Hejduk, 『Soundings』, p.317.

**[그림 3-102]** 수도원

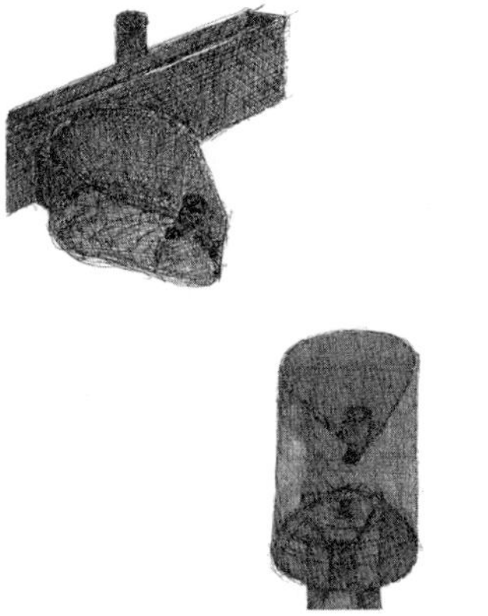

**[그림 3-103]** 아담과 이브 주제를 위한 미술관

이러한 헤이덕 건축의 언어의 변화는 형식주의에서 배제된 일상적 언어의 이질언어성을 발견하고, 이로 인해 형식주의 언어의 제한적인 개념을 확장하고자 한 바흐찐의 논의와 함께 한다. 이질언어가 비교적 그대로 기록되고 형상화되는 소설에서 그 언어의 특성을 극대화하려 한 바흐찐과 일상적인 사용자의 반응과 움직임을 통해, 그리고 재료적 측면에서 프로그램과 형태 이면에 잠재되어 있는 본질적인 건축의 특성을 발견한다는 점에서, 단순히 서술적 구성이라는 점에서 헤이덕의 서술적 건축이 논의되는 것 뿐만 아니라, 사실주의적 인식을 같이 하고 있다는 점을 강조할 필요가 있다. 이를 통해 각기 다른 영역(문학과 건축)에서 진행되었지만 공통적인 서술체계에 대한 지향으로 조우하고 있다. 또한 공통적으로, 추상적 형태와 형식을 극복하기 위해 시간은 필수요소이며, 그 시간은 우주적, 순환적 시간 속에 존재하는 인간의 일상성의 가시화로 나타난다. 헤이덕은 이러한 지향을 시공간망으로 짠 입체적인 그림자와 본체의 건축으로 실행한 것이다. 그리고 그 시작점에는 저자의 위치가 관찰자이며 동시에 참여자로 재조정되었고,

**[그림 3-104]** 수녀원

**[그림 3-105]** 폭발하는 도형들과 파편적인 순수들 위에 버려진 생각들을 위한 묘지

그로 인해 사용자, 즉 관찰자, 참여자가 능동적 인자, 시공간체로 작동하는 타자에 대한 새로운 인식, 즉 고유한 시공간성을 지닌 행위의 육체가 육화된 캐릭터, 시공간망의 그림자로 자리 잡고 있다.

> 저음(undertone)
>
> 1. 평상시보다 낮은 음조, 또는 농담과 속삼임의 음조
> 2. 색상을 경감시키는 음영, 또한 색상들이 중첩되어 나타나는 색상
> 3. 표현되지 않은, 그러나 암시된 의미나 제안.[271)]

이와 같이 주도적인 형식이나 추상적 형태의 뚜렷함에서 헤이덕은 그 뚜렷한 합리주의 형식을 위해 배제된 사물, 혹은 실제의 형상을 그림자와 그 밀도에서 찾았다.[그림 3-104][그림 3-105][272)] 본질적 속성은 시공간성이며, 그 시공간성은 모호한 상태에서 타자와의 발

271) John Hejduk,『Mask of Medusa』, p.94.
272) [그림 3-104], John Hejduk,『Soundings』p.309., [그림 3-105], John Hejduk, ibid., p.384.

화의 순간을 통해 현재화되며, 그 현재화는 헤이덕의 드로잉에서 모노 톤의 시공간망에서 컬러color로 전환되는 계기가 된다.

헤이덕의 『소리들Soundings』은 단순히 기초기하학적 형상이 점유하고 있는 위치에 따라 색상을 지정하던 단계에서, 시공간망에 발화라는 사건이 발생함으로, 그 시공간망이 부피를 가지게 되는 일련의 프로젝트들을 모은 책이다. 주체와 통합된 시공간망의 그림자는 모노 톤mono tone으로 자신의 고유한 위치와 시공간성을 지닌 주체, 혹은 캐릭터는, 발화를 통해서 볼륨을 얻어 육체를 부여받고, 접촉으로 인한 현재들로 생명(부피)을 얻고 성장하게 되는 논리를 공통적으로 발견할 수 있다.[그림 3-97][그림 3-98][그림 3-99][그림 3-100][273] 또한 크로노토프 발화단계 양상으로, 개별적 모노 톤의 시공간망이 색상을 갖게 되는 과정은 사건으로 해석할 수 있다. 이러한 시공간망의 사건을 배경으로 타자와의 접촉을 통해 현재라는 색상/빛의 세계로 진입하게 되는 단계는 대화단계 양상으로 전개된다. 유일한 시공간체란 고유한 보편적인 단일한 시공간망이지만, 타자에게 발화하는 순간들로 능동적 시공간체가 되며, 그 성장하는 순간들은 빛으로 현재화된다. 따라서 헤이덕 작업의 경우 자신의 과거를 유지한 채 타자에게 발화한다는 것은 형상적으로 그만큼의 볼륨을 가지고 있다는 것이며, 그 현재화의 강도는 볼륨에 비례한 빛으로 나타난다.

다이아몬드 카달로그catalog와 벽wall에서 현재로 존재하는 벽으로 인해 그 순간적인 시간에 종속되어 있던 수동적인 주체에서, 뉴잉글랜드주택을 기점으로 헤이덕의 주체는 현재라는 시간을 생성하는 능동

273) [그림 3-106], John Hejduk, ibid., p.328., [그림 3-107], John Hejduk, 『Pewter Wings...』 p.169., [그림 3-108], John Hejduk, 『Soundings』, p.278., [그림 3-109], John Hejduk, ibid., p.278.

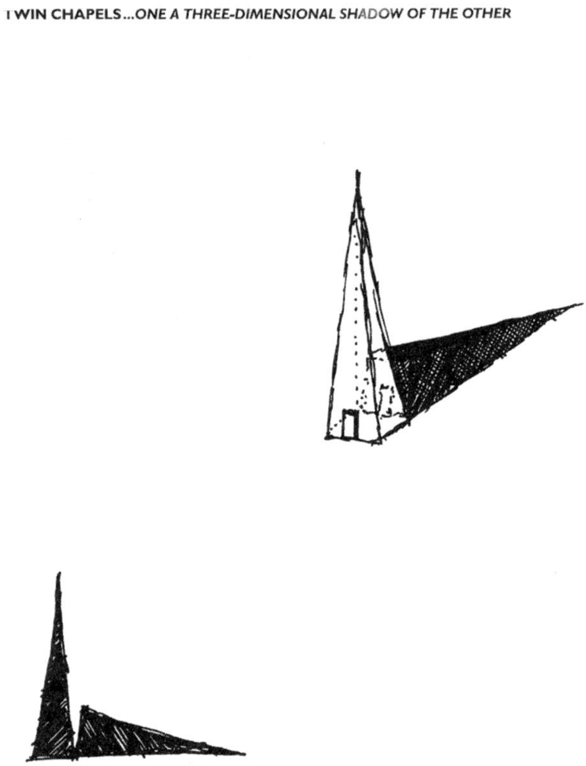


**[그림 3-106]** 쌍둥이 교회

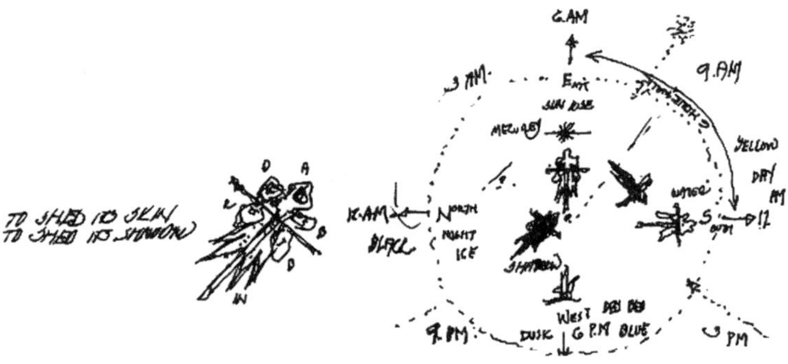


**[그림 3-107]** 백랍날개들, 금빛뿔들, 돌면사포

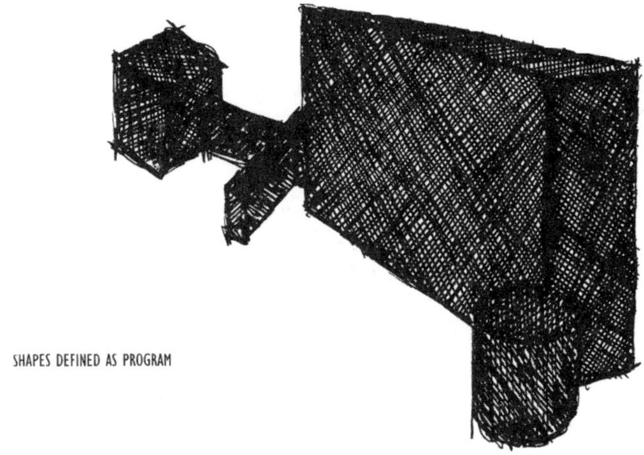


**[그림 3-108]** 교회 1

**[그림 3-109]** 교회 1

적인 주체가 된다. 그 능동성은 마스끄Masque로 인해 오히려 고유성을 외재화하는 계기가 되어 프로그램 자체를 생성하고 작동시킨다.

이와 같이 우주적 시간 속에 일상의 반복적인 시간이 교차하며 주체의 방향성에 근거한 상대적인 시간으로서의 현재라는 시간의 해석과 하나의 형식을 위해 혹은 한 프로그램을 위해 배제되지 않아 비로소

**[그림 3-110]** 건축가의 집

**[그림 3-111]** 천국과 지옥에 관한 책들을 위한 도서관

건축언어의 가능성을 담지한 모호한 이질성으로, 헤이덕의 주체는 프로그램의 일부로 존재하던 요소적인 부분적 크로노토프에서 프로그램, 이야기를 생성하는 독립적 시공간적 존재로 구축된 장르의 전체적 크로노토프로 전환된다. 형상적인 작동을 살펴보면, 헤이덕의 모호하고 이질적인 주체는 자신의 그림자를 본체와 시공간망으로 통합하고, 고유한 시공간성에 따른 벡터의 패턴을 형성하고 형상화하고 있다.[그림 3-110][그림 3-111][274] 따라서 헤이덕의 전체적 크로노토프에 관련된 기본적 형상은 패턴의 밀도가 다른 망들matrices이 중첩되어 짜이는 시공간 조직fabric이며 동시에 프로그램이 된다.

각 주체들이 고유한 시공간 조직으로 독립한 후, 다이아몬드 카달로그/투영시스템에서 평면과 입면의 관계가 관찰자의 실제적 경험으로 재설정되었던 것처럼, 프로그램과 형태의 관계 또한 재설정된다. 한 프로그램을 위해 기초기하학의 형태가 변형되는 과정을 저자의 독백적 형식으로 비유하면, 역으로 형태, 혹은 공간이 프로그램을 결정하는 저

274) [그림 3-110] John Hejduk, ibid., p.39., [그림 3-111] John Hejduk, ibid., p.293.

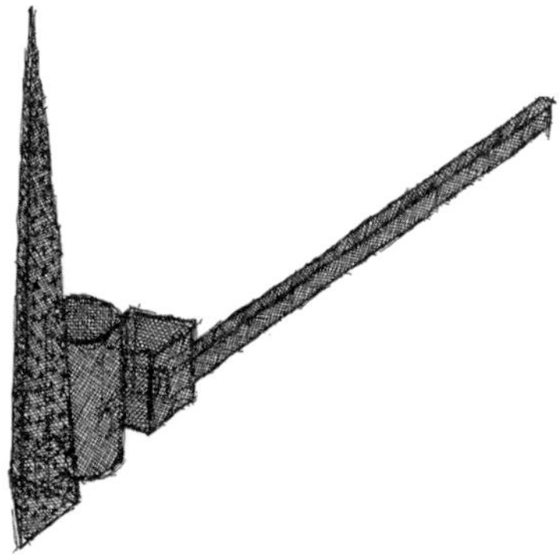

**[그림 3-112]** 공간, 형태, 빛을 위한 묘지

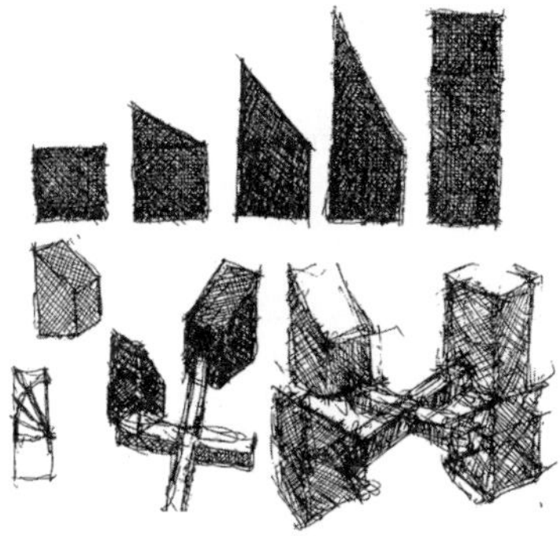

**[그림 3-113]** 포츠담 화가를 위한 스튜디오/주택

자의 지위로 설정된다.

『소리들Soundings』에 게재된 프로젝트들을 통해 이와 같은 개별적 시공간적 망으로 전환된 주체, 혹은 캐릭터들이 프로그램을 생성하는 과정을 추론할 수 있다. 저자, 건축가가 프로그램을 해석하기 위해 철학적으로 혹은 논리적으로 전개되며 겪는 과정들 대신, 기본 도형 형상의 부피를 가진 개별적 시공간적 망들이 또는 프로그램들이 공간에서 공간으로 이동할 때, 시간에서 시간으로 이동할 때 다이아몬드의 빗변, 그리고 벽과 같은 현재의 선들이 된다. 따라서 프로그램은 이 선들이 현재화되는 이유, 또는 공통의 주제로 드러나게 된다. 이 형상들은 시간과 공간의 이동을 위해, 또는 상호 반응으로, 돌려지고 상호 크기가 달라지고 압축, 또는 팽창한다.[그림 3-112][그림 3-113][275] 이 여러 과정을 거쳐 이야기의 주인공에 따라 이야기가 달라지는 것처럼 다양한 밀도와 깊이가 발생하고, 헤이덕의 글처럼 '프로그램으로서의 형태들Shapes Defined as Program' 이 된다.

275) [그림 3-112] John Hejduk, ibid., p.351., [그림 3-113] John Hejduk, ibid., p.66.

**[그림 3-114]** 유대인 박물관

따라서 그림자의 시공간망과 통합된 주체의 형상은 프로그램을 작동시키는 메타 언어로서 해석되어야 한다. 이와 같이 『소리들Soundings』에서 대부분의 프로젝트들이 제목을 암시해주는 것처럼, 도시적인 맥락까지 포함한[그림 3-114][276] 원형적 형상들이 발생시키는 밀도와 그에 따른 깊이들로 이야기를 생성하고 더불어 또 다른 프로그램을 형성하고 있다. 단, 위의 과정에서 논의되지 않았던 지역성은 '베를린의 밤Berlin Nights' [그림 3-115][그림 3-116][277]에서 그 가능성을 보여준다. 또한 베를린 지역의 특정 이야기들은 기초적 형상의 입체적인 망들로 캐릭터화된다. 그리고 헤이덕은 이 캐릭터화된 망들의 접촉으로 프로그램을 설정하였다. 각각의 캐릭터는 간략한 이야기 형식으로, 베를린 마스끄에서와 같이, 그 캐릭터의 역할과 관련된 도구 및 재료들을 기술하여, 독자들이 캐릭터의 시공간성들을 구체적으로 인식할 수 있는, 즉 상상할 수 있는 단서들을 제공하고 있다. 이 프로젝트는 『소리들Soundings』의 중간부분에 게재되었으며, 본래 기초적 도형의 형상이었던, 능동적 시

276) John Hejduk, ibid., p.137.
277) [그림 3-115] John Hejduk, ibid., p.142, 147. [그림 3-116] ibid., p.152., 158., 165. 필자 편집

공간망이 각기 다른 형상으로 변형된 이유를 이해할 수 있게 한다. 따라서 모노 톤의 형상으로 목록에 펼쳐져 있는 능동적인 시공간체들은 그들을 조합하는 독자에 따라 무한한 변형이 가능하다는 것을 암시하고 있다.

**[그림 3-115]** 베를린의 밤(Berlin Night)

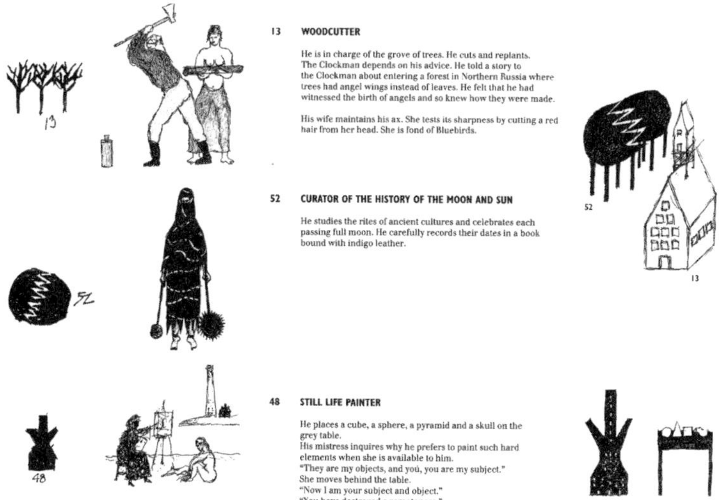


**[그림 3-116]** '베를린의 밤'의 캐릭터 기초 형상과 이야기 사례

13. 나무꾼(Woodcutter)

그는 작은 나무숲을 책임지고 있다. 그는 (나무를) 베고 다시 심는다. 종탑시계를 관리하는 사람(Clockman)은 나무꾼의 충고에 따른다. 나무꾼은 종탑시계의 사람에게 나뭇잎들 대신 천사의 날개들이 달린 나무가 있는 북부 러시아의 한 숲에 간 이야기를 해 주었다. 그는 천사의 탄생을 목격한 것처럼 느꼈고, 그래서 그들이 어떻게 만들어졌는지 알았다.

그의 부인은 그의 도끼를 간직하고 있다. 그녀는 도끼로 그녀의 머리에서 떨어지는 빨간 머리카락을 잘라 도끼의 날카로움을 검사한다. 그녀는 파랑새를 매우 좋아한다.

52. 달과 태양 역사의 전시책임자(Curator of the History of the Moon and Sun)

그는 고대 문화의 종교적 의례들을 연구하고 매달 지나가는 보름달을 찬미한다. 그는 세심하게 의례들의 날짜들을 쪽빛 가죽으로 제본된 책에 기록한다.

48. 정물화가(Still Life Painter)

그는 회색의 테이블 위에 큐브, 구체, 피라미드, 두골을 놓는다. 그의 애인은 그녀가 모델이 될 수 있는데, 왜 그런 딱딱한 요소들을 더 좋아하는지 물어본다.

"그들은 나의 대상(object)이고, 당신, 당신은 나의 주제(subject)야."
그녀는 테이블 뒤로 갔다.
"이제 나는 당신의 대상이자 주제네요."
"당신은 (회화의 투시도적) 거리감을 망가트렸어."
"내게로 와요."[278]

또한 '죽음기억DEATHMEMORY' 이라는 부제로 시작되는 1장의 제목은 '마지막에서 시작하기 위하여To Begin at the End' 이다. 이 장에서는 건축가의 사고를 지배하는 기초 도형과 재료, 사상, 건축역사, 투시

278) John Hejduk, ibid., p.152

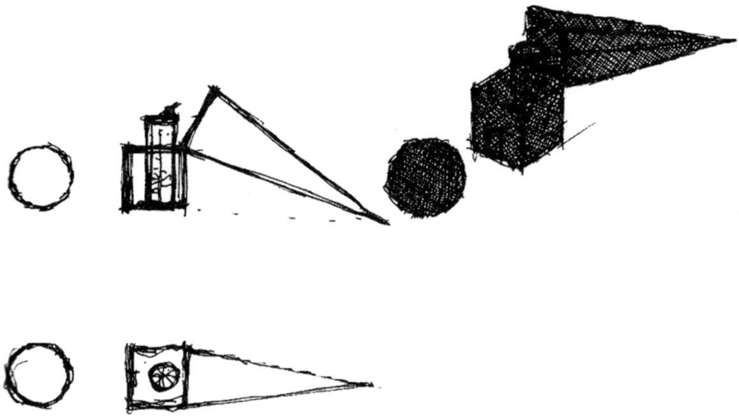

**The Collapse of One-Point Perspective**

**[그림 3-117]** 건축가의 균형

도, 4차원 등의 주제들이 그물 같은 망fabric으로 된 입체적인 기초 도형으로 형상화되었다. 입체적 형상들은 다르지만, 모두 모노 톤mono tone의 망으로 짜여 있어, 이 입체 도형들의 조합과 배열은 불분명한 경계와 표면들을 구축한다. 이로 인해 단순한 입체 도형들임에도 불구하고, 모호한 형상의 새로운 시공간체들을 새롭게 생성하고 있다.

시공간체에 육체를 부여하기 위해 헤이덕이 고안한 방법은 과거라는 잠재적인 시간의 깊이를 볼륨으로 해석하는 것이었다. 즉, 기하학적 도형을 2차원의 도형으로 인식하고, 그 2차원의 도형이 시간으로 고유한 3차원의 입체 도형이 된다.[그림3-117][279] 1장의 시작에 화가의 모델이 건축가에게 자신의 가슴이 교회의 첨탑보다 아름다우며, 자신의 몸을 느끼라고 권하며, 자신의 목소리를 들으면, 아무런 물질없이

279) John Hejduk, ibid., p.33. The Architect' s Balance

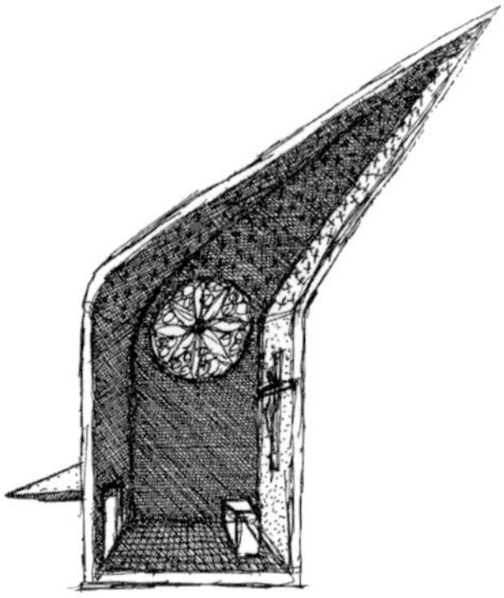

**[그림 3-118]** 2개의 장미창 교회

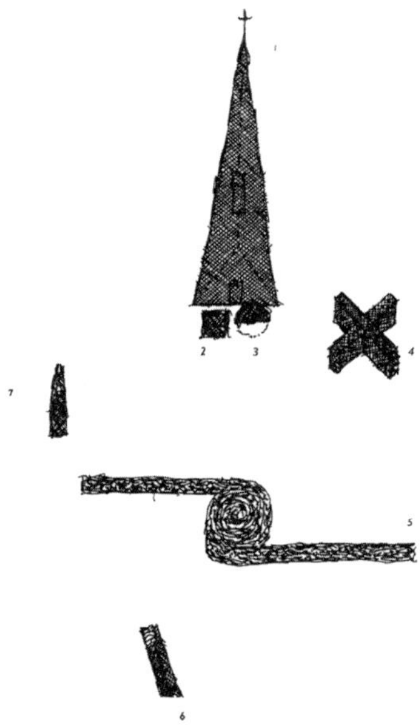


**[그림 3-119]** 교회 복합시설 A

만들어진 자신의 영혼, 생명을 잉태하는 볼륨을 이해하게 될 거라고 이야기한다.[280] 시간으로 부풀려지는 그림자는 도형들의 3차원적 형상을 구축하는 표피로서 동일하지만, 표피의 패턴이 다르며, 다른 패턴의 그물망들은 서로 다른 어조tone의 시공간망들이 된다.[그림 3-118][281] 즉, 기억의 양, 과거 시간의 깊이는 입체적 볼륨과 비례하지만 그 기억의 짜임은 고유한 벡터성으로 다르게 된다. 이로 인하여 육체를 가진 기초 도형들은 자신의 고유한 위치에서 방향성-벡터vector에 기인한 시공간적 조직fabric[그림 3-119][282]을 가지게 되면서 저자로부터 자유로운 이야기의 주인공이 된다.

이 입체적 시공간망의 방향성으로 인해 기초 도형의 형상은 회전, 역전, 팽창, 압축 등에 반응

280) John Hejduk, 『Soundings』, p.29. "Feel my body/architect/so your plans/will not be so rigid/listen to the sound/of my voice/so you will know/what volume is/my soul is made/of no substance/your space might/be the same/I am made/for birth/and you?"

281) John Hejduk, ibid., p.331. Rose chapel of the Two Rose Windows

282) John Hejduk, ibid., p.335. Church Complex A

**[그림 3-120]** 네크로폴리스, 건축의 죽음을 위한 묘지

하는 수없이 다양한 형상들을 생성한다. 또한 다른 입체적 시공간망들과 접촉할 때에도 개별적 망들이 갖추는 특정한 밀도의 형성 역시 이와 같은 논리로 구축이 된다. 이야기의 주체가 된 캐릭터들은 자신들의 고유한 시공간적 벡터망들로, 저자에게 자신의 이야기를 하는 능동적 주체가 되며, 건축가는 이 주체들의 이야기를 목격하고 기록하는 또 하나의 주체가 된다. 이제 건축가는 한 특정 지역의 형태나 형식을 바라보지 않고, 장소의 이야기에서도 특정 밀도의 형상을 관찰하며 기록한다.[그림 3-120][283]

하지만『소리들』단계까지 모노 톤의 시공간체들은 충돌의 형상 없이 상호 평행적 관계를 유지하고 있다. 입체적 도형 시공간망들은 고유한 위치와 벡터를, 밀도와 패턴으로 이들의 개별적인 사건을 형상화

283) John Hejduk, Necropolis, Cemetery for the deaths of architecture, ibid., p.354-355.

하고 있지만, 『베를린의 밤』 프로젝트처럼 그들을 하나로 통합하는 이야기는 저자, 건축가, 혹은 독자의 몫이다. 따라서 그 도형의 입체적 시공간망의 형상에 따른 조합은 자체적인 생성이 아니라 외부적 힘force으로 이루어진다.

『소리들Soundings』 후반부에 등장하는 '폭발하는 도형들과 파편적인 순수들 위에 버려진 생각들을 위한 묘지' 프로젝트에서는 시공간망들의 접합 부분에 쏟아져 들어오는 빛이 시공간망으로 형상화되었다.[그림 3-121][284] 내부폭발/파열implosion하는 듯한 형상이지만, 평행적 관계로 접합하고 있는 각기 다른 패턴의 시공간망들을 통합하는 빛의 시공간망이다. 그리고 이 빛의 시공간망을 독립적으로 형상화하는 방법은 크로노토프의 대화단계 양상에 해당하는 다양한 색채로 채색된 『백랍날개, 금빛뿔들, 돌면사포들Pewter Wings Golden Horns Stone Veils』[그림 3-122][285] 프로젝트들과 대비된다. 근본적인 차이는 시공간체들간의 관계 설정으로, 평행적으로 접합하는 관계에서 자신들의 고유한 패턴과 벡터 때문에 상호 충돌하는 관계로 바뀌게 된다. 이러한 변화는 크로노토프의 대화단계 양상 중 다성성과 그 맥락을 같이 하고 있다. 바흐찐의 대화는 화합 뿐만이 아니라 갈등과 투쟁의 개념을 포함하고 있다. 대화에 목적이 있을 수 없으며 있다 하더라도, 화합이라는 통일된 의견을 도출하기 위해서만은 아니라는 것이다. 오히려 대화를 통해 차이점들이 끊임없이 도출되며 뚜렷이 인식하는 계기가 된다. 투쟁적 관계 설정에 근거하여, 모든 시공간체들이 자신의 고유성으로 타자와 충돌하며 생겨나는 다채로운 색상으로 현재화되는 계기가 되며, 이로

284) John Hejduk, ibid., p.385. Cemetery for Discarded Thoughts upon Imploding Geometries and Sharded Purities
285) John Hejduk, ibid., p.267., 271.(좌) M. Hays, 『Sanctuaries』, p.30., 31.(우)

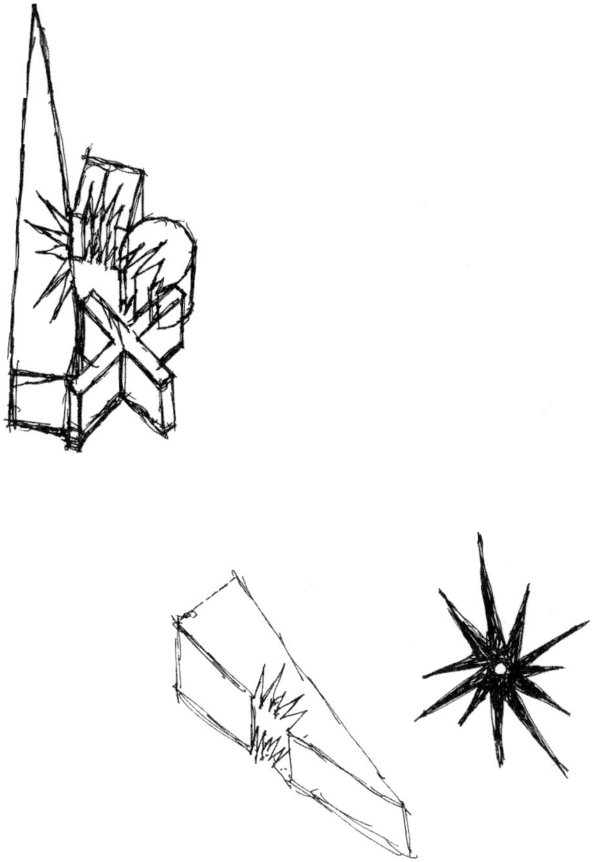

**[그림 3-121]** 폭발하는 도형들과 파편적인 순수들 위에 버려진 생각들을 위한 묘지

**[그림 3-122]** 그림자 -그림자 구축 -그림자에 빛이 등장하는 과정

인해 생성되는 새로운 이야기, 프로그램의 구축과정을 추적할 수 있게 된다.[그림 3-123][286]

[후반기 '발화단계' 소결-사건의 형상]

사건이라는 말을 처음 사용한 사람은 인간중심주의를 해체하고 존재를 중심에 놓는 사유의 철학자, 하이데거이다. 그에게 사건은 존재가 재현되는 사건, 존재의 사건을 의미한다. 반면, 바흐찐의 사건은 현상학적인 개념인데, 바흐찐이 정의하는 존재는 사건을 지향하고 사건 속에 사는 적극적인 행위이다. 따라서 바흐찐에게 인간은 추상적 개념이 아니라 물리학의 시공간내 사건event처럼, 소설의 시공간적 관계망 좌표에 놓인 사건, 관찰자observer, 그리고 현재Now의 통합체로 끊임없이 타자와 접하며 살아 있는 의식이라고 할 수 있다. 인간을 존재로써 이해하는 것이 아니라 늘 경계를 이월해 타자가 되고, 타자와 사건을 만들어내는 성장개념으로서 이해하였다.

이러한 의미에서 바흐찐의 사건에 대한 사유는 들뢰즈의 시뮬라크르simulacre개념과 비교할 수 있다. 들뢰즈에게는 생성이 사건이고 존재라는 의미 자체인 반면, 바흐찐의 경우에는 타자의 잉여시각과의 나의 잉여시각과의 불확정적 소통에 의해서만 의미가 생산된다. 헤이덕은 이러한 잉여시각을 빛을 발하는 주체의 그림자로 형상화하였고 그 그림자를 본체와 통합하는 계기로 삼았다. 또한 들뢰즈의 경우에는 의미가 주체에 의해 구성되는 것이 아니라, 사건과 동시에 발생한다.[287] 하지만 바흐찐에게 생성은 이미 복수적이다. 왜냐하면, 대화적

286) John Hejduk, 『Pewter Wings...』 p.86.
287) 이득재, 「대화주의와 후기구조주의」(『문예미학』 제6호)

사건에 참여하는 존재들이 이미 자신의 고유한 시공간성, 크로노토프적 의미를 가지고 있기 때문이다.

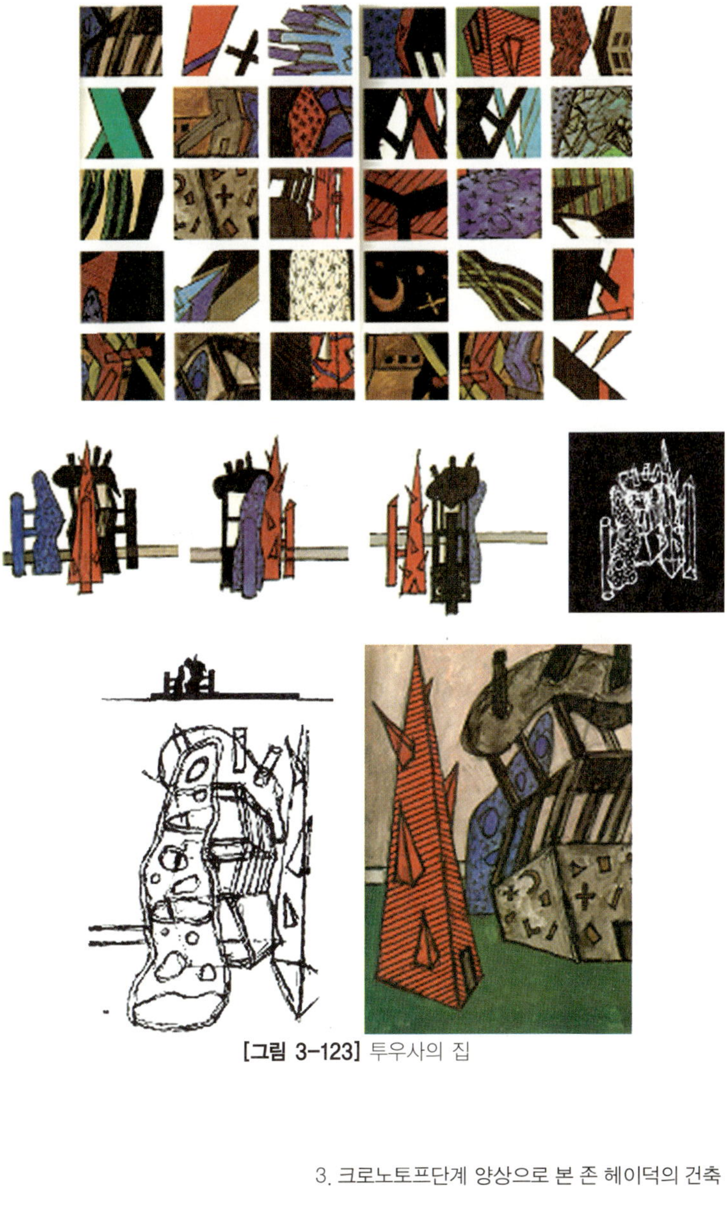

**[그림 3-123]** 투우사의 집

실재하는 세계와 재현된 세계가 아무리 강력하게 융합되기를 거부하고 또 그들 사이에 존재하는 저 명확한 경계선의 존재가 아무리 변화하지 않는다고 하여도 그들은 서로 불가분의 관계로 얽혀 있고 끊임없이 상호 작용을 하고 있다. 그들 사이에는 쉴 새 없이 교환이 진행되고 있는데 그것은 살아 있는 유기체와 그것을 둘러싸고 있는 환경 사이에 끊임없는 물질대사가 이루어지는 것과 유사하다. 또한 유기체가 살아 있는 한 그것은 환경과 융합되기를 거부한다. 그러나 그 환경에서 떨어져 나오게 되면 그것은 죽고 만다. 이러한 교환과정 역시 크로노토프적이다.

바흐찐은 타자와 소통한다는 것을 그 자체가 나의 경험과는 다른 경험을 한 주체와의 두 의식이 실재화되는 순간으로 해석하고 있다. 즉, 그 순간이 사건이며, 그 두 의식이 실재화되는 순간의 시공간적 관계망이 크로노토프를 구축한다는 것이다. 이와 같이 사건은 바흐찐에게는 나와 타자가 공유하는 공간 내에서 끊임없이 상호 작용하는 한 순간으로서, 그리고 그 시공간의 역동성 자체를 의미하게 된다. 따라서 타자와의 공존을 전제하는 크로노토프는 논리의 위반과 갈등 속에서 새로운 의미가 발생하는 행위의 불확정적 사건들을 구축하게 된다. 그리고 그 행위의 사건들은 이분법에 의한 정리의 간명함이 아니라, 나와 타자간의 모순이 야기하는 주체의 예측 불가능한 능동성을 표현하게 된다. 이와 같이 바흐찐의 행위와 사건은 구축학적 구조는 개념의 정합성을 모색하는 작가의 추상적 예술체계 내에 머물지 않고, 비논리와 갈등, 그리고 대립 관계라는 행위로 완결되지 않고, 진행 중인 나와 타자간 능동적 발화–행위–움직임으로 구축되는 비결정적 삶의 구조라고 할 수 있다.

크로노토프는 소설의 이야기를 구성하는 기본적인 사건들을 조직하는 중심이다. 이 크로노토프는 이야기의 마디가 맺어지고 풀어지는 곳이다. 이야기의 의미가 크로노토프에 속한다고 말해도 무리가 없을 것이다.[288)]

따라서 이야기의 의미가 바로 크로노토프이며, 의미는 밀도와 구체성으로 가시화된 시공간적 형상이라고 할 수 있다. 이러한 맥락에서 바흐찐은 의미를 배제하는 형식주의적 예술에 대해서, 의미는 창조하는 것이 아니라 **'발견'** 하는 것이라고 주장하였다.

크로노토프는 이야기를 구성하는 사건들을 구체화하여 그것들에 살을 붙이고 혈관에 피가 흐르도록 한다. 사건은 그저 정보로서 전달될 수도 있고 우리는 그 사건이 발생한 장소와 시간에 대한 단순히 정확한 자료를 제공할 수도 있다. 그러나 그렇게 해서는 사건은 형상(figure)이 되지 못한다. 사건을 묘사하고 재현하기 위한 본질적인 토대를 제공하는 것은 바로 크로노토프이다. 그리고 이것은 윤곽이 잘 그려진 공간의 영역 내에서 발생하는 시간(인간적 삶의 시간, 역사적 시간)적 지표들의 밀도와 구체성이 특별히 증가함으로써 가능하다. 이것이 바로 크로노토프 안에서(크로노토프를 중심으로) 사건의 재현을 구조화할 수 있게 해주는 점이다.[289)]

### 3.3.3 대화단계

(1) 1단계(요소간 대화) : 『적응하는 기초Adjusting Foundations』

『적응하는 기초』의 서두에 언급되는 '큐비스트cubist 화가처럼 건축가가 대상을 정물화로 표현할 수 있는가' 라는 질문은 다이아몬드주택에서부터 시작된 것이다. 화가와 건축가의 역할 차이에 대한 헤이덕의 주장과 작업은 추상화될 수 없는 삶의 역동적 일상성을 강조하는 바흐찐의 논의 중에서 대화에 해당한다.

288) 미하일 바흐찐, ibid., p.458.
289) 미하일 바흐찐, ibid., p.458.

**[그림 3-124]** 요소들의 통합의 근거와 사례, 죠셉 앨버스의 구조적 성좌

『적응하는 기초』와 『백랍날개들...』은 개별적 시공간망의 패턴과 벡터로 구체화된 능동적 시공간체들이 상호 반응하면서, 현재화되는 크로노토프의 대화단계 양상, 다성성(多聲性)에 해당하는 작업들로 분류할 수 있다. 후자에서 주체들이 대립과 충돌로 프로그램을 생성하는 능동적인 주체가 주된 주제라면, 전자, 즉 『적응하는 기초』에 게재된 작업들에서는 요소들을 한 이야기, 설정된 주제로 통합하는 다양한 방법인 메타언어와 그 양상(樣相)의 다양성을 발견할 수 있다.[그림 3-124][290] 또한 『적응하는 기초』에서 벽이 다시금 등장하는데 벽은 현재가 아닌 주변의 시공간적 특성이 투영된 독립적인 한 주체로 등장한다. 이러한 벽의 변화는 미로[291]주택Maze House[그림 3-125][292]에서도 발견할 수 있다.

미로주택은 작은 수로canal를 정면에 둔 긴 장방형 대지에 계획되었다. 수로를 사이에 두고 전망대가 위치해 있으며, 수로에서 땅에 착지하여 주택에 이르기까지 수평적인 미로와 30° 경사진 미로를 통과

290) John Hejduk, 『Adjusting Foundations』 p.136-137., 150., 142.(앨버스 관련 디테일 이미지 필자 변형)
291) 스탠리 큐브릭Stanly Kubrick의 샤이닝The Shining이라는 영화를 보고 상당한 충격을 받았다고 했다. 공포영화로 고립된 겨울산장에서 악령에 사로잡힌 주인공이 자신의 부인과 아이를 죽이려 하지만, 아빠를 미로로 유인한 아이는 눈길에 난 아빠의 발자국을 따라 미로를 탈출한다.
292) http://www.sheffordtown.co.uk/maze/index.html

**[그림 3-125]** 미로(maze)

**[그림 3-126]** 미로주택

하도록 되어 있다. 주택의 후면에는 주택과 비슷한 높이의 소나무 숲이 배치되어 있는데 그 숲의 길이는 수로에서 주택까지의 거리와 비슷하게 설정되어 있다. 수직적인 2개의 벽은 '미로 벽'과 '북쪽 벽'으로, 그 두 벽 사이의 방들은 '내적인 수직의 미로'로 이름 지어졌다.[그림 3-126][293]

이 프로젝트에서는 시공간막의 부피로 과거의 시간을 육화하였던 『소리들』의 작업들과 달리, 과거는 현재와 항상 조우하며 새로운 이

293) John Hejduk, ibid., p.16., 26-27.

**[그림 3-127]** 미로주택 양측면도

야기를 전개하는 좌표체계가 된다.[그림 3-127][294] 즉, 새로운 크로노토프를 생성하는 일종의 시스템이다. 전반기 벽주택들에서 과거와 미래가 순간적으로 교차되는 순간의 현재로서의 벽은 유토피아, 혹은 이상적인 미래를 위한 현재에 가깝다. 하지만, 이 프로젝트에서 벽은 과거의 시간이 다시 현재로 부활하는 장소가 된다. 수직적인 미로, 즉 각기 다른 패턴으로 구축된 과거의 미로 벽과 북측 벽 사이에 위치하는 각 실들은 각 실의 기능별로 색상이 지정되어 있다. 전면과 후면의 정적인 공간, 각각 미로정원과 소나무 숲의 깊고 어두운 절대 정적인 과거 시간의 흐름 속에서 새로운 맵핑mapping을 가능하게 하는 좌표체계로서, 벽은 과거의 흐름을 빛나는 현재의 흐름으로 전환하는 역할을 수행하고 있다. 즉, 벽은 보편적인 시간이나 맥락의 패턴 한 가운데 위치한 미로와 같은 장소이지만, 다른 주체들의 물리적 접촉 지점을 제공하고 있다. 이로 인해 보편적인 벽의 시간과 맥락은 주체들의 행위와 접촉으로 인한 특정 순간의 장소가 되어, 아주 특별한 또다른 시공간적 주체가 된다.[그림 3-128][295]

294) John Hejduk, ibid., p.20., 21.
295) John Hejduk, The Suspended Punctured Roof, ibid., p.194.

**[그림 3-128]** 구멍 나고 매달린 지붕

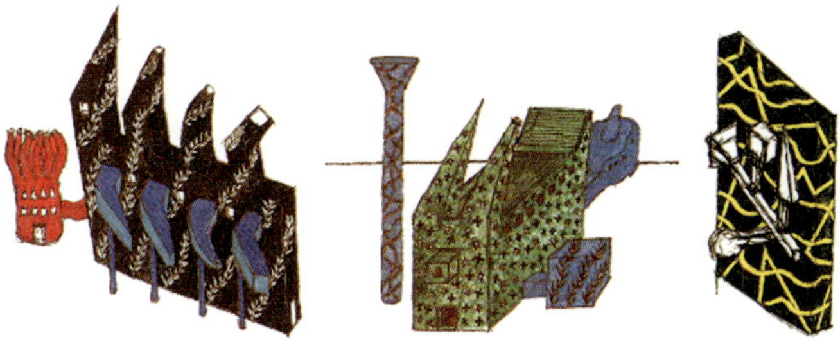

**[그림 3-129]** 성당, 교회와 세례당, 사운드 볼륨주택

절대 정적의 과거와 역동적인 현재의 대비는 큐비스트적인 건축에 대한 비평이며, 역으로 정적인 회화를 이러한 역동적인 현재의 시공간으로 해석하는 시작점이었다. 이처럼 『적응하는 기초』에서는 역동적인 삶의 이야기로 정적인 삶을 의미하는 벽의 속성을 변화시키는 다수의 프로젝트들이 발견된다. 정적인 벽을 변화시키는 방법의 하나로, 소리가 적용된다.[그림 3-129][296] 소리에는 두 가지 소리가 있는데 하나는 일반적인 소리들이고 다른 하나는 액체 속에 갇힌 소리가 있다고 설명하며, 회화를 오래 바라보면 그러한 액체로 가득 찬 공간을 발견하게 된다고 그 인식의 변화를 설명하였다.[297]

296) John Hejduk, Cathedral, ibid., p.142., Church and Baptistery, p.131., Sound Volume House, p.192.

297) John Hejduk, ibid., p.78. 돈 월Don Wall과의 인터뷰에서 벽에 귀를 대면 그 벽의 소리를 들을 수 있다고 하였다.

**[그림 3-130]** 기초 요소들

또한 본문 첫 페이지에서 각각의 순수 색상덩어리로 표현된 수학 기호를 기초 요소들로 설정하였다.[그림 3-130][298] 대상으로서의 정적인 삶과 능동적이며 역동적인 삶의 대비를 이러한 수학 기호들의 물리적 공식에 따른 종합으로 육화하였다. 이 기호들의 형상은 서양과 동양의 전쟁 그림에 공통적으로 나타나는 역동적인 상황의 속성을 육화하는데 적용하여 각각의 다른 문화, 사회적 맥락을 서로 다른 패턴의 근거가 되도록 만든다.

기초적인 구축요소들이 통합된 디테일한 드로잉에서 죠셉 앨버스Josef Albers의 구조적 성좌Structural Constellation와 같이 통합이라는 관계 때문에 모호하게 교차되는 시공간성을 발견할 수 있다.[그림 3-124] 따라서 벽, 기초요소들을 통합하는 미로나 수학공식, 전쟁 등은 일종의 메타 언어로, 보이지 않는 시공간적 체계, 크로노토프의 한 사례로 해석할 수 있다.

298) John Hejduk, ibid., p.12.

**[그림 3-131]** 베를린(Berlin) **[그림 3-132]** 기하하적 플라워(Geometric Flowers)

정물화의 대상에서 역동적인 삶의 장소로 전환하는 또 하나의 방법은 기초 도형들간, 혹은 맥락의 시공간적 관계망으로 각 도형들을 통합하는 것이다. 이 경우, 기초 도형 중의 하나가 납작하고 평평하게 2차원적 시공간적 관계망으로 변형되어 실질적인 표피로 전환되며, 이 도형들을 통합하고 있던 시공간적 망의 검은색은 이 도형들을 담고 있는 용기container가 된다. 헤이덕은 조지 브라끄의 '새'라는 회화를 '베를린'이라는 프로젝트로 구축하였다. 정지된 사물들 속에서 비상하는 새는 갑작스러운 냉기로 표면에 다리가 얼어붙어, 날아가지 못하고 날개를 퍼덕이는 새의 처절한 움직임처럼, 필로티에 의지하여 이리 저리 뒤틀린 기초 도형들의 형상으로 구축되었다.[그림 3-131][그림 3-132][299)]

또 다른 사례로는 성당 내부에서 피우는 향의 움직임이 요소들을 통합하고, 정지되어 있는 주제와 맥락에 시공간적 속성을 부여하는 크로노토프로 구축된 프라하 예배당이다. 무엇인가를 태웠을 때 상승

299) [그림 3-131] John Hejduk, ibid., p.161., [그림 3-132] John Hejduk, ibid., p.164.

**[그림 3-133]** 동쪽(East)

**[그림 3-134]** 동쪽(East)

**[그림 3-135]** 프라하 예배당(Prague Chapel)

하는 향scent과 공기air[그림 3-133][그림 3-134][300]는 개별적 주체들을 통합하는 시공간적 주체로서, 개별적 주체들은 이 공통적 주체의 시공간성에 반응하며 변형된다. 여기에서 크로노토프는 사물들을 감싸는 보자기에 비유할 수 있다. 보자기 또한 사물들의 개별적 무게에 따라 늘어나고 쳐지는 주름이 생기며, 보자기를 묶는 방법에 따라 이리 저리 흐트러져 있는 개별적 주체들간의 장력으로 구축되는 전체적인 보자기의 형상이 크로노토프가 된다.[그림 3-135][301]

이와 같이 정지된 상황과 요소들은 이들을 활성화하는 소리와 물, 그리고 향scent의 시공간적 속성으로 통합되어 특정 시공간적 위치

300) [그림 3-133] John Hejduk, ibid., p.186., [그림 3-134] John Hejduk, ibid., p.184. 이미지들은 살아 움직이는 벽들의 여러 변수(소리, 연기)들을 보여주고 있다.
301) John Hejduk, ibid., p.197-181.

와 관계성을 생성하는 프로그램이 된다. 『적응하는 기초』 시기의 프로젝트들은 사물화된 정적인 상황을 활성화하고 통합하는 다양한 메타언어를 발견할 수 있으며, 움직임의 속성을 육화하는 구체적인 건축 작동인자들을 도출할 수 있다. 프로그램은 이야기이며, 용도가 아닌 그 이야기의 시공간적 속성에 따른 유동적 변화와 생성이 가능한 시공간체로 육화되었다. 이후 『백랍날개...』에서는 이 요소들이 개별적이며 능동적 시공간체로 프로그램 자체를, 이야기 자체를 생성하게 되는데, 그 이야기나 새로운 주체의 생성은 저자의 개입이 아닌, 주체들간의 자체 충돌로 생성되는 과정을 찾아볼 수 있다.

(2) 2단계(장르간 대화) : 『백랍날개들, 금빛뿔들, 돌면사포들Pewter Wings Golden Horns Stone Veils』

PARALLEL IMPLOSIONS
Don' t talk to me
of the world as sphere
I know better
It' s a frozen cube
of ice melting
We seek the few
air bubbles inside[302)]
so we can inhale
the cold throughout
our interiors
as to balance the rigid
encasement of our extremities

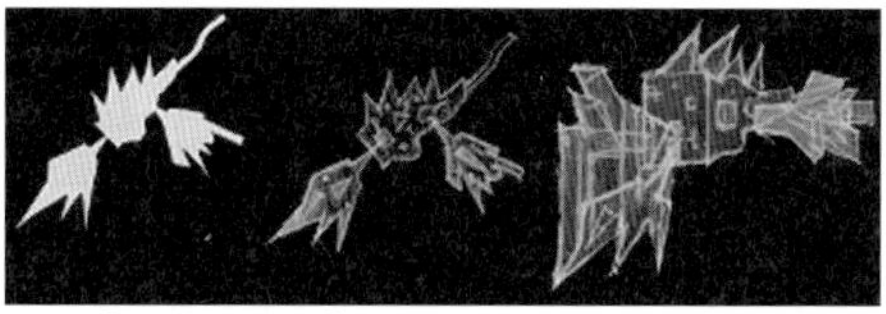

**[그림 3-136]** 두 전몰자를 위한 예배당, 이미지 변형

302) John Hejduk, 『Pewter Wings...』, p.132-134, 필자 이미지 역전inverse

we shout out the
echoes which return
as shards of memory
prying open the sealed
lips releasing
tears that glaze
our internal organs
talk to me of implosion
which collapses us
inside out all three dimensionally
condensing to a point
Berlin' s Einstein laughing
to an infinity.[303)]

**평행한 내부폭발(內部暴發)들**
세계가 구체(具體)라고
내게 말하지 마라
나는 더 많이 안다.
그것은 녹아내리는
차가운 얼음 입방체이다
사지(四肢)의
딱딱한 껍질(encasement)과
평형을 이루기 위해
우리 내부에 꽉 차있는
찬 공기를 들이마실 수 있는
그 얼음 입방체 안에 몇 개의
공기 방울들을 찾는다
굳게 다문 입술을 추궁하여
우리의 내부 장기들을

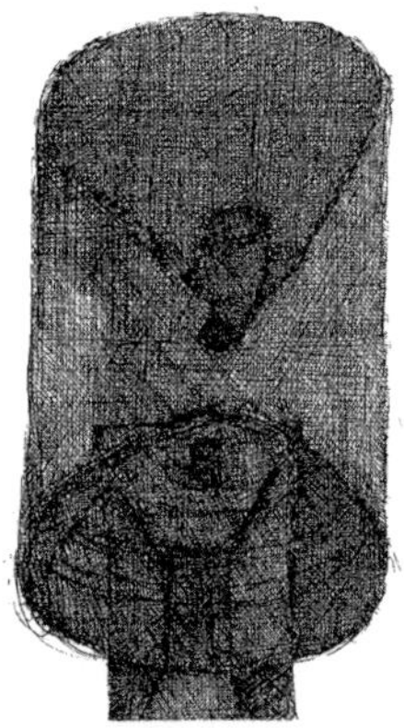

**[그림 3-137]** 아담과 이브 주제들을 위한 미술관

303) John Hejduk, ibid., p.155. 필자 번역

빛나게 하는
눈물을 내보내면서
닫힌 입술을 캐물어 열고
기억의 파편들로
되돌아오는 메아리를 외친다
모든 3개의 차원에서
내부가 외부로 뒤집힐 정도로
우리를 붕괴시키는[304)]
베를린의 아인슈타인이
무한을 향해 웃고 있는
한 지점으로 압축하여,
내부폭발(內部暴發)에 대해
내게 말해보라.

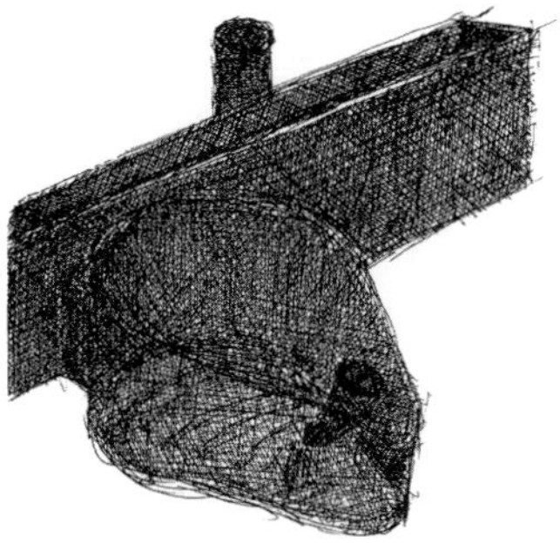

**[그림 3-138]** 아담과 이브 주제들을 위한 미술관

이 시(詩)는 메두사의 가면, 프레임 7기의 마지막 페이지에 실렸다. 이 시에 대한  그 구체적인 사례는『백랍날개들...』시기의 작업들에서 발견된다.『소리들』시기에서는 자신들의 모호한 그림자까지 포함한 한 프로그램의 각 요소들이 개체 내 고유의 시간으로 그 부피를 가진 시공간망으로 치환되어, 밀도와 구체성이 가시화되며 구체화되었다. 단일한 색조monotone로 개별적 주체들의 시공간망 패턴들은 밀도와 구체성으로 생성되는 사건의 육화라는 외형적 틀을 완성하였지만, 단지 그 틀에 대한 연구라고 할 수 있다.

내부폭발이라는 시는 모호하고 깊은 시공간망들을 과거, 혹은 잠재된 개별적 주체의 기억들이 거주하는 장소로 비유하고, 그 장소에서 특정 기억들이 현재화되는 상황을 폭발로 인해 외부로 노출된 신체의 내부 장기로 비유하였다.(라블레 참조) 이 시에서는 불확정적이고

304) [그림 3-137] John Hejduk,『Soundings』, p.317., [그림 3-138] John Hejduk, ibid., p.317.

**[그림 3-139]** 두 전몰자를 위한 예배당

예측 불가능한 기억이 내부폭발로 인해 주체 자신도 붕괴되며 현재화되는 구축과정을 아인슈타인의 블랙홀에 비교하고 있다.이 시를 통해, 평평한 그림자처럼 납작해진 주체가 시간의 부피를 가지고 상호 반응하여, 밀도와 구체성을 생성하고 그 특정 순간에 분출된 다양항 벡터로 색채를 가지게 되는 헤이덕의 작업과정을 이해할 수 있다.[그림 3-139][그림 3-140][305)]

서술구조의 시공간성을 가시화하는 과정에서 크로노토프가 적절한 이유는 바로 이러한 과거의 시간이 현재화되는 일상적 삶의 예측 불가능한 다성성(多聲性)multi-voices에 있다.

헤이덕 건축을 귀납적 리얼리즘의 건축으로 평가하는 이유 또한 프로그램의 구성법칙과 형태비례 관계가 아닌, 이와 같은 독립적인 주체들의 고유한 시공간적 반응으로 야기된 상황이 역으로 프로그램을 결정하기 때문이다.[그림 3-141][306)]

『백랍날개들...』 시기에서는 각 캐릭터들이 충돌하며 프로그램을 생성하는 과정을 발견할 수 있다.[그림 3-142][307)] 대표적인 사례가

305) [그림 3-139] John Hejduk, 『Pewter Wings...』, p.134., [그림 3-140] John Hejduk, ibid., p.144., 152-153.(좌)(중)/www.pbs.org(우)
306) John Hejduk, ibid., p.112-120. 이미지 관련 분석에 의해 필자 이미지 조합.
307) NESW House, 『Mask of Medusa』, p.371.(좌) 그라나다 여인들Granada Women, 『Pewter Wings...』, p.31.(우)

**[그림 3-140]** 성당(좌)(중)/Atom Smasher Energy image(우)

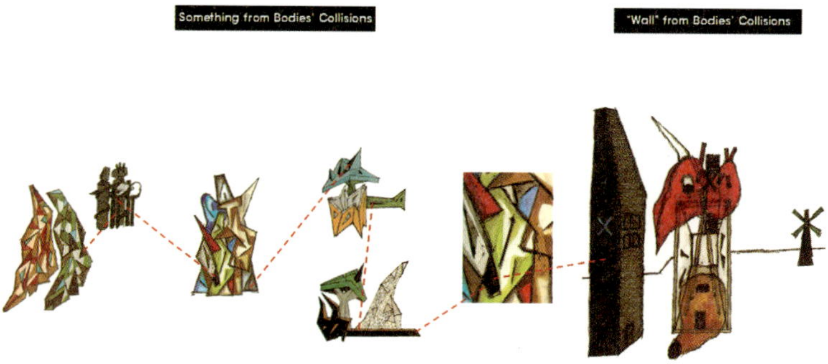


**[그림 3-141]** 검은 자두빛 방에서의 결혼(Wedding in a Dark Plum Room)

**[그림 3-142]** 수동적 요소에서 능동적 주체로의 변화

'검은 자두빛 방에서의 결혼' 이다. 각각의 캐릭터들은 고유한 색상과 그림자를 가지고 있다. 이 프로젝트에서 캐릭터들이 결혼한다는 것은 이들의 주례를 맡은 성직자 앞에서 하나의 몸, 즉 시공간체들의 총합이 되는 것이다. 이 총합의 다음 과정으로 순수 색상들이 구별되어 모아진다. 따라서 이전의 혼합색조의 시공간망 상태에서 순수 색상덩어리 매스mass로 분리된다. 이 순수 색상덩어리 과정에서 각 캐릭터들의 시공간망에 있던 검은 그림자들 또한 하나의 검은 순수덩어리로 모아지며, 그 검은 덩어리는 전반기 건축작업의 벽과 같은 형태로 순수 색상덩어리들을 관찰하는 위치에 선다. 캐릭터들은 이제 능동적인 주체로서, 벽에 의존할 수 밖에 없었던 프로그램의 요소가 아니라, 자신의 몸에서 새로운 크로노토프, 프로그램을 생성하는 주체로서, 벽 자체도 생성하며 그로부터 독립적인 주체가 된다.

앞에서 언급된 두 작업의 공통점은 독립적이며, 개별적인 유일한 주체들간의 충돌이다. 전반기 작업들에서는 개체들간의 관계 또한 평행적이었다. 전반기 주체들은 벽을 기준으로 모이거나 흩어지는 수동적인 요소들이었다. 그렇지만 후반기 투우사의 주택[그림 3-143][308]은 벽에서 돌출하는 각 캐릭터들이 상호 관계하며, 자신의 구체적 형상을 구축한다. 각 주체간의 장력으로 구성된 관계는 실질적으로 각 개체들을 지탱하며 독립적인 주체로 성장하게 된다.

캐릭터에 대한 이야기나 상황이 제공되어 크로노토프가 메타언어의 역할을 수행하던, 이전의 프로젝트들과는 달리, 『백랍날개들, 금빛뿔들, 돌면사포들』에서는 주체들의 행위에 근거한 프로그램 제목만을 알 수 있다. 이 주체들간에 발생하는 상호 행위로 새로운 크로노

308) John Hejduk, Bullfighter' s House, ibid., p.73., 80. 주체들의 성장과정 분석

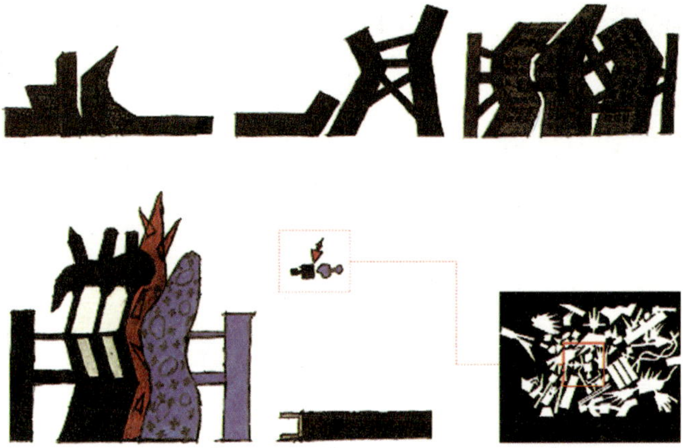

**[그림 3-143]** 투우사의 주택

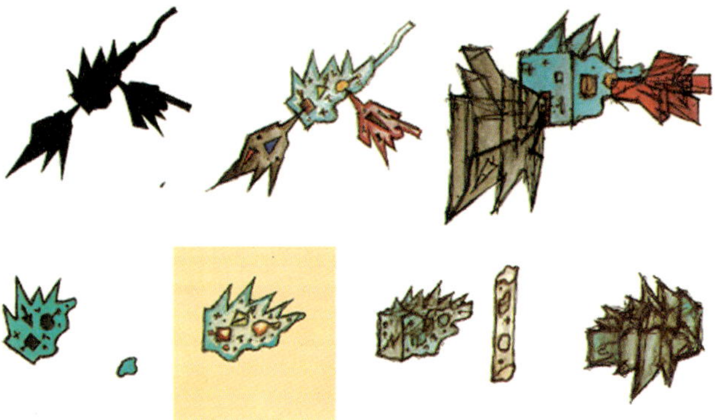

**[그림 3-144]** 두 전몰자를 위한 예배당(상), 종탑과 가족성당(하)

토프가 생성된다. 따라서 충돌이나 폭발 등으로 색채를 지닌 새로운 크로노토프를 생성하는 메타 언어는 시공간체 자신들의 능동적 행위에 기초한다고 보아야 한다.[그림 3-144][309] 이로 인해 이야기의 주제를 제시하였을지도 모르는 건축가는 프로그램의 구성과 형태를 제시하고 통제하는 입장이 아니라, 관찰자의 위치에 있게 된다. 따라서 헤이덕의

309) John Hejduk, ibid., p.128-129.

**[그림 3-145]** 부분적 크로노토프-벽주택과 전체적 크로노토프의 안달루시안주택

작업은 캐릭터의 고유한 시공간망들을 구체화하는 것이 선행작업이며, 이 캐릭터들이 집합하는 논리, 혹은 공동의 행위로 투쟁하거나 화해하며 성장하는 장소를 발견하고, 이 장소에서 생성되는 무한의 프로그램과 그 가능성을 기록하는 것이다.[그림 3-145][310)]

## 3.4 소결

전반기 주택 시기와 후반기 캐릭터 시기의 각 항목에 행위와 발화, 그리고 대화에 해당하는 작업들로 세분하고 그 전개과정은 전반기, 후반기 모두 행위에서 발화, 그리고 대화의 순서대로 분류하였다. 크로노토프 단계별 양상의 행위에 해당하는 헤이덕 건축의 특성은 벽과 캐릭터이며, 발화에 해당하는 특성은 벽주택군과 빛, 그리고 시공간망의 그림자이다. 또한 대화에 해당하는 특성은 개체들간의 관계 설정으로, 모임과 충돌이다.

310) John Hejduk, NESW House, 『Mask of Medusa』, p.371.(좌), Andalusian Houses, 『Pewter Wings...』, p.50., 64.

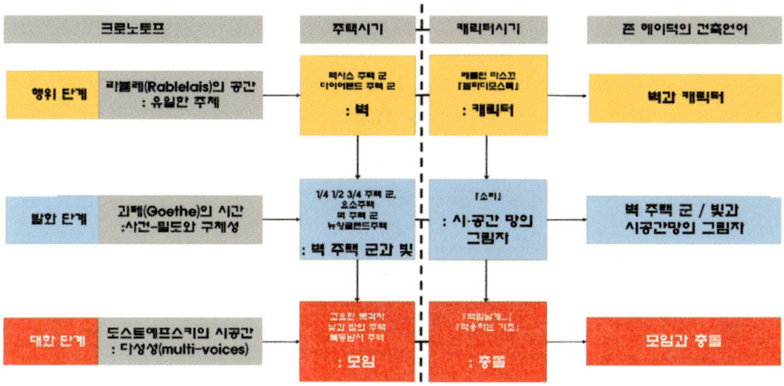


**[표 3-4]** 시기별 존 헤이덕 건축언어의 비교

하지만 헤이덕의 작업에서 자신도 극복하고 싶었다는 전반기의 큐비스트적 작업에서 후반기의 작업으로의 전환에 대한 해석은 전체적 크로노토프와 부분적 크로노토프의 범주로 이해가 가능하다. 즉, 같은 크로노토프이지만 이야기의 한 부분을 차지하는 요소element의 크로노토프인가, 아니면 장르 자체, 즉 이야기 자체를 생성하는 주체인가로 구분되는 부분적 크로노토프와 전체적 크로노토프의 관계로 헤이덕의 전반기와 후반기 작업을 분류할 수 있었다. 따라서 한 프로그램의 요소

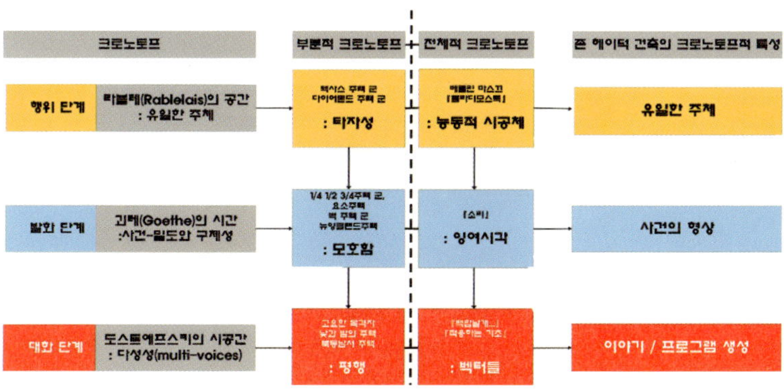


**[표 3-5]** 헤이덕 건축의 크로노토프적 특성

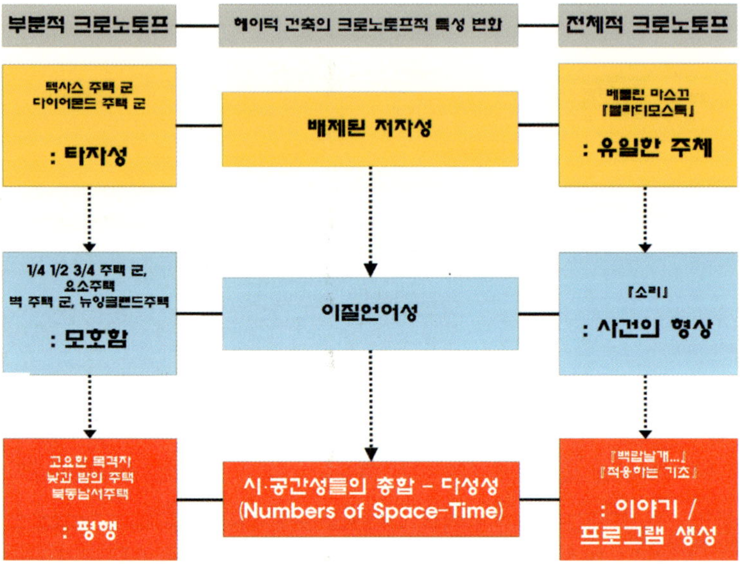


**[표 3-6]** 헤이덕 건축의 크로노토프적 특성 변화

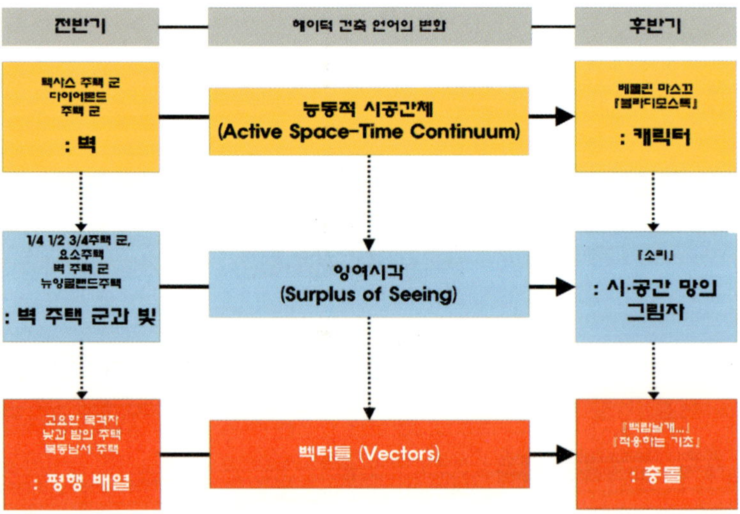


**[표 3-7]** 헤이덕 건축언어의 변화

| 크로노토프 | 전체적(major) 크로노토프 | 부분적(minor) 크로노토프 |
|---|---|---|
| | 그리스 모험, 로맨스 소설,<br>고대 전기 자서전<br>기사도 로맨스,<br>소설 속의 악한, 광대, 바보<br>라블레적, 민속적 크로노토프<br>목가소설 | 만남, 길, 살롱,<br>지방 소도시,<br>문턱<br>계단, 현관,<br>거리, 광장 |
| 분류의 기준 | 능동적인 시·공간 체 | 변화의 순간들 : 용도 / 프로그램의 요소 |
| 존 헤이덕 | 『백랍날개 금빛 뿔들 돌 면사포들(Pewter Wings Golden Horns Stone Veils)』(1997)<br>『적응하는 기초들(Adjusting Foundations)』(1995)<br>『소리 (Soundings)』(1993)<br>"베를린 마스끄" Frame 7(1979-1983) | 『메두사의 가면(Mask of Medusa)』(1985)<br>프레임 5 (Frame 5 : 1974-1979)<br>프레임 4 (Frame 4 : 1968-1974)<br>프레임 3 (Frame 3 : 1963-1967)<br>프레임 2 (Frame 2 : 1954-1963) |
| 연구 구분 | 후반기 캐릭터 시기 | 전반기 주택 시기 |

**[표 3-8]** 연구과정의 종합적 고찰

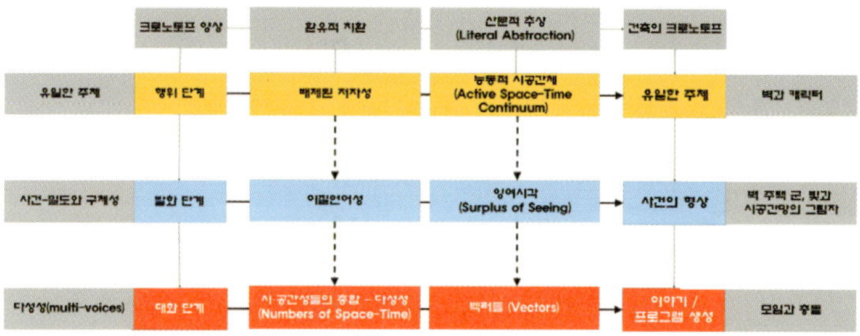


**[표 3-9]** 문학에서 건축으로 전환되는 크로노토프의 과정

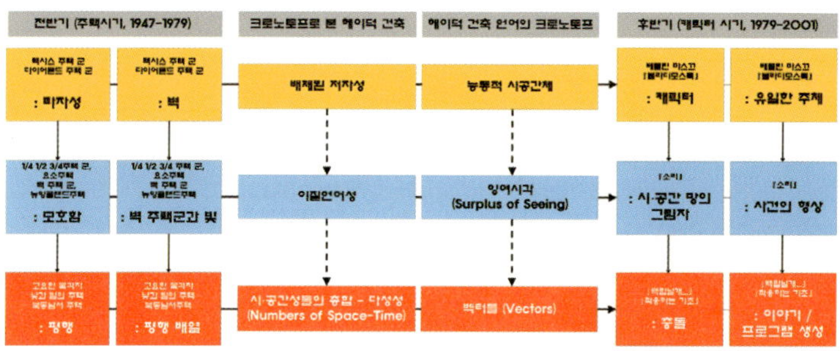


**[표 3-10]** 크로노토프와 헤이덕 건축의 관계 도식

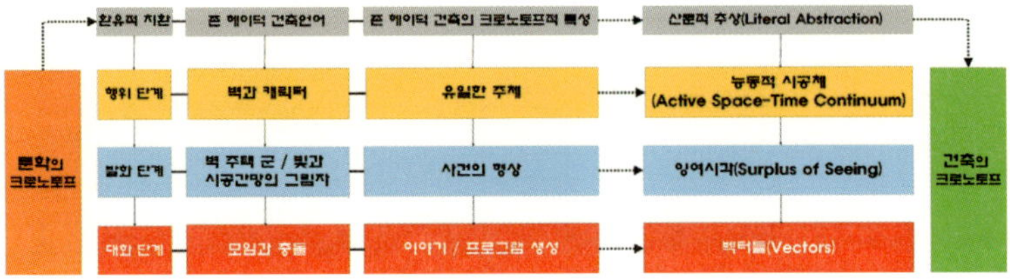


**[표 3-11]** 헤이덕 건축을 통해 본 문학의 크로노토프에 대한 건축적 해석

인 벽을 중심으로, 그 외 다른 프로그램 요소들의 분리와 통합이 주된 주제가 되는 전반기는 부분적 크로노토프가 되며, 단지 한 장소에 모여 있는 자신의 고유한 시공간성이 충족된 캐릭터가 등장하는 후반기는 전체적 크로노토프가 된다.

이러한 전반기와 후반기의 다른 크로노토프적 특성을 통해 헤이덕의 건축에 대한 헤이스의 분석이 전반기 주택 시기, 즉 부분적 크로노토프 속성과 일치하고 있음을 알 수 있다. 따라서 헤이덕 건축에 대한 전체적, 부분적 크로노토프적 특성에 대한 연구는 4장에서 헤이스의 부분적 크로노토프적 분석과 함께 구체적으로 논의하고자 한다.

후반기의 능동적 주체, 캐릭터가 다른 캐릭터와 상호 관계하는 양상에 따라 전반기와 같이 행위, 발화, 대화의 순으로 정리가 가능하며, 각각의 시기에 해당하는 특성들을 가지고 있다. 따라서 전반기에서 후반기로의 변화를 분석함으로 헤이덕 건축의 크로노토프적 특성을 구체화하는 방법들 또한 도출 가능하다.

기본적으로 헤이덕의 후반기 작업에서는 개체를 저자로부터 독립된 존재, 즉 고유한 시공간성을 점유하고 있는 자신과 같은 존재로 인식하여 평행적 관계로 재정립하는 환유적 사고와 그 개체를 프로그램의 형태를 위한 추상언어가 아닌, 개별적 속성에 근거한 산문적 추상 literal abstraction으로 형상화하는 전환의 과정과 방법을 찾아볼 수 있다.

따라서 고유한 속성을 시공간적 개체, 혹은 망으로 형상화한 유일성은 시작점인 동시에 프로그램을 생성하는 근원이며, 주체가 된다. 이 주체들은 유일한 시공간망들로, 다른 시공간망들과 발화의 관계로 사건이 되고, 이 사건들에 개입한 벡터들의 통합은 찬란한 빛으로 현재화된 시공간망으로 건축프로그램을 생성하게 된다.

# 4. 헤이덕 건축의 크로노토프적 특성 종합 고찰

## 4.1 헤이덕 건축의 크로노토프적 특성

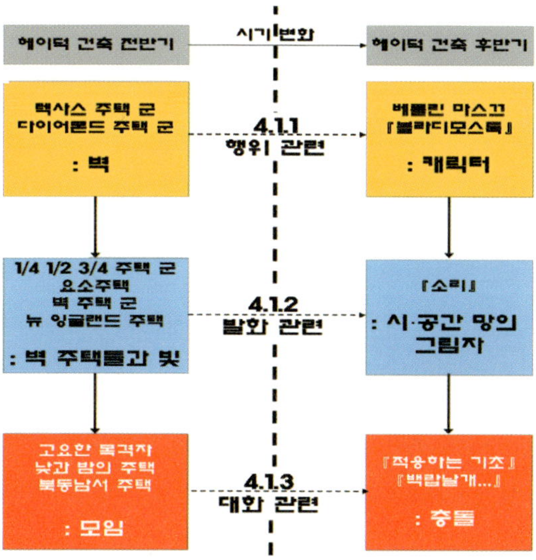


**[표 4-1]** 크로노토프를 통한 헤이덕 건축의 분석

### 4.1.1 행위단계 : 타자성과 움직임의 주체

『헤이덕의 크로노토프』[311)]에서 건축비평가 헤이스Michael Hays는 "헤이덕의 작업에서 발견되는 생물학적 형태요소들, 신비한 존재-천사, 동물, 전통적 민속설화, 카니발carnival 등 여러 특징들을 종합하는데 있어서 크로노토프는 유용한 도구가 된다."[312)]고 그 의미를 부여하였다. 헤이스는 바흐찐의 크로노토프를 '시간과 공간 체계의 한 조합으로, 형태를 부여하는 이데올로기' 로 정의하였다. 그렇지만 헤이스의 정의는 '부분적minor 크로노토프' 에 해당하며, '전체적major 크로노토프' 를 조명할 경우 그 차이는 뚜렷해진다.

바흐찐에게 크로노토프는 한 작품 내에 존재하는 일련의 특이하고 시공간적인 특징, 즉 그 작품에 의해 생성된 세계의 현상학적 느낌에 대한 명칭이다. 바흐찐은 '부분적 크로노토프' 를 응고된 사건이며 그 장소는 전형적으로 기능하는 시간과 공간이 응축된 일종의 단편적 유적(庾積)으로 정의하였다. 예를 들면, 문턱이나 길의 크로노토프처럼 위기나 단절, 변화의 시공간이며 개별적으로 다른 문학작품 내에서 진화하기도 한다. 헤이스가 크로노토프에 대한 정의로 분석하고자 한 헤이덕의 건축언어의 단편적 특성, 특히 '대지없는 형상figurality without ground' 은 설명되지만 한 특정 장소/육체의 역사적 시간관에 기초한 바흐찐의 전체적 크로노토프와 다르며, 헤이덕의 베를린 프로젝트는 설명되지 않는다. 크로노토프는 일반적으로 개념들의 전체 복합체이자 경험을 이해하는데 필수 불가결한 방식으로 정의된다. 이러한

311) 마이클 헤이스가 편집하고 1996년에 출판된 『헤이덕의 크로노토프Hejduk's Chronotope』는 헤이덕의 작업과 사상에 대한 논의를 처음으로 종합한 책이다.
312) Michael Hays, Editor. 『Hejduk's Chronotope』, Princeton Architectural Press, 1996, p.10.

인간의 삶을 가시화하고 재현하는데 필요한 지반[313]이 전체적 크로노토프이기 때문이다.

부분적 크로노토프는, 전체적 크로노토프의 장르적 속성과 상관없이 독립적으로 존재 가능한 요소적인 크로노토프만 종합 정리된 것으로, 이미 출판된 원문에 첨부된 논고(1973년)에 게재되었다. 또한 헤이스는 헤이덕 작업에서 보이는 주체와 객체의 형태적 유사성[그림 4-1][314]을 언급하면서, 건축이론가인 소몰R.E. Somol과 같이 들뢰즈, 가타리Deleuze & Gattari가 소설가인 카프카Kafka 연구에서 논의한 '비주류 작업Minor Pratice' 에 헤이덕의 작업을 결부시키려한다. 하지만 건축이론가이자 실무자인 스탠 알렌Stan Allen은 직접적으로 비주류를 부인하는 헤이덕의 말을 인용하면서 비주류에 해당하지 않는다고 주장하였다. 헤이덕의 '딜레마주택Dilemma House' [그림 4-2][315]을 아이젠만의 작업과

**[그림 4-1]** 객체/주체

**[그림 4-2]** 딜레마주택

313) Gary Saul Morson and Caryl Emerson, 『바흐찐의 산문학』, 오문석 외 옮김, 책세상, 2006, p.637.
314) John Hejduk, 『Vladivostok』, p.49.
315) John Hejduk, 『Mask of Medusa』, p.366.

비교하며, 이 프로젝트는, 헤이덕 자신이 가장 추상적인 작업이라고 말하였지만, 비주류 논의에서 그 근거로 언급하는 정면성에서 볼 때, 추상적 작업이 아닌 적극적인 작업으로 평가하였다. 그 이유는 뚜렷하지 않은 정면facilaity의 특성이 정면의 특성을 증식하고 있기 때문이라는 것이다.

『헤이덕의 크로노토프』에 게재된 글들은, 사실주의 맥락에서 고안된 크로노토프의 자체 속성이, 헤이덕의 건축에 대한 여러 비평가의 논의에서 자연스럽게 발견된다. 하지만 크로노토프라는 용어는 헤이스Michael Hays의 논의에서만 언급된다. 전반적으로 헤이스와 알렌Stan Allen의 관점은 상이하다. 그 중 헤이덕의 글과 작업 자체의 논리로 헤이덕 건축을 분석하는 알렌의 논점이 바흐찐의 전제적 크로노토프 개념에 근접하고 있다. 하지만 부분적이거나 전체적이거나, 중요하게 연구되어야 할 점은 서술적 건축을 분석하는 틀로서 소설의 크로노토프가 건축영역에서 구체적으로 논의되었다는 것이다.

헤이스는 크로노토프 자체의 시공간성과 그 형상보다는 크로노토프가 고안된 배경, 즉 사실주의 인식에 근거한 바흐찐의 타자성, 잠재된 이질성, 상호 텍스트성, 불확정성 그리고 다성성 혹은 마스크mask의 정면성faciality 등을 헤이덕 건축의 크로노토프로 도출하였다. 이처럼 크로노포트를 서술체계의 한 표현적 특성으로 해석하고 있다. 하지만 3장에서 논의한 것처럼 크로노토프는 서술체계의 속성을 결정하는 시공간적 짜임으로 일종의 메타 디자인 언어라고 할 수 있다. 따라서 본 장에서는 크로노토프를 건축적 분석 도구로 적용하여 헤이스가 제기한 위의 주제들을 중심으로 헤이덕 건축을 종합 고찰한 후, 헤이덕 건축의 크로노토프를 구체화하고 있는 건축언어와 전반기와 후반기 구분을 부분적, 전체적 크로노토프의 관점에서 조명하고자 한다.

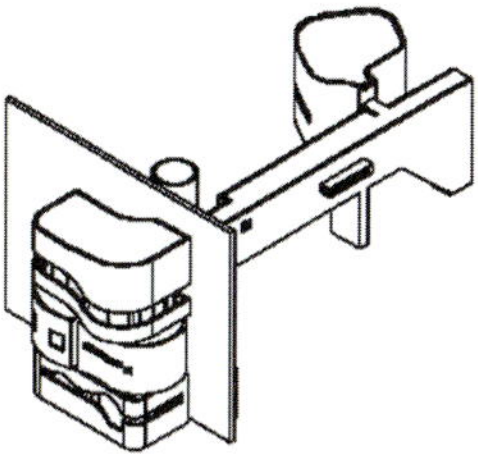

**[그림 4-3]** 벽주택 2

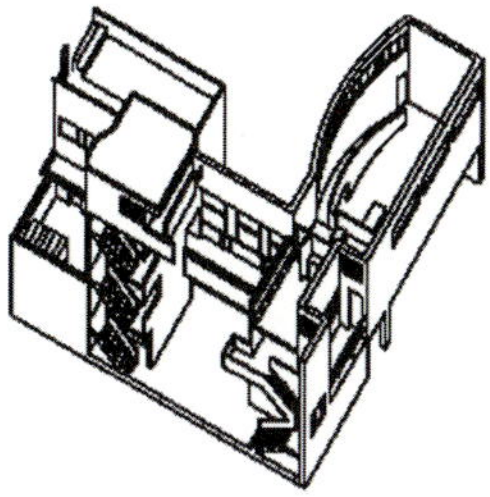

**[그림 4-4]** 라로쉐 주택

**[그림 4-5]** 도손빌백작 부인

다이아몬드 카달로그Diamond Catalog에서 시작된 헤이덕의 타자성은 다이아몬드주택들Diamind Houses, 벽the Wall, 그리고 벽주택들Wall Houses[그림 4-3][316]에서 주로 저자성과 관련된 개념으로 등장한다. 헤이덕은 자신의 전시를 위하여 르 꼬르뷔지에Le Corbusier의 라로쉐주택La Roche[그림 4-4][317]에 머무른 후, 주택이라는 뚜렷한 프로그램의 설정 이면에서 다른 프로그램의 가능성을 발견하였다고 말한다. 이로 인해 헤이덕은 타자성을 일상적인 형상 저변에 존재하는 형용할 수 없는 존재[318]로서 설명하였다. 더불어 화가 장 오거스트Jean-Aguste-Dominique Ingres의 도손빌백작 부인[그림 4-5][319] 그림에서, 정상적으로 보이는 각 신체 부분들이 투시도적 화면에 종합되어 야기되는 모호함을 언급하였고, 헤이덕은 이 상황을 '그 무엇Something' 으로 말하며, 타자성이라고 하였다. 라로쉐주택에서의 경험과 마찬가지로 개별적으로

316) Welling He, 「Flatness Transformed and Otherness Embodied」, Ph D Thesis, Georgia Institute of Tech, 2005, p.108.
317) Welling He, ibid., p.108.
318) Welling He, ibid., p.53., "the attribute of being inexplicable", Hejduk, 1985, 재인용
319) en.wikipedia.org/wiki/Gabriel_Paul_Othenin_de_Cleron,_comte_d' Haussonville

는 외관상 평범하고 뚜렷한 부분들이 통합되어 야기하는 불분명한 상황-기형적인 팔과 얼굴, 투시도적으로 비례가 맞지 않는 형상-에서 야기되는 모호한 관계를 타자성에서 비롯된 것으로 보았다.[320)]

이러한 타자성은 1/4주택, 1/2주택, 3/4주택, 그리고 벽주택군에서 침실과 거실의 요소들을 연결하는, 연장된 모호한 통로공간 Circulation Space으로 구체화되었다. 타자성이라고 지칭하지만, 근본적으로 저자와 관람자viewer간의 모호한 관계성이라고 할 수 있다.

### 4.1.2 발화단계 : 상호 텍스트성intertextuality과 밀도와 구체성

헤이덕에게 있어서 타자성은 단순히 변형된 형태가 아닌, 저자가 의도하지 않은 이질적인 상황의 공존에서 비롯된 잠재성이다. 바흐찐의 타자는 나와 같이 고유한 시공간적 존재이다. 따라서 모호한 것은 유일한 주체들, 나와 타자간의 잉여시각surplus of seeing이 된다. 바흐찐의 타자성은 잉여시각으로 외재화된다. 잉여시각이란 나(타자)는 볼 수 있지만, 타자(나)는 볼 수 없는 시각적 영역이다. 즉, 잉여시각이 존재하기 때문에 융합하기 위한 나와 타자의 관계가 아닌, 대화가 발생하고 그에 따른 형식과 이미지가 창조된다. 따라서 헤이덕의 잠재성은 바흐찐의 잉여시각으로 해석 가능하다. 대화의 주체적 발화, 즉 말speech은 바흐찐에게 타자가 나를 통해 타자 자신을 인식하고, 혹은 내가 타자로부터 나를 인식하기 위한 수단이었다. 자아와 타자를 동일시 한 르 꼬르뷔지에의 라로쉐주택에서 헤이덕은 잠재되어 있는 타자성을 인식하고 저자와 별개의 존재로 분리하였다는 점에서 타자성에 대한 근본적인 개념은 바흐찐과 동일하다. 더불어 타자성은 잉여시각으로 상호 작용하는

320) Welling He, ibid., p.254.

**[그림 4-6]** 바르셀로나 파빌리온

**[그림 4-7]** 파란 재떨이와 정물

나와 타자의 시공간망으로 구축된 경계 이상의 의미를 지닌다.

로빈 에반스Robin Evans는 미스 반 데어 로에Mies van der Rohe의 바르셀로나 파빌리온Barcelona Pavilion[그림 4-6][321]에 반사된 이미지를 다음과 같이 말하였다. "거울은 숨겨져 있는 것을 발견한다. 바르셀로나 파빌리온에 반사된 이미지를 통해 건물이라는 실체적 형태에서 지워진 비밀을 발견한다."[322] 여기에서 비밀은 유리에 반사된 사진을 찍는 사람, 즉 자신의 이미지이다. 자신이지만 자신은 볼 수 없고 타자가 바라보는, 타자를 통해 볼 수 있는 나의 모습, 즉 잉여시각이다. 또한 러시아 사실주의 화가인 페데로프 보드킨의 양안성binocularity과 같이 잉여시각은 하나의 주제에 대해, 하나가 아닌 둘인 양안성의 속성과 같으며, 상호 인접한 평행적 관계라고 할 수 있다.[그림 4-7][323] 이와 같이 나와 평행하는 관계의 타자적 시공간은 주도적인 형상의 이면에 수동적으로 존재하는 모호함의 형상이라기 보다는, 나와 타자라는 개별적으로 뚜렷한 시공간성들로 발생하는 능동적 잉여시각 혹은 대화적 말

321) Robin Evans, Barcelona Pavilion, Robin Evans, 『Translations from Drawing to Building and Other Essays』, AA Documents 2, p.263.
322) Robin Evans, ibid., p.262.
323) Kuzma Petrov Vokin, Still Life with a Blue Ashtray, 1920, www.wipedia.com

의 육화incarnation라고 할 수 있다. 이러한 점에서 크로노토프는 이러한 육화를 가능하게 하는 체계로 해석 가능하며, 헤이덕의 건축언어, 주체와 통합된 그림자를 이해할 수 있다.

바흐찐의 대화는 잉여시각으로 작동하여 '타인의 언어를 통해서 자신의 언어를 알게 되고 또한 타인의 개념적 지평 속에서 자신의 개념적 지평을 인식하게 되는 과정' 이며, 크로노토프는 이 과정을 육화하는 체계가 된다. 이러한 이유로 바흐찐의 문학이론에 대한 광범위한 논의는 상호 텍스트성intertexuality에 집중되었다. 하지만 상호 텍스트성이라는 용어는 바흐찐의 장르간 대화가 후기 구조주의에서 연구되면서 붙여진 명칭이다. 헤이덕의 시와 드로잉, 건축과 컨텍스트, 프로그램, 그리고 주체와 객체를 개별적 장르로 설정하고 헤이스는 이 표현매체들의 통합을 상호 텍스트성으로 논의하였다. 하지만 장르는 단순히 형식이 아니라 시공간성의 속성/짜임으로 결정이 된다. 따라서 바흐찐이 제안한 장르간의 대화와 소통의 의미는 역사와 저자와 관계된다. 나와 다른 시공간성의 충돌로 발생하는 사건성-밀도와 구체성은 표현매체간의 대화/상호 텍스트성으로는 이해될 수 없다. 헤이스의 관점으로 분석한다면, 헤이덕의 경우 표현매체/형식간의 상호 텍스트성에 해당이 된다. 하지만 헤이덕의 건축은 바흐찐의 장르간 상호 텍스트성에 해당한다. 즉, 각기 다른 시공간적 짜임들의 충돌에 의해 생성되는 개념이라고 할 수 있다. 소몰R.E. Somol이 제기하듯이 '하나-대지/다수-형상, 다수-되기-하나one-ground/many-figures, many-becoming-one' 가 되는 형식의 상호 텍스트성은 들뢰즈와 가타리의 '비주류의 도시성minor urbanism' 으로 해석될 수 있다. 여기에서 '하나one' 가 의미를 지칭한다면, 모든 프로세스의 시작점에 위치하면서, 동시에 결론에서도 같은 의미가 된다. 하지만 장르의 상호 텍스트성, 즉 바흐찐의 상호 텍스트성

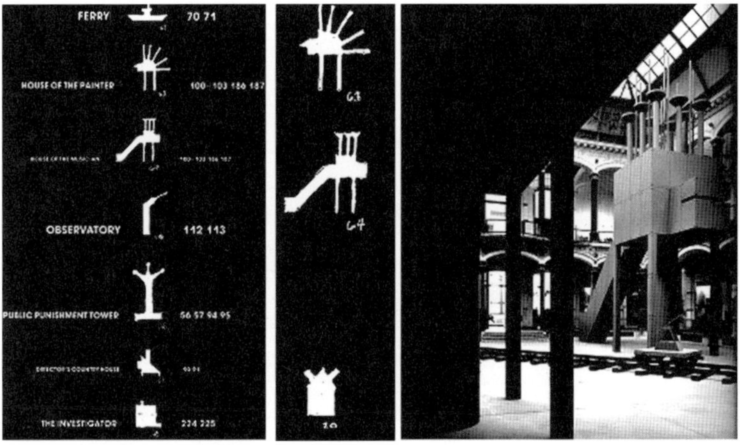


**[그림 4-8]** 블라디보스톡의 목차와 개체와 주체 프로젝트에 표기된 캐릭터와 모형사진

은 헤이덕의 작업이 비주류에 해당되지 않는다고 역설하는 알렌의 논의에서 찾아볼 수 있다. 알렌에 따르면, 구축building의 요소들이 기하학적 작동geometrical operation 밖의 외적인 요소로, 이미 구체적 형태로 프로젝트에 등장하여 그 자체로 유동적 작동plastic operation이 된다고 하였다. 즉, 이 시공간성들의 상호 텍스트성이 한 프로그램을 생성하고 있다는 것이다. 헤이덕의 『객체와 주체』[그림 4-8][324]는 캐릭터들 중, 화가의 집, 음악가의 집, 그리고 마스크로 구축된 작업이다. 개별적 존재들의 유사한 속성들간의 치환[325]으로 구체화되는 바흐찐의 상호 텍스트성은 기본적으로 각 개체(장르)의 시공간적 고유성을 확고히 유지해야만 가능하다. 하나의 의미를 다양하게 표현하는 매체들이 아니라, 다양성, 그 자체가 의미가 생성될 수 있는 가능성을 단지 가지고 있을 뿐

324) John Hejduk, Vladivostok, p.48-51.
325) 한 사물의 용어가 그 사물과 경험상 밀접한 관계를 지니게 된 사물에 적용될 때 환유라고 한다. 환유 표현이 자연스럽게 쓰일 수 있으려면 화자와 청자 사이에 상황에 대한 공유(共有)된 지식이 있어야 한다.

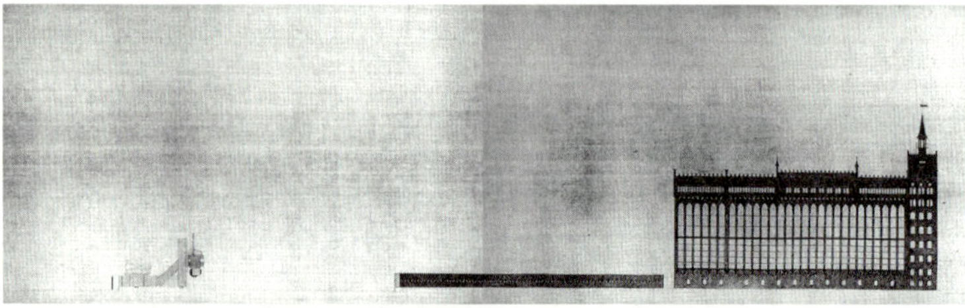

**[그림 4-9]** 생각의 재를 위한 묘지 입면

**[그림 4-10]** 모형

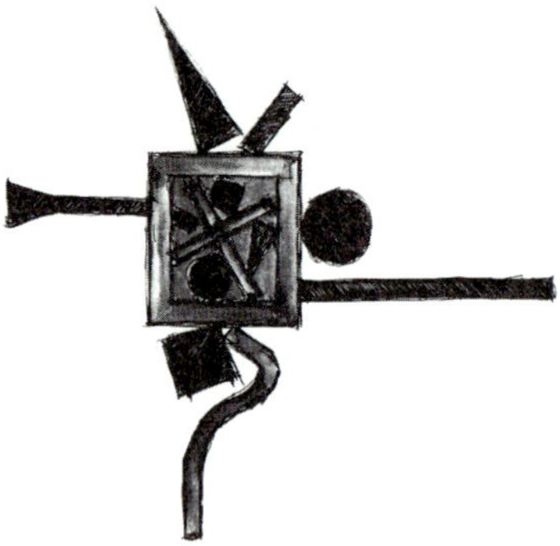

**[그림 4-11]** 수녀원

인 것이다. 따라서 의미는 예측 불가능한 캐릭터만큼 불확정적이며, 수많은 수평적 기술(記述)이 따르게 된다. 이러한 맥락 하에서 헤이덕의 시나 드로잉을 이해할 수 있다.

헤이덕의 '생각의 재를 위한 묘지Cemetery for the Ashes of Thought' [그림 4-9][326][그림 4-10][327]를 '가늠할 수 없는 단어의 공간과 구체적인 수량적 형태간의 평행적인 구조parallel structure' 로 평가하는 알렌은 장르간 상호 텍스트성을 캐릭터와 프로그램의 예측이 불가능한 평행적, 혹은 수평적 관계[그림 4-11][328]에서 찾고 있다. 이러한 인접성에

326) John Hejduk, 『Mask of Medusa』, p.328-329.
327) John Hejduk, ibid., p.331.
328) John Hejduk, 『Soundings』, p.311.

근거한 평행적인 서술구조는 문학에서 환유적329) 치환이라고 부르며, 또한 러시아 사실주의 문학의 특징이기도 하다. 인접성(隣接性)의 치환은 인간의 경험으로 규명할 수 있는 시간과 공간의 세계만을 인정하는 까닭에 사실주의의 객관적인 묘사에 보다 상응하는 심미적 방식이자 기법이 된다.330) 특히 장르간 상호 텍스트성의 외재화에 대해서 바흐찐은 도스토예프스키의 대화적 전개방식에서 비롯된 구체적인 다성성을 다음과 같이 언급하였다. "도스토예프스키는 사유를 통해서 사유하지 않고 관점과 의식, 그리고 목소리를 통하여 사유한다."331) 또한 바흐찐에 따르면 도스토예프스키의 대화와 그 다성적 소설은 독립적이며 병합되지 않은 목소리들과 의식들의 복수성[그림 4-12]332)[그림 4-13]333), 즉 완전히 유효한 목소리들의 진정한 다성성334)을 특징으로 하

**[그림 4-12]** 모빌들의 대화

329) "A TRAIN STOPS AT THE STATION AT NIGHT AT 6:00 P.M. AND LETS OFF TWO PASSENGERS, A MAN AND A WOMAN, THEY DO NOT KNOW ONE ANOTHER. SHE LISTENS TO THE WATER FALLING ON THE EARTH. HE SEES THE FLAMES FOWLING UPWARD TO THE SKY. THEY BOTH FEE THE SILENCE." 『Pewter Wings Golden Horns Stone Veil』, 이 시는 서로 다른 주체들이 동일한 시간과 공간에서 상이한 대상/상황을 바라보고 있지만 침묵은 공유된다는 것으로 환유적 치환의 한 사례가 된다.

330) 윤숙희, 정진원, ibid., p.36. 재인용

331) 게리 솔 모슨, ibid., p.414.

332) Gordon Pask, 1968, www.medienkunstnetz.de

333) Jean Tinguely, Machine, 1967, www.tinguely.ch

334) 이 용어는 음악에서 사용되는 용어이다. 다성적 소설의 작중 인물들은 작가의 의도를 비판하거나 배반하기도 하는, 한 시대의 다양한 욕망의 목소리들을 들려주는 살아 있는 주체들로 등장한다. 반면에 톨스토이의 작품에서 주인공의 말은 그에 관한 작가의 말이라는 테두리 안에 있어 다만 그들에 관해 이야기를 할 뿐이다. 따라서 하나의 인식 주체만이 있을 뿐이며 그 이외의 것은 저자의 대상에 지나지 않는다.

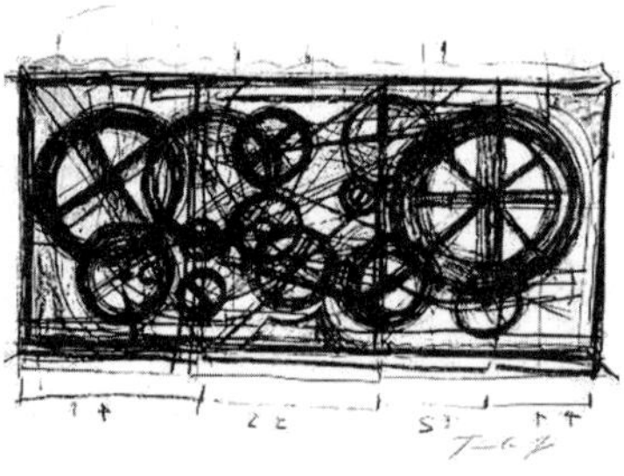

**[그림 4-13]** 기계

고 있다.[335] 이와 같은 개체들/캐릭터들은 추상적 개념이 아닌 행위/발화들의 조합으로, 체계성으로 유인되지 않는다. 체계적이 아니라 인간적 지향들과 목소리들의 동시적 공존으로 이뤄진 구체적 사건을 산출한다는 것이다. 이러한 점에서 헤이덕의 캐릭터는 시공간적으로 독립적이며 유일한 바흐찐의 목소리로 해석하게 되면 이들의 통합은 다성성이 된다.

고든 파스크의 '모빌들의 대화'[그림 4-12]는 상호 반응하는 기계장치로서 여성과 남성으로 명명된 장치들이 서로 다르게 회전하며 관람자가 접근하면 소리를 낸다. 알렌의 관점에서는 헤이덕의 '밀도 density'는 형태적 불투명성이나 개별적 작업이 아닌, 일상적인 대상에 내재한 이질적 속성들, 그 형상들, 그리고 사상들간의 점증적인 반복으로 발생하는 축적과 긴장으로 구축된다. 따라서 헤이덕에게 밀도는 같은 영역에서 충돌하는 그 모든 개별적 주체들의 동시적 공존과 상호 작용-다성성으로 창조된다.[336] 기계를 기능으로부터 해방시켰다는 평가를 받는 존 팅겔리의 '기계'[그림 4-13]는 예정된 기계적 움직임들의 축적으로 발생하는 우연성으로 바흐찐의 대화적 다성성의 한 사례가 되며, 그림자를 통합한 시공간망의 패턴으로 나타나는 헤이덕의 캐릭터들이 분출/발화하는 고유한 벡터들의 총합에 따른 불확정성/변수적 상황을 이해하는 한 단서가 될 수 있다.

335) 게리 솔 모슨, ibid., p.419.
336) 마이클 헤이스, 위의 책, ibid., p.89.

**[그림 4-14]** 벽주택 2

**[그림 4-15]** 북동남서주택

### 4.1.3 대화단계 : 정면성facialty과 동시적 공존의 다성성(多聲性)

헤이스는 헤이덕의 정면성faciality을 들뢰즈, 가타리의 개념적 범주에서 재영토화의 방식으로 해석한다. 정면성을 전위와 상실dislocation and loss로 채워진 기존을 망각하기 위한 얼굴로서 씌어진 가면mask으로 본다. 이러한 분석으로 모호한 비주류의 속성을 강조하지만 바흐찐의 크로노토프 관점에서 조명하면 상당한 오류가 된다. 바흐찐은 라블레[337]의 크로노토프 연구에서 이런 가면성을 중세의 악당이나 광대, 바보, 그리고 하인이 경험하고 목격한 공적 존재들의 사적인 이야기들을 광장에서 공식화되는 순간에 언급하였다. 가면은 작가들이 입법화된 단성적, 혹은 추상적 구조에 잠재된 삶의 일상적 이야기들을 외재화할 때 차용한 일종의 장치였다. 헤이덕 또한 베를린 마스끄를 합리적 시대에도 필요했던 마스끄처럼 이 시대에 필요한 프로그램으로 언급하였다.

알렌은 일련의 벽주택[그림 4-14][338]과 북동남서주택[그림 4-15][339]의 작업을 예로 들며, 정면성frontality이 건물의 파사드facade에 있

337) Francois Rabelais, 16세기 소설가. 바흐찐이 그의 소설에 대두된 민속과 육체를 중심으로 연구하였다.
338) www.wallhouse.nl
339) John Hejduk, 『Mask of Medusa』, p.369.

지 않고 얼굴들, 즉 곱으로 증가된 정면성에 있다고 해석함으로, 비주류가 아닌 적극적인 다성성에 헤이덕을 위치시킨다. 이와 같이 알렌은 헤이덕의 정면성을 한 주체의 일부가 아닌, 개별적인 시공간성으로 해석함으로 헤이덕 건축을 바흐찐식의 유일한 시공간망에 위치시킨다. 따라서 헤이덕에게 의미는 건축의 형상적 역량[340]에 있다고 말하며, 단일한 형상이 곱해지고, 그럼으로 그 디자인의 효과는 의미 생성을 위한 가능성을 고조시킨다고 평가한다.[341] 알렌의 이 논의는 소위 언어학의 대상이 되지 않는 이질적인 일상적 발화에 기초한 대화의 다성성에 해당하는 헤이덕 건축의 크로노토프적 특성과 프로그램 생성에 대한 적절한 분석이라고 할 수 있다.[표 4-2] 또한 저자의 통제없이 독자적으로 대화를 통해 성장하는 등장인물들과 그 서술체계의 다성성은 헤이덕의 페시미즘 건축을 이해하는 단서가 된다.

"행위는 이미 종결된 맥락을 모두 그러모으고, 상호 연관시키고 용해시킨다." 이에 비해 소설적 말, 대화는 개방적이고 비종결적이며 수많은 목소리들이 중첩되어 '곁눈질'이나 '틈구멍'으로 가득 차 있다. 이와 같이 바흐찐이 제시하는 대화적 서사[342]는 행위 가능성들을 개념화하는 특정한 방식에 의해서 형성된다. 성당[그림 4-16][그림 4-17][그림 4-18][그림 4-19][343] 프로젝트에 관련된 헤이덕의 스케치에서 이러한 행위와 대화의 종합을 발견할 수 있다. 십자가에서 내려진

340) 흥미로운 지적으로 바흐찐은 괴테가 시간을 볼 줄 알았다고 극찬했으며(『교양소설과 리얼리즘 역사 속에서의 의미』) 크로노트의 시공간성에 중추적 논의가 된다.

341) M.Hays, ibid., p.91.

342) 인물이나 사건을 묘사할 때 시점이 하나가 아니고 작가의 시점, 때로는 인물의 시점 등으로 옮겨 다닐 때 이것을 대화적 서사구조라고 한다.

343) [그림 4-16] Cathedral 1996, M. Hays. Editor, 『Sanctuaries, the Last Works of John Hajduk』, p.4., [그림 4-17] ibid., p.4., [그림 4-18] ibid., p14., [그림 4-19] John Hejduk 『Pewter Wings』, p.147.

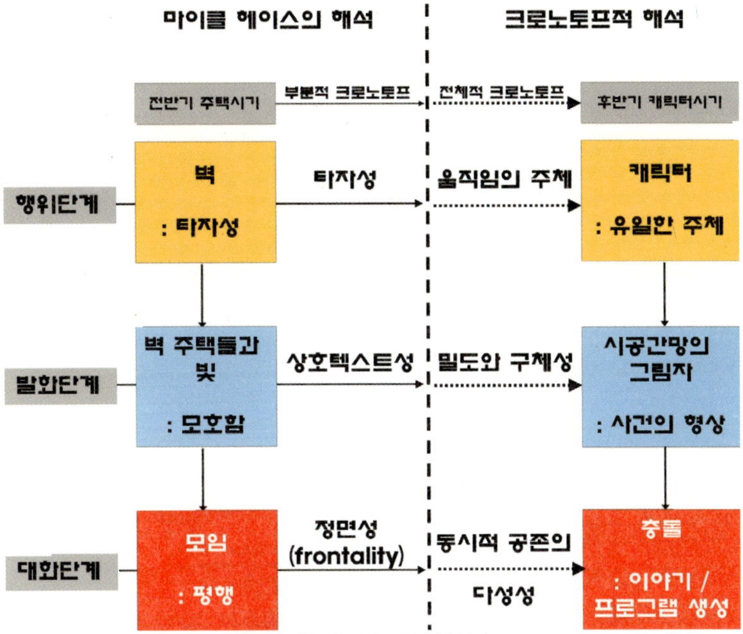


**[표 4-2]** 헤이덕 건축 분석비교

**[그림 4-16]** 성당

**[그림 4-17]** 성당 모형

**[그림 4-18]** 성당 모형

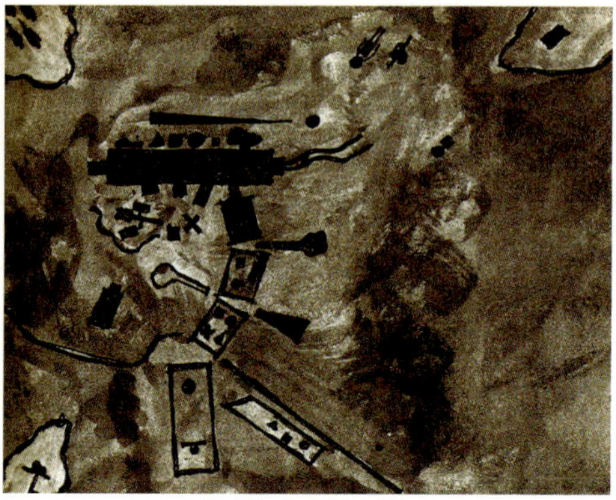

**[그림 4-19]** 성당

예수를 끌어안고 있는 사람들과 성당을 향하는 도시의 각 형상들, 그리고 이들을 통합하는 장방형의 벽 내부에는 예수의 피를 상징하는 포도주의 수로가 있다. 또한 프로그램을 이야기하는 각각의 주체들은 각각의 시공간성을 유지하고 있다. 이 때 이 주체들은 헤이스의 논의처럼 형태의 다양성을 구축하고 있는 것이 아니라 그 사건의 변수들을 생성하게 된다.

바흐찐에 따르면 독백적 작품(저자)은 자신을 넘어선 지점을 가리킬 수는 있어도 자신을 넘어서지는 않는다. 따라서 자신을 넘어서기 위해서는 자신만큼 구체적이고 유일한 다른 의식(타자, 등장인물, 독자)에게 충분한 의미론적 권위(행위-참여)와 직접적인 의미화 능력(발화)을 허용할 필요가 있다. 크로노토프의 대화단계 양상인 다성성을 헤이스는 다양한 정면성에서, 그리고 알렌은 헤이덕 건축의 곱해지고, 예측 불가능하며, 기대하지 못했던 일련의 효과들effects에서 발견하였다. 이처럼 헤이스의 논의는 크로노토프적 관점에서 볼 때, 후반기 캐릭터 시기의 헤이덕의 건축언어를 설명하지 못하고 있다. 헤이스의 논의는 헤이덕 자신이 큐비스트적 작업들이라고 지칭한 전반기 주택 시기인 부분적 크로노토프에 국한되어 있다. 이로 인해 알렌처럼 크로노토프를 능동적 시공간망으로 생성되는 프로그램의 과정으로 분석하기 보다는 전반기 작업의 철학적 형상으로 크로노토프를 정의하고 있다.[344)]

이와 같은 분석을 통해서만이 건축의 크로노토프적 특성을 구체화하는 헤이덕의 서술적 건축언어를 발견할 수 있으며, 그 건축언어를 작동시키는 메타 디자인 언어로서의 크로노토프의 가능성을 모색할 수 있다.

### 4.1.4 소결

헤이덕의 건축언어를 통해 본 건축의 크로노토프적 특성은 다음과 같이 정리할 수 있다.[표 4-3]

**첫째, 끊임없이 엮이고 풀리는 경계는 능동적인 시공간망fabric의 밀도 차이로 구축된다.**

헤이덕의 건축언어는 어느 한 장소/육체를 시간적 존재로 구체화하고 있다. 그 시작은 9개의 사각형에서 논의된 중심이 삭제되어 모든 경계들이 살아 움직이는 내부

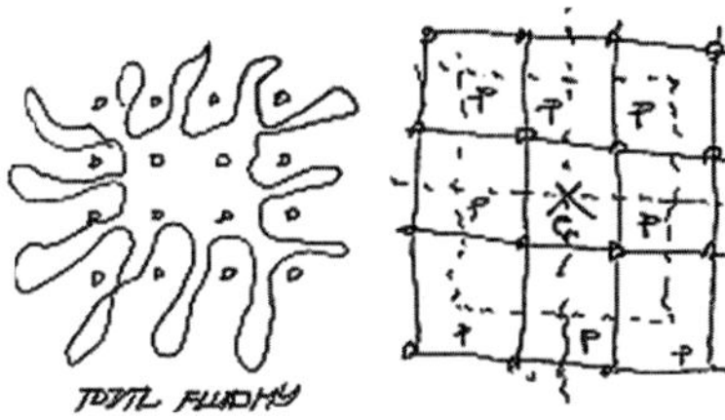

**[그림 4-20]** 9개의 사각형 그리드

폭발/파열[그림 4-20][345)]이다. 시간은 중심이 폭파된 주체의 움직임과 태양 빛의 움직임, 그리고 타자와의 만남, 접촉으로 표면화된다. 이와

344) 알렌 자신은 크로노토프를 정의하고 있지 않다. 다만 알렌의 해석이 바흐찐의 전체적 크로노토프와 일치하며, 헤이덕 건축 후반기를 설명해내고 있다는 점에서 헤이스의 관접과 비교된다.
345) John Hejduk, 『Mask of Medusa』, p.38.

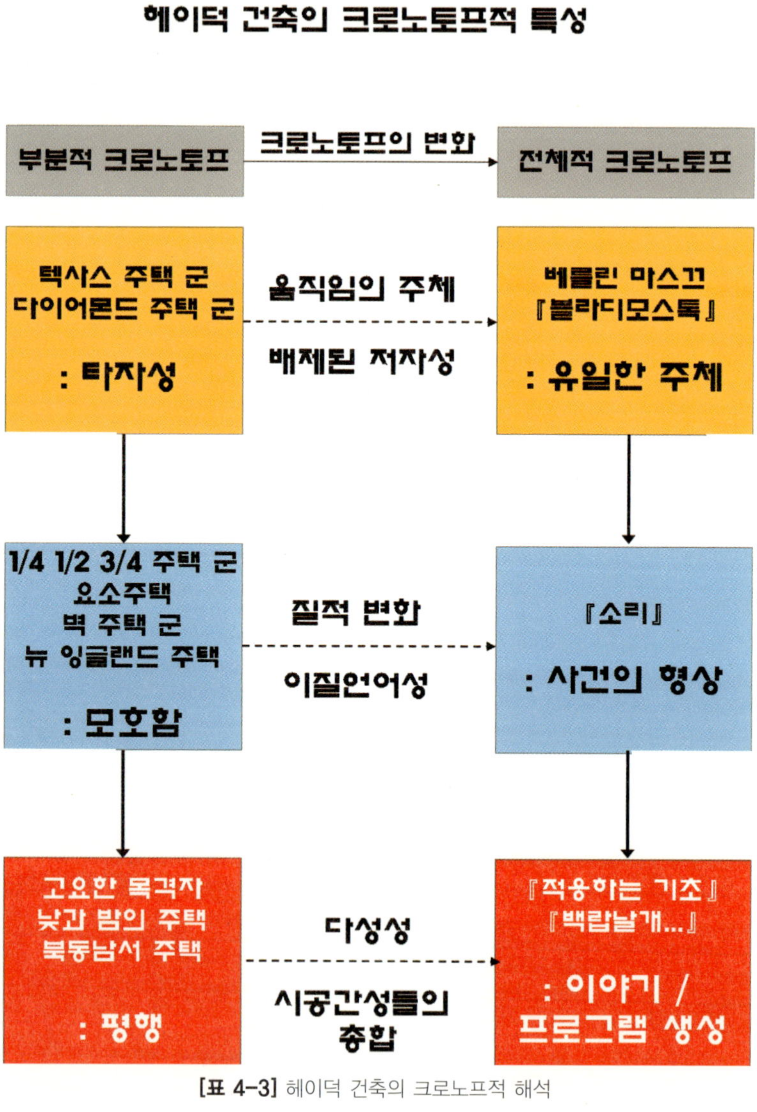


**[표 4-3]** 헤이덕 건축의 크로노토프적 해석

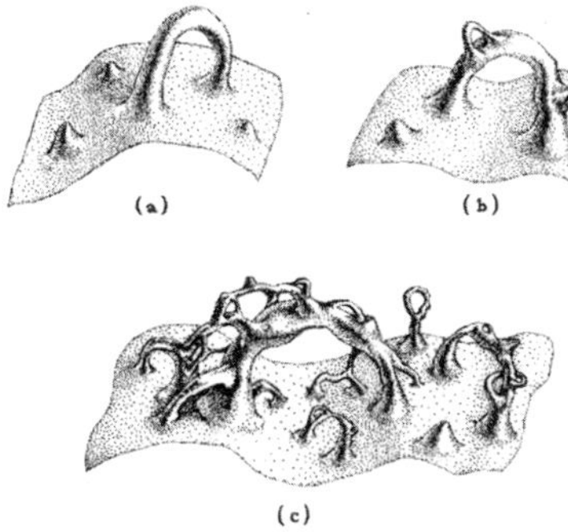

[그림 4-21] 원자구성입자

[그림 4-22] 다이아몬드주택

같이 헤이덕 건축의 순차적인 전개는 형태언어에서 시작하지 않고 시공간적 주체의 특성에서 시작한다. 따라서 형태가 진동하는 것이 아니라, 시간때문에 주체화된 장소/육체가 움직인다. 이러한 현재화될 수 있는 장소/육체의 이중성alter ego, 그 그늘 속에 잠재되어 있는 시간을 보고 시각적으로 형상화하는 것이 크로노토프이다. 바흐찐에 따르면, 괴테는 움직이지 않는 것은 아무것도 없다고 했다.[346)][그림 4-21][347)] 심지어 산도 움직이고 있다고 했다. 괴테는 산의 무게와 그로 야기되는 기후를 보면서 시간을 볼 줄 알았기 때문이다. 이러한 맥락에서 바흐찐은 시간으로 채워진 공간을 언급하였고 그 형상의 토대를 크로노토프로 설정하였다. 따라서 크로노토프는 형태가 아닌, 살아 있는 존재의 능동적 움직임으로 구체화되는 순간의 경계가 된다. 다이아몬드 카달로그에서 논의된 현재로 구체화된 시간은 벽주택들Wall House과 다이아몬드주택Diamond House 시리즈[그림 4-22][348)], 즉 2차원의 3차원적 드

346) Theory of Everything으로도 알려진 끈이론은 모든 힘, 물질은 진동하는 에너지의 끈으로 구성되어 있다는 것이다.
347) Embedding diagrams of the The Quantum Foam, www.cse.ssl.berkeley.edu
348) John Hejduk, 『Mask of Medusa』, ibid., p.244.

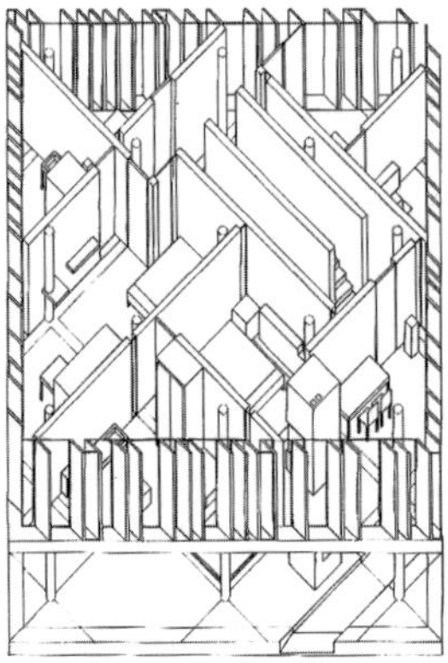

**[그림 4-23]** 투영도

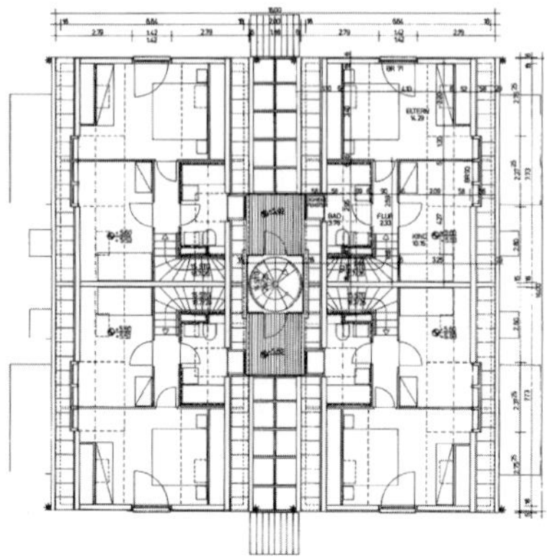

**[그림 4-24]** 네쌍둥이 주택

로잉, 3차원의 2차원적 드로잉 표현[그림 4-23][349]에서 볼 수 있으며, 과거와 미래는 수평성horizontal으로 현재는 수직성vertical으로 상호 공존하는 시간으로 설정되어 있다.

텍사스주택에서부터 시작하여 캐릭터로 전개되는 프로그램의 주체들은 9개의 사각형9-squares에서 시작된 폭발하는 중앙과 그 주변의 표피 개념에서 시작된다. 하지만 폭발이 있었기 때문에 나머지 8개의 주변이 생성된 것, 즉 중심적 공간의 폭발로 생성되는 역동적 경계로 해석 가능하다. 이 상황을 헤이덕 자신은 하나의 중앙center과 8개의 주변peripheral으로 설명하였다.[350] 그리고 사각형들은 완벽한 유동성fluidity과 완벽한 폐쇄confinement 사이에 있다고 설명하였다. 네쌍둥이주택House of the Quadruplets[그림 4-24][351]은 완벽한 폐쇄, 즉 이분된 대칭적 형태이지만, 중앙에 원

349) John Hejduk, 『Mask of Medusa』, ibid., p.244.

350) 말초peripheral신경계를 연상하게 하는 흥미로운 표현이다. 말초신경계는 중추central신경계를 제외한 감각뉴런과 운동뉴런으로 구성되어 있으며, 입출력만을 담당하는 신경계이다. 네쌍둥이주택을 이러한 맥락에서 보면, 정보를 담장하는 중추신경계에 해당하는 중앙을 원형 계단과 화장실 등, 즉 주택의 소통에 해당하는 기능으로 채워 넣은 것으로 판단된다.

351) John Hejduk, 『Vladivostok』, p.64.

형 계단과 그 주변에 계단과 화장실을 배치하였다. 따라서 중앙 계단실은 지점을 향해 설정된 소통공간이 아니라 행위를 통합하고 발산하는 응축된 영역(폭파된 중심)으로서 주변 실들을 경계화한다.

**둘째, '질적 변화(속성변화)' 하는 살아 있는 매체이다.**

가장 직접적인 현실을 형상화하는 매체로 고안된 크로노토프는 특수한 맥락에서 수행된 행위와 사건으로 구축된 경험을 이해하는 중요한 도구로 활용할 수 있다. 따라서 이들이 복수화될 경우, 현재성과 성장하는 사건들로 충만한 세계를 형상화하는 장field을 구축한다.

**[그림 4-25]** 다비드

바흐찐의 크로노토프내 시간과 공간의 내적 연관성은 시간관에서는 괴테를, 공간관에서는 라블레의 육체에서 찾을 수 있다. 즉, 생리적 현상에 대한 노골적인 표현과 신체기관에 대한 세밀하고 기괴한 서술에서 공간관을, 시간을 시각적으로 사유하는 괴테의 서술에서는 시간관을, 그리고 등장인물들의 동시적 공존으로 외재화되는 도스토예프스키의 대화에서 크로노토프의 시공간성을 가늠할 수 있다. 모든 유니트는 서로를 필요로 하고, 이들이 무관하게 흩어져 있는 게 아니라, 끊임없이 계속되는 연속체의 의지에 따라 고정된 것으로부터 불연속적으로 성장을 지속하는 자발적인 유기체를 구성한다는 키슬러의 갤럭시[352) [그림 4-25][353)]개념은 새로운 형식이나 형태, 혹은 새로운 이야기가

352) 야마구치 가쓰히로, 『공간연출디자인의 원류』, 프레데릭 키슬러, 김명환, 미술문화, 2000, p.253.
353) F. Kissler, David, 1963, 야마구치 가쓰히로, ibid., p.250.

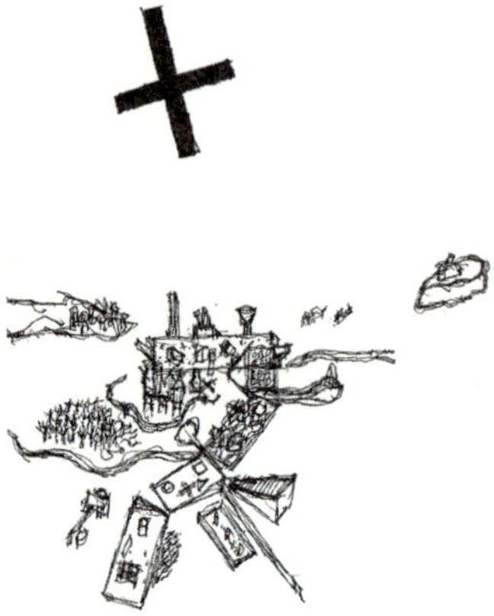

[그림 4-26] 성당

[그림 4-27] 블라디보스톡

목적이 아니라 새로운 시공간적 관계의 발견-장르인 바흐찐의 지향과 일치한다. 이와 마찬가지로, 헤이덕의 캐릭터는 장소와 시간을 구체적으로 형상화함으로 자신의 크로노포트 건축을 구축하고 있다.

헤이덕의 건축언어는 형태가 아닌 형태의 입체적인 그림자이며, 장르의 패턴[그림 4-26][354)][그림 4-27][355)] 또는 시공간적 관계망의 짜임으로 이해되어져야 한다. 이로 인해 다이어그램을 대체할 수 있는 발견적 매체로 전개될 수 있으며, 캐릭터는 환유적 치환의 건축적 서술, 즉 산문적 추상으로 해석할 수 있다.

**셋째, 장르genre의 프로그램program을 작성(作成)한다.**

아이젠만은 다이어그램을 '동기없는 기호unmotivated sign' 로 명명하였다.[그림 4-28][356)] 건축은 궁극적으로 생산적인 담론이기 때문에

354) John Hejduk, 『Pewter Wings...』, p.146.
355) John Hejduk, 『Adjusting Foundations』, p.203.
356) Peter Eisenman, Staten Island Institute, 『Diagram Diaries』, p.214-215.

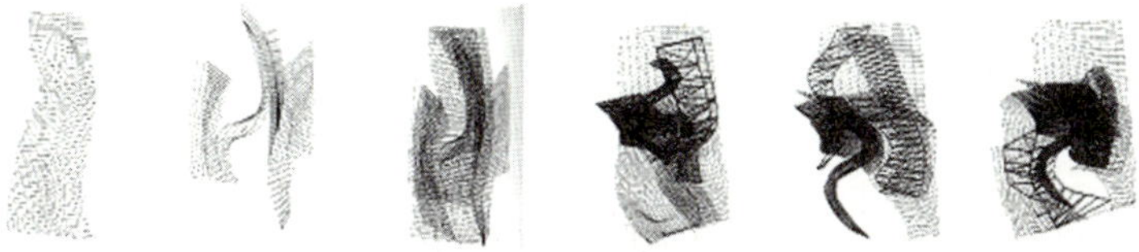

**[그림 4-28]** 아일랜드 주립대

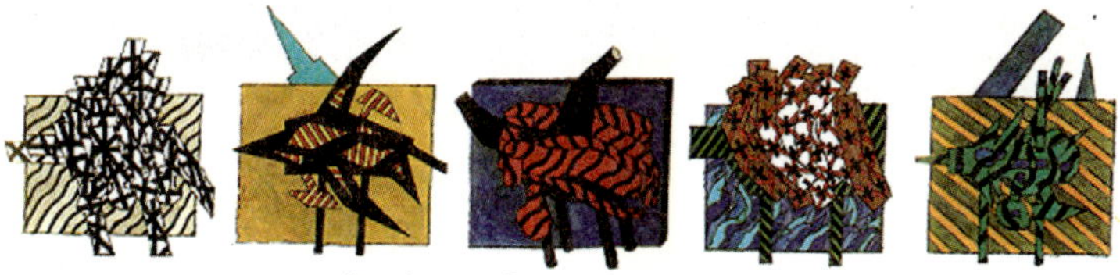

**[그림 4-29]** 안달루시안 주택군

건축에서는 완결된 니힐리즘nihilism이 가능하지 않다는 마씨모 까치아리Massimo Cacciari의 네가티브 건축은 지속적인 '되기becoming'의 상태인 다이어그램으로서 가능하다고 주장한다.[357] 이러한 논리에 따라 다이어그램을 기호학적 배경으로 고안된 메타 디자인 언어로 간주한다면, 사실주의적 사유를 배경으로 고안된 일상적 대화의 형상인 크로노토프는 다이어그램을 대체하는 한 대안으로서 해석할 수 있다. 크로노토프를 발견적 매체로 설정할 경우, 또 그 대상이 문학일때, '장르'이지만 건축에서는 '프로그램'으로 해석이 가능하다. 『백랍날개들, 금빛뿔들, 돌면사포들』에 게재된 안달루시안 주택시리즈에서[그림 4-29][358] 각각의 주택들은 환유적으로 치환된 시공간적 형상, 즉 산문적 추상으로 개별적 특성들이 구축되었다.

아이젠만의 작업이 형태간 자체적으로 생성되는 변수와 잠재성의 공간을 발견하고 있다면, 헤이덕이나 바흐찐의 크로노토프에게 변

357) Peter Eisenman, Diagram Diaries, Universe Publishing, 1999, p.214.
358) John Hejduk, 『Pewter Wings...』, p.51.

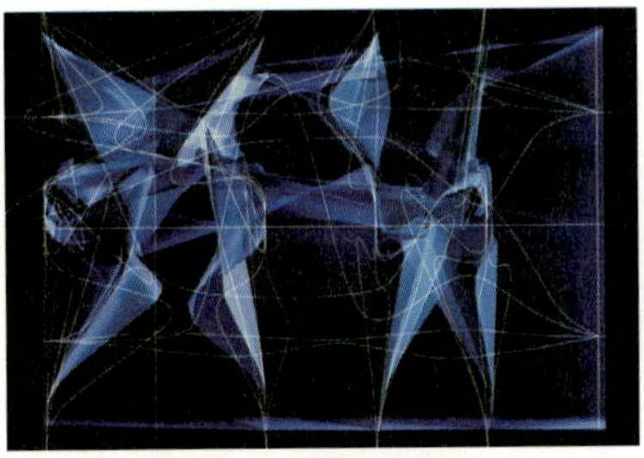

**[그림 4-30]** 가상주택

**[그림 4-31]** 네쌍둥이주택

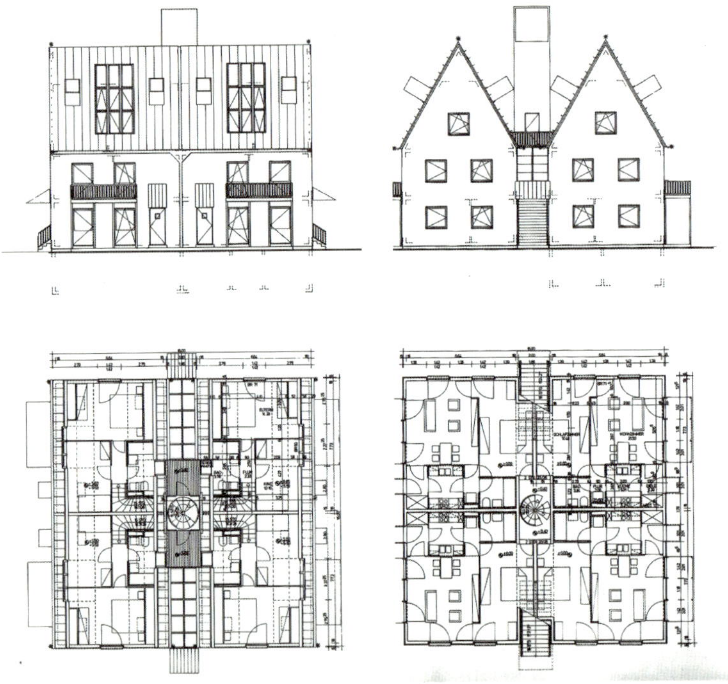

**[그림 4-32]** 네쌍둥이주택 평면도, 입면도

수와 잠재성은 장르, 그 시공간적 짜임에 이미 내재해 있는 것으로, 대화 혹은 이야기가 전개되면서 통제 불가능한, 고유한 시공간 개체인 타자들의 개입으로 돌출되어 사방팔방 뒤얽혀 드러난다. 이 드러남은 그 비체계적 형태로서 외재화[그림 4-30][359)]되는 것을 의미하지는 않는다. 더불어 네쌍둥이주택[그림 4-31][그림 4-32][360)]의 계단실처럼 그 드러난 시공간적 형상의 얽힘, 혹은 능동적 그림자shadow를 지탱하는 것이 저자와 작가의 역할이다.[361)] 반면 동질의 매체에 각기 다른 인자들factors이나 요소들이 변수로 개입되어 우연적/자의적 충돌로 구축된 아이젠만의 작업은, 다이어그램의 구축과정이 순차적, 체계적이라는 점에서 불확정적인 형태나 저자 자신의 의미 부재성이라는 작업의 전제와는 달리 완벽한 의미체계 를 형성한다. 하지만 저자/건축가가 시사토론의 사회자와 같은, 논쟁의 조정자coordinator라면, 토론의 참여자들의 개별적 시공간적 짜임은 저자 밖의 권한이며, 그 대화의 참여자들의 유일성과 구체성이 유지되어야만 논쟁이 가능하다. 이러한 점에서 바흐찐이 합의를 위해 대화하는 것이 아니라 투쟁하기[그림 4-33][362)] 위해서 대화한다는 바흐찐의 주장을 상기할 필요가 있다. 또한 바흐찐은 이러한 대화의 다성성(多聲性)으로 이야기가 전개되는 도스토예프스키의 소설을 크로노토

**[그림 4-33]** 기초 요소

359) Peter Eisenman, Virtual House, ibid., p.58.
360) John Hejduk, House of the Quadruplets, 『Vladivostok』, p.64.
361) 각주(350) 참고
362) John Hejduk, Basic Element, 『Adjusting Foundations』, p.143. 전쟁화에 기초

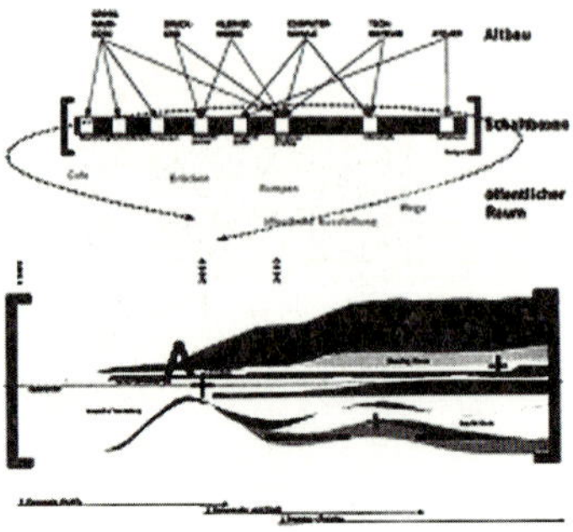


**[그림 4-34]** 살라만더 공장

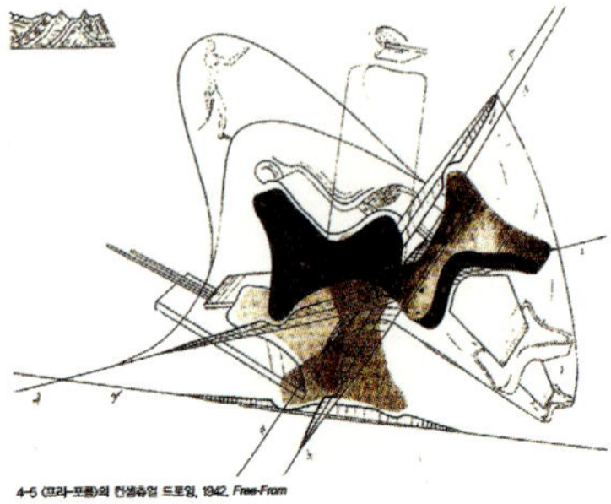

**[그림 4-35]** 자유 형태

프의 구체적인 사례로 제시하였다. [그림 4-34][363]는 비즈니스 스케줄을 시각화한 CHORA의 다이어그램이다. 행위 스케줄로 시간이 형상화되는 다이어그램이지만, 아이젠만의 디자인 프로세스와 마찬가지로 순차적이다. 바흐찐에게 행위는 이질적 형태간, 혹은 데이터화된 행위 빈도간 개입이나 돌출로 짜인 다양한 행태가 아닌 각기 다른 시공간망들이[그림 4-36][364] 구체적인 한 장소에서 무한히 겹쳐진 시간의 층들을 관통하고 그 시간들을 현재화(세익스피어를 읽는 현재, 혹은 수백만 년 전의 빛으로 빛나는 별들을 바라보는 현재)하는 능동적 주체의 참여로 가능하다. CHORA의 다이어그램과 달리, 키슬러의 프리폼Freeform 드로잉[그림 4-35][365]은 구체적이며 개별적 시공간성을 중첩하여 생긴 능동적 주체의 변수적 시공간망들을 제공한다.

삶과 예술의 단절된 관계에서 비롯된 형식주의와 구조주의 비평들을 통합하고 있는 것은 행동, 발화, 대화의 주제를 중심으로 전개되는 바흐찐의 사실주의적 사유이다. 근본적으로 바흐찐의 철학적 목

363) CHORA, Salamander Factory, Raoul Bunschoten, Public Space, p.48.
364) John Hejduk, 『Mask of Medusa』, p.441.(좌) Anthony W. Auerbach, p.86.(우)
365) F. Kielser, Free Form, 야마구치 가쓰히로, ibid., p.162.

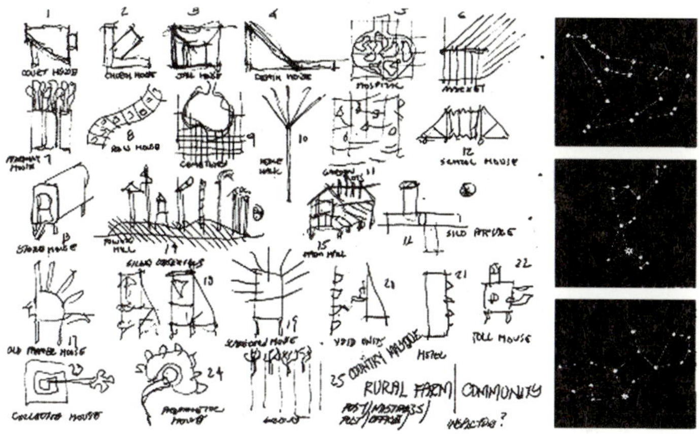


[그림 4-36] Hejduk, The Lancaster/Hanover Masque(좌), 별자리(우)

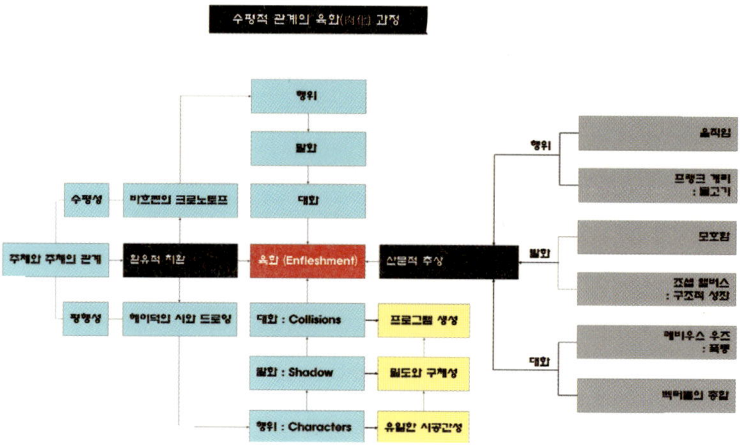


[표 4-4] 크로노토프와 헤이덕 건축의 전개 과정

표는 삶, 반복될 수 없이 구체적이며 직접 경험되는 유일성의 세계와 문화, 구체적인 유일성의 세계를 객관화하여 얻는 객관적인 통일성의 세계라는 두 세계의 반목과 갈등을 극복하는 것이기 때문이다.[366] 크

366) 윤숙희, 정진원, ibid., p.32. 재인용

로노토프는 이러한 바흐찐의 목표를 객관적이고 합리적으로 수행하는 하나의 분석방식이자 토대를 제공하고 있다. 이러한 크로노토프는 괴테의 시간(헤이덕의 타자성), 라블레의 육체(헤이덕의 캐릭터), 그리고 도스토예프스키의 대화(헤이덕의 별자리 구조)에 기초하여 그 구체적인 형상과 구조를 갖추게 된다. 바흐찐에 따르면 괴테의 경우 감정이입으로 추상화된 풍경이 아니라, 구체적으로 가시화된 시간으로 그 공간을 채웠다. 라블레의 경우 언어의 비공식적인 측면에 해당하는 생리적 행위와 해부학적 인체서술로 세계를 구체화하였다. 도스토예프스키는 대화로 동시적 공존의 다성성을 구축하였다. 더불어 스탠 알렌은 헤이덕의 작업을 바흐찐의 전체적 크로노토프로 해석하였다. 이들을 종합하여 건축에서의 크로노토프의 의미, 즉 다이어그램을 대체하는 장르의 형상으로 번안할 수 있는 토대를 마련하고자 한다. 이를 위한 가장 적합한 사례는 헤이덕의 작업이다. 헤이덕의 작업에서 장소는 환유적으로 치환된 캐릭터로서, 공간을 점유한 육체로 현재화되며, 프로그램은 이 능동적 캐릭터들의 움직임과 시간이 관여된 행위로 구축된 대화의 장, 장르가 된다.

별자리의 형상과 구조는 과거와 현재에 다르게 그려진다. 또한 인접성을 어떻게 해석하는가에 따라 다르게 구축되며, 더불어 헤이덕의 캐릭터들은 별자리의 시공간적 짜임의 형상과 같이, 유일하고 개별적인 시공간성들이 공유되는 맥락에서 수많은 장르의 형상, 크로노토프를 구축할 것이다. 그 장르들의 형상은 이야기 자신이지만, 건축에서는 프로그램으로 해석이 가능하다. 이로 인해 주체들은 내용을 배제한 기호와 형식의 변형으로 생성된 의미를 수동적으로 수용하기 보다는, 그 일상적 삶의 내용에서 출발하여, 능동적인 참여로 '예술적 통일성'을 구축한다.

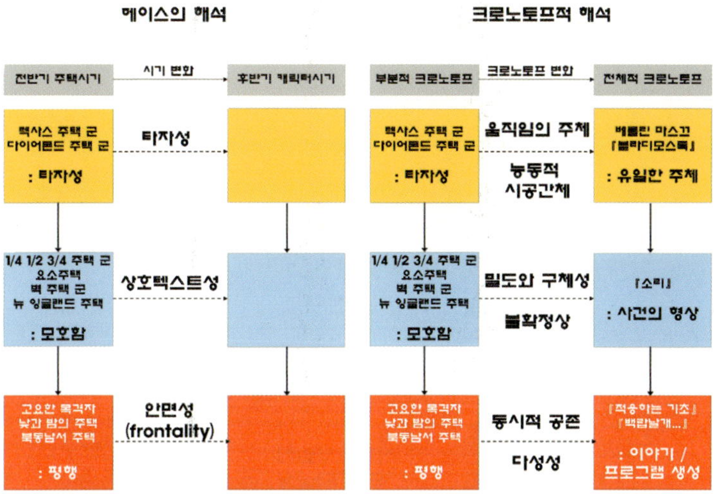


**[표 4-5]** 헤이덕 건축에 대한 헤이스의 분석과 크로노토프적 해석의 비교

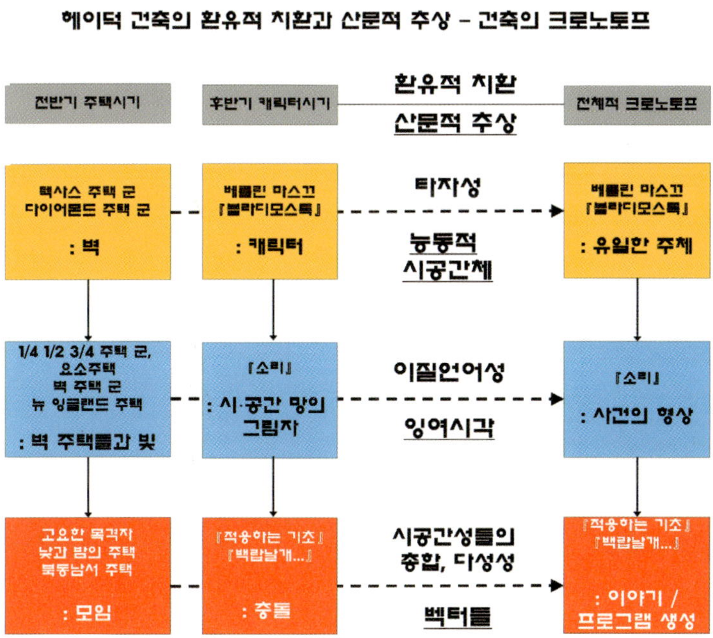


**[표 4-6]** 헤이덕 건축을 통한 건축의 크로노토프 특성

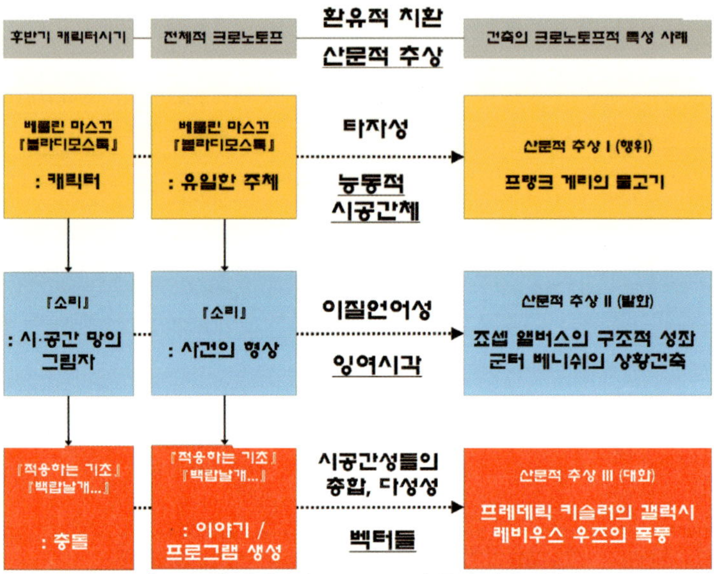


**[표 4-7]** 헤이덕의 크로노토프적 특성 관련 사례

## 4.2 존 헤이덕의 크로노토프적 특성 관련 사례

이제까지 문학이론인 크로노토프의 단계별 양상으로, 헤이덕의 서술적 건축을 분석하여 도출된 헤이덕의 건축언어들이 크로노토프의 단계별 양상을 건축적으로 육화enfleshment하는 과정을 살펴보았다. 헤이덕의 크로노토프는 서술체계의 시공간성을 건축적으로 육화하는 일련의 산문적 추상literal abstraction과정을 보여주고 있다. 이 산문적 추상은 문학 영역에서 크로노토프의 역할인 환유적 치환에 해당하며, 단계별 양상의 육화를 작동하는 논리라고 할 수 있다.

본 장에서는 행위, 발화, 대화단계에 적용된 각각의 산문적 추상과 관련된 건축, 회화의 사례분석을 통하여, 건축 작동방식architectural operation으로서 정의할 수 있는 크로노토프의 직접적인 방법들을 도출하고자 한다.

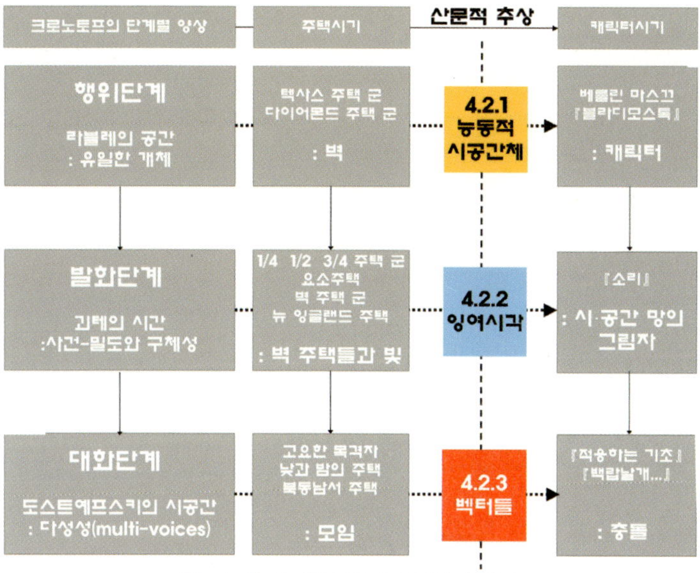


**[표 4-8]** 헤이덕 건축언어 변화와 방법

## 4.2.1 능동적 시공간망 : 산문적 추상 I(행위단계)

프랭크 게리의 물고기Frank Gehry's Fish

바흐찐은 기호학의 모순이 특정 언어만을 연구 대상으로 하였기 때문이라고 지적하였다. 기호학의 영역에서 건축가는 특정 언어의 한계를 극복하기 위하여, 특정 언어를 변형하고 해체할 수 있다. 하지만 장르간, 상호 이질적인 시공간망 체계간의, 대화가 없다면 여전히 기호학의 체계 내에 이루어지는 방법이 된다. 하지만 특정 언어만이 연구 대상이 아니라 보다 더 포괄적이었다면 형식과 형태 위주의 변형과 해체가 아닌 다른 방법이 모색될 수 있다. 바흐찐의 형식주의, 기호학적 비평의 핵심은 이질적인 일상적 언어의 배제에 있다. 이러한 배제로 인해 삶과 예술이 분리되었다는 것이다. 이로 인해, 언어연구의 대상이 되기에는 복잡하고 다양한 일상의 언어를 있는 그대로 담지하고 있는 소설, 특히

**[그림 4-37]** 프랭크 게리와 물고기 조명

대화적 소설이 삶과 예술의 괴리감을 극복하려는 바흐찐의 예술형식 연구대상이 된 것이다. 여기에서 환유적 치환이라는 서술방식을 통해 저자의 개입없이 일상적 이질언어를 그대로 수용하고 있는 대화적 소설을 예술적 형상으로 가시화하는 장치가 크로노토프이다. 이와 같이, 가장 직접적인 현실의 형식으로 고안된 크로노토프는 특수한 맥락에서 수행된 행위와 사건으로 구축된 경험을 이해하는 방식이 되며 현재성과 성장하는 사건들로 충만한 세계를 형상화 하는 실제substance의 장field을 구축한다.

이러한 현재성과 성장은 다성성, 또는 이질언어성Heteroglossia을 수용함으로 발견되는 일상성에있다. 프랭크 게리의 물고기fish[그림 4-37][367]는 대상의 형태가 아닌 시공간적 속성을 추상적으로 형상화하는 '움직임에 대한 산문적 추상성literal abstraction of movement' [368]이다. 이 산

367) www.netropolitan.org/gehry

368) 게리의 물고기 이미지에 관한 여러 인터뷰 기사를 종합하여 찾은 표현이다. 게리는 단순히 움직임을 표현하고자 하였다고 한다. 하지만 어린 시절의 물고기에 대한 기억이 있다. 따라서 형태의 변형이 아니라 거대한 스케일로 표현된 물고기의 형상을 '움직임에 대한 산문적 추상성'으로 정리하였다.

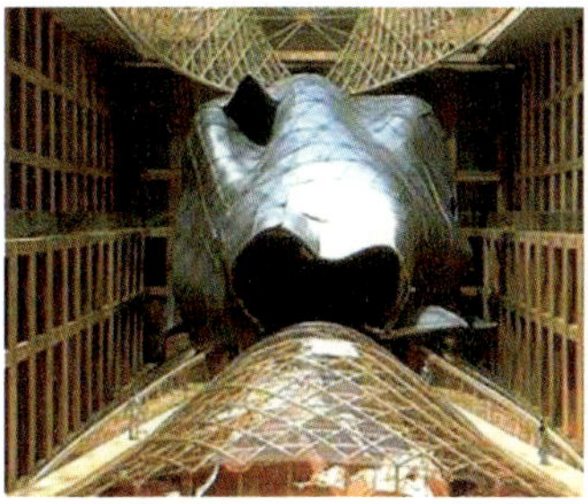

**[그림 4-38]** DZ은행, 1999

**[그림 4-39]** 제우스 신전 가상이미지

문적 추상성은 헤이덕이 캐릭터와 기초 도형의 시공간망들의 '대지없는 형상'과 같은 구축방법으로, 한 프로그램의 추상적 형태나 형식에 종속되지 않는 시공간적 속성의 건축동인이라고 할 수 있다. 베를린의 DZ은행[그림 4-38][369]은 아폴로 신전[그림 4-39][370]의 시공간적 속성을 구축한 것이다. 제우스 신전의 시공간적 체계가 환유적으로 치환된 DZ은행은 제우스 신전의 시공간성을 통해 이해될 수 있는 산문적 추상의 한 사례가 된다. 여기에서 크로노토프는 빛나는 오브제를 향한 열주, 동일한 반복적 체계, 그리고 그 체계를 통합하는 압도적인 스케일의 오브제로 구축되었다. 또한 프랭크 게리주택[그림 4-40][371]은 능동적 주체로서 해석할 수 있다. 대량생산되어서 지극히 일상적인 그러나 건축재료로는 다소 이질적인

**[그림 4-40]** 프렝크 게리주택, 1978

369) 프랭크 게리, www.lynnbecker.com, "What Makes Frank Run?" Lynn Becker
370) http://ce.eng.usf.edu, 린 베커는 위의 기사에서 DZ은행과 제우스 신전과의 관련성을 논의하였다.
371) www.netropolitan.org/gehry

**[그림 4-41]** 카드보드의자

재료를 외장재로 사용하였다. 이러한 과정을 통해 오래된 주택의 부분과 새로운 부분의 경계가 모호해지고, 이로 인해 지속적으로 구축과정 중에 있는 형태로 재창조되었다. 더불어 게리 가족 구성원의 변화에 따라 리노베이션이 지속적으로 진행되고 있다. 한 인터뷰에서 프랭크 게리는 한 방문객이 게리의 집이 아직 공사 중인 것으로 착각하는 것을 보고 성장에 관한 인식을 하게 되었다고 밝혔다. 의도적인 미완결성과 본래 재료에 잠재된 표현적 가능성은[그림 4-41][372) ] 회화의 시공간적 표현방식을 건축에 도입해 보려는 시도였다고 한다.[373)]

캐롤 번즈Carol Burns는 게리의 작업이 분석적 사고라기 보다는 주제별 사고라고 평가했다. 번즈에 따르면 주제별 사고에 근거한 작업은 주제개념이 상황적이고, 지역적이며, 특정한 조건들을 위해 설계된다.[374)] 또한 "완성된 건물보다 공사 중인 철골구조가 훨씬 더 시적이다."라고 말한다. 주제별 사고는 서술적 건축과 그 맥락을 같이하는 평가로, 크로노토프가 일종의 용기container로 사용자와 소통하면서 새로운 크로노토프로 재창조되는 과정으로 해석할 수 있다.

> 나는 각 건물들을 조각적 대상으로 접근한다. 공간적 용기(container), 빛과 공기로 가득 찬 공간, 감정과 정신의 맥락과 적절함에 대한 응답. 이러한 용기에, 이

372) cardboard furniture collections, 1969-1973, www.netropolitan.org/gehry
373) 천의영, 1980年代 中期 以後 現代建築의 關係性의 變化에 대한 硏究, 서울대 박사논문, 1999, p.96.
374) 천의영, ibid., p.95.

> 조각에 사용자들은 프로그램이라는 자신의 짐을 가져 온다. 그리고 그의 필요를 수용하기 위해 그 용기와 상호 작용(interact)한다. 만약 사용자가 그렇게 할 수 없다면, 난 실패한 것이다.[375)]

예산과 같은 현질적 제약에 순응하는 게리의 프로젝트는 예산이 초과된 시드니 오페라 하우스Sydney Opera House와 비교되기도 한다. 게리가 예산의 범위를 맞추어 작업할 수 있는 이유 중의 하나는 예술가들과 협력하여 작업을 수행했기 때문이다. 한스 샤로운Hans Scharoun 또한 예술가와 협력하여 작업을 진행하였는데, 이러한 작업방식의 경우, 건축가는 협력자coordinator가 된다. 특이한 점은 두 건축가가 모두 그들의 건축적 특성으로 민주주의의 개체성, 움직임, 그리고 도시적 구성을 언급하였다는 것이다. 바흐찐의 다성성 소설에서 저자, 또한 이와 같은 등장인물, 대화, 그리고 장르간 조정자로서 위치하고 있다.

> 클라이언트의 문제를 해결해야 하고, 예정된 제 시간에, 예산에 맞추어 컨텍스트에 맞추어 건물을 만들어야 한다. 나는 이 모든 주어진 것들을 고려한다. 왜냐하면 주어진 조건들이니까.[376)]

**[그림 4-42]** 벤슨주택

자신이 개인적으로 매우 애착을 갖는 작업이라고 언급하는 벤슨주택The Benson House[그림 4-42][377)]은 단순한 2개의 4각형으로 구성된 주택이다. 게리 자신은 형태적 조정이 아니라 건축주의 요구조건들을 수용하여 발생

375) www.volume5.com/gehry12
376) www.paperny.com/gehry2
377) http://heed.home.igc.org

**[그림 4-43]** Ron Davis Painting

**[그림 4-44]** 론 데이비스 주택

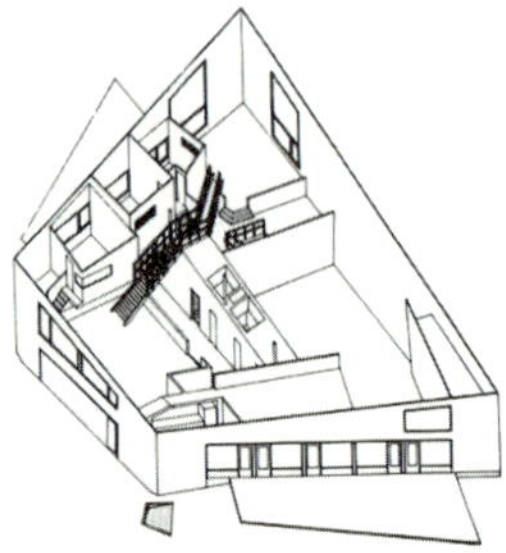

**[그림 4-45]** 실내 투영도

한 일상적 요소들간의 이질적 관계의 설정을 통해 단순하지만 풍부한 작업이 될 수 있는 가능성을 인식하게 된 작업이라고 회고하였다.

> 이 프로젝트의 풍부함은 그들이 생성할 공간에 각각 서로에게 다른 형태로 그리고 공간으로 관계를 맺는 분절된 두 4각형, 조각들의 차이일 것이다. 두 건물의 결합, 천창들(skylights), 굴뚝, 카펫들, 계단들, 그리고 움막집(log cabin), 모두, 서로를 이간(離間)시킬 때 이 단순한 박스들을 더 풍부하게 만드는 부분들(pieces)을 만든다.[378]

프랭크 게리는 론 데이비스Ron Davis주택[그림 4-43][그림 4-44][그림4-45][379]에 대해서 투시도의 시점(視點)을 조작하는 그 화가의 화법을 언급하였다. 그 화법은 아나모르포즈anamorphosis의 하나로, 시각적 착각을 통해 생성된 의미의 풍부함을 표현하는 것이다. 게리는 론 데이비스의 회화, '부유Floating' 시리즈의 여러 소점에서 만들어지는 판상형의 공간들을, 3차원의 내부공간으로 차용하였다. 건축비평가인

378) http://heed.home.igc.org
379) www.irondavis.com

셀란트Germano Celant는 게리가 회화의 이미지가 아닌 회화작업의 원리들을 건축 구축방식으로 재현하고 있다고 평가하였다. 하지만 인지된 세계와 개념적으로 존재하는 세계를 물리적으로 중첩시켜 경계를 무너뜨리고 비합리적인 경험으로 유도한다기 보다는, 다중적 소점을 시점으로 해석할 경우 바흐찐의 개별적 시공간성, 그리고 캐릭터로 발전하는 헤이덕의 입체적인 기초 도형망matrix처럼 시점의 동시적 공존으로 발생하는 접점이 경계로 가시화되었다고 해석될 수 있다.

팝아트라는 예술 범주에서 게리의 작업을 해석하기도 하지만, 게리의 이질적 일상성의 수용, 사실주의적 인식, 주제별 전개사례를 검토해 볼 때, 게리의 크로노토프는 타자성으로 외재화된 능동적 주체들의 시공간성으로 해석할 수 있다. 따라서 프로젝트의 구축과정, 건축재료, 물고기의 운동감, 그리고 형상적 스케일의 전이들은 능동적 시공간망들에 적용된 산문적 추상literal abstraction의 구체적 건축언어로 해석할 수 있다.

### 4.2.2 잉여시각Surplus of Seeing : 산문적 추상 II(발화단계)

#### (1) 죠셉 앨버스의 구조적 성좌Josef Albers' s Structural Constellation

죠셉 앨버스(1888-1976)Joseph Albers[그림 4-46][380]는 '구조적 성좌Structural Constellation' 로 착시효과 아티스트optical artist라고 평가되기도 하지만, 앨버스 자신은 이러한 평가를 거부하였다. 앨러스의 개방적인 전이translation개념과 스케치북에 담긴 '공식들formula' 에 대한 연구

**[그림 4-46]** 작업 중인 요셉 앨버스

380) Anthony W. Auerbach, Structural Constellations, Ph.D Thesis, p.202.

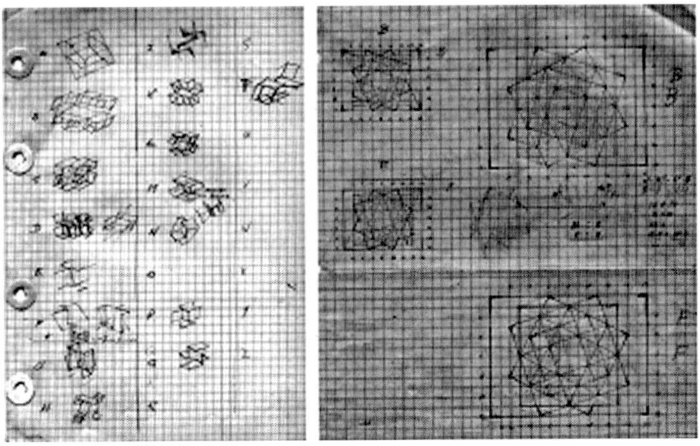

**[그림 4-47]** 구조적 성좌 스케치

들은 앨버스의 작업이 의도적으로 모호함을 지향한 기하적 추상이 아닌, 열린 구조의 가능성에 대한 탐구라는 것을 보여준다. 구조적 성좌는 앨버스가 1950-1960년에 작업한 작품들에 대해 본인이 지은 명칭으로, 부제는 '4각형에 대한 존경Homage to Square' 이다. 또는 '도드라진 선적 구축Embossed linear construction' [381]으로 부르기도 했다.

앨버스는 제도판없이 그리드grid 종이 위에 선작업을 한 후[그림 4-47][382] 다른 매체로 옮길 때 그 선들의 처음과 끝점의 위치를, 스케일과 재료가 다른 매체, 반사되는 비닐Vinylite로 마무리된 표면 위에 새겨 놓았다. 그리고 이 점들을 '구조적 성좌' 로 지칭하였다. 이렇게 보이지 않는 표시방법embossed으로, 선들의 교차점과 끝점을 찍은 후 자를 이용하여 그 점들을 연결하였다. 또한 이 선들을 잉크로 그리지 않

381) Embossed Linear Construction was the title of a group of editioned graphics of Structural Constellation designs which Albers produced in 1969(Structural Constellations Catalogue nos. [hereafter sc] 623, 630).

382) Anthony W. Auerbach, ibid., p.204.

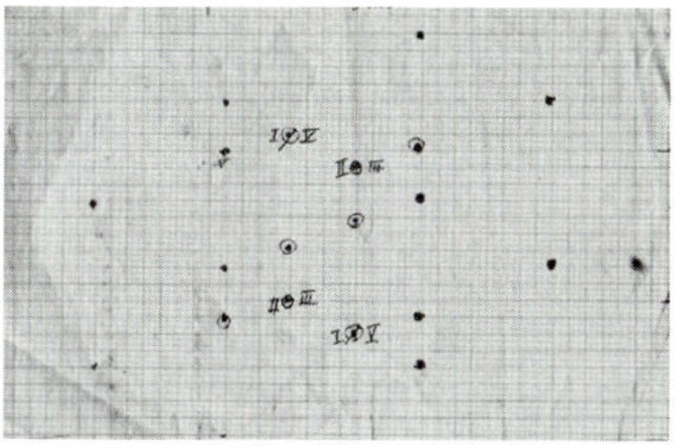

**[그림 4-48]** 구조적 성좌 변형과정

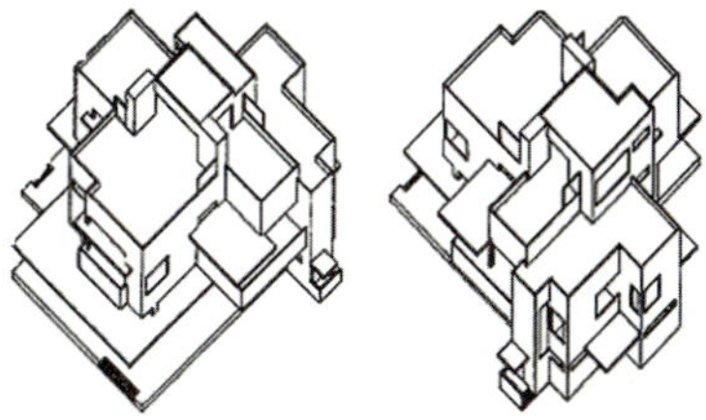

**[그림 4-49]** Maison particuliere

고 새기는 방식으로 작업하기도 했다. 마지막 선작업은 캔버스의 표면 재료에 따라 기계로 새기기도 하였다. 지칭은 별자리, 성좌이지만, 별자리들이 있고, 사람들이 그 위치를 기준으로 자신들이 보고 싶은 이미지를 그리는 별자리 형상과는 달리, 앨버스의 경우는 그리드grid상의 선작업이 무지의 캔버스로 옮겨 가는 과정에서 선의 위치를 표기하는 보이지 않는 구멍들punctures[그림 4-48][383]을 지칭하는 것이다. 따라서 앨버스가 작업 초기에 사용한 그리드는 예술적 형상, 드로잉이 출현하게 되는 기원이 된다. 여기에서 저자는 의미를 제공하는 역할이 아닌 관람자와의 시공간적 조우(遭遇)를 준비하는 조력자가 된다. 또한 관찰자와 회화, 그리고 저자의 시공간적 조우라는 점에서 앨버스의 작업은 1920년대 동시대의 화가 테오 반 되스부르그Theo Van Doesburg[그림 4-49][384]의 4차원 개념과 절대추상, 그리고 엘 리치스키El Lissitzky[그림 4-50][385)

**[그림 4-50]** 빨간 모서리로 흰색 치기

383) Anthony W. Auerbach, ibid., p.205.
384) Theo van Doesburg and Cornelis van Eesteren, Maison particuliere, 1923, ibid., p.157
385) El Lissitzky, Beat the Whites with the Red Wedge, lithograph, 1919, ibid., p.183.

**[그림 4-51]** 4각형에 대한 존경

**[그림 4-52]** 구조적 성좌, No.17

의 회화, 글자와 혼합하여, 인식의 모호함을 추구한 요소적elemental이며 기하학적인 이미지의 수사학과 비교 연구되기도 한다. 하지만 앨버스의 시공간적 조우, 소통은 기하학적 추상의 개념과는 다른, 고대의 수학적 감각에 기초한다.

착시라고 평가되는 일련의 4각형 그림들은 뚜렷한 4각형상과는 모순적으로 관계의 모호함이 구축되어 있기 때문에 오히려 그 4각형에 부여된 절대추상성을 파괴하고 있다. '4각형에 대한 존경' [그림 4-51][386]이라는 제목도 절대추상에 대한 시니컬cynical한 제스츄어이다.[387] 캔버스 표면이 검은 색의 반사재료[그림 4-52][388]로 마감되어, 관람자의 형상이 동시적으로 캔버스에 공존하는 상황은 관찰자의 잉여 시각을 의도한 것으로 판단된다. 따라서 이 표면에 구축된 모호한 경계 상황은 회화 자체, 구조적 성좌로 야기되는 모호한 시공간적 경계와 중첩된다.

386) Study for Homage to the square: Equilibrant 1962, www.albersfoundations.com
387) Anthony W. Auerbach, 「Structural Constellations Excursus on the drawings of Josef Albers c. 1950-1960」Thesis submitted for the Degree of Doctor of Philosophy, Slade School of Fine Art, University College London, 2003
388) Josef Albers, Structural Constellations, 1950, www.tatemuseum.com

**[그림 4-53]** 2개의 정문

**[그림 4-54]** 맨하탄

동판과 유리로 제작된 '2개의 정문' [사진 4-53][389]의 재료와 형식은 대칭적인 구성이지만 질적으로 다른 음조tone와 분위기mood를 제공하고 있다.[그림 4-55][390] 정밀한 대칭성에서 생성되는 모호한 분위기는 헤이덕의 네쌍동이주택을 연상시킨다. 그리고 '맨하탄' [사진 4-54][391]은 문 패턴작업이다. 실내 내부를 가득 채운 전면의 패턴 창의 빛은 헤이덕이 라로쉐주택에서 실내 바닥과 벽면을 반사된 빛들의 모호한 분위기mood가 실제로 구축된 상황이라고 할 수 있다.

**[그림 4-55]** Interaction of Color책 커버, 1963

삶의 실제화에서 타자성을 강조하는 바흐찐에게 있어 텍스트(나)는 다른 텍스트(타자)와 접촉함(경계)으로 살아나는 것이다. 이 시공간이 다른 텍스트, 혹은 장르간 접촉의 방식이 크로노토프이다. 크로노토프의 경계와 테오 반 되스부

389) Josef Albers, Two Portals, 1961, www.albersfoundations.com
390) Josef Albers, Interaction of Colors 책 커버, 1963
391) Josef Albers, Manhattan, 1963, www.albersfoundations.com

르그의 벽들과의 차이점은 저자와 독자의 범주에서 찾을 수 있다. 바흐찐에 따르면, 이상적인(理想的) 독자reader를 설정한 형식주의에서 그 독자는 거울에 비친 저자의 반영reflection이다. 따라서 독자는 저자에게 타자가 될 수 없고, 타자성으로 생겨나는 잉여시각을 가질 수도 없다. 따라서 독자는 거울의 반영과 같이 저자의 행동을 그대로 따라 하는 기계적 반응이 있을 뿐이다. 저자와 이러한 독자 사이엔 어떠한 상호 작용도, 어떠한 능동적이고 극적인 관계, '관찰자에 좌우되는 공간의 지각' 즉, 비결정적인 현실성도 있을 수 없다.[392] 앨버스의 크로노토프는 모호한 경계의 시공간성이며, 잉여시각, 정밀한 대칭성, 색채와 형태의 인접성, 색채와 형태의 유사성, 평행적 관계, 다른 매체로의 전이translation방법, 잉여시각이 투영되는 반사재료 등은 이 모호한 경계의 산문적 추상이라고 할 수 있다.

### (2) 귄터 베니쉬의 상황 건축Guenter Behnisch's Situation Architecture

귄터 베니쉬는 휴고 헤링Hugo Haering과 한스 샤로운Hans Scharoun으로 대표되는 독일 기능주의Functionalism의 영향을 받은 것으로 알려졌다. 일반적으로 표현주의로 알려져 있지만, 이 명칭은 합리적 기능주의 건축에 호의적이었던 일부 건축비평가들이 독일 기능주의의 형태만을 평가하여 명명한 것이다. 비평가들의 편협한 지칭과는 달리, 헤링은 형태논리와 무관하게, 형태언어에서 자유로운 주변 환경에 적절히 적응한 동양의 주택을 보면서 무한한 자유를 느낀다고 하였다. 「신건축」이라는 짧은 에세이에서 헤링은 동시대에 전개된 이상적이며, 합리적인 형태논리를 비평하며, 유기적으로 결합하는 건축공간의 개념을 제안하였

392) 미하일 바흐찐, ibid., p.513.

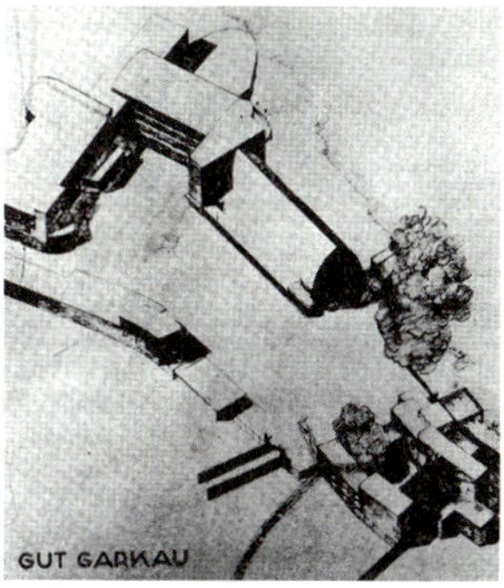


**[그림 4-56]** 가르카우 농장

**[그림 4-57]** 가르카우 농장, 1924

다. 프로그램에 적합한 형태를 스스로 발견할 수 있도록, 외부로부터의 결정이나 형태에 대한 강요와 추상적인 법칙에 따른 강제를 반대하는 건축론이다.[393] 이와 같이 휴고 헤링은, 형태는 강제되는 것이 아니라 발견되기를 기다린다고 말하며, 봉사자로서 건축가의 사회적 의무를 강조하였다. 휴고 헤링의 가르카우 농장[그림 4-56][394][사진 4-57][395]은 소들의 움직임에 기초하여 계획되었다.

휴고 헤링을 정신적 지도자로 여겼던 한스 샤로운[사진 4-58][396]은 베를린 필하모니 홀계획 당시에 '민주주의라는 한 총합 속에 개별적인 부분들의 형태적 자유로움'을 선언하였다. 샤로운의 작업들은 내부에서 외부로 향하는 구축방법이 적용되었으며 기술

**[그림 4-58]** 슈밍케주택

393) 류호창 외, 「권터 베니쉬의 상황 건축에 관한 연구」, 한국실내디자인학회 논문집, v.14 n.2(통권 49호)(2004-05)

394) Matthias Schirren, 『Hugo Haering』, Gut Garkau, 1924, p.128-133.

395) Matthias Schirren., ibid., p.133.

396) Hans Scharoun, Schuminke House, 1933, www.smwk.de

**[그림 4-59]** 가톨릭 대학교 도서관, 1987

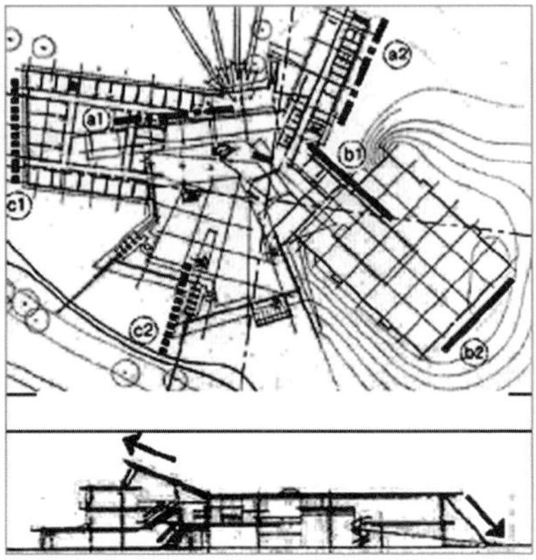


**[그림 4-60]** 가톨릭 대학교, 평면과 입면

technology에 의해 형태를 갖추는 건축이 아니라, 장소의 본질과 거주하는 행위로 지어지는 건축으로 평가된다. 개별적인 동선은 그 자체의 빛을 가지고 움직이는 것처럼 어두운 한 지점에서 외부를 향해 분산된다. 휴고 헤링과 한스 샤로운에 대한 연구자로 널리 알려진 영국의 피터 블룬델Peter Blundell교수는 한스 샤로운의 '균형방정식equation' [그림 4-59][397)][그림 4-60][398)]이 권터 베니쉬의 작업에서 반복되고 있다고 평가하였다. 하지만 형태언어가 아닌 상황 건축의 내적구조internal structure에서 반복되고 있는 점을 강조하였다. 권터 베니쉬는 자신의 상황 건축을 다음과 같이 정의하고 있다.

> 건축의 목적은 단순히 건물을 짓는데 있지 않고 그보다는 창조되는 상황에 있다. 그러기 위해서는 상황이 그 상황을 강렬하게 하거나 증폭하는 한계로 해석

397) 조자연, 「권터 베니쉬의 작업에 나타난 상대적 균형감에 관현 연구」, 대한건축학회 논문집, v.20 n.5(2004-2005), p.15.
398) 조자연, ibid., p.15.

할 필요가 있다. 한 특정 상황의 특이성들은 새로운 해결방안을 제시하는데 있어 결정적인 역할을 수행한다.[399)]

나는 항상 사물도 사람처럼 느끼려고 한다. 그 이면에는 그들 방식대로 그들 스스로 표현할 수 있도록 그냥 두겠다는 나의 의도가 숨어 있다. 재료의 다양함과 형태는 내게 자유의 한 부류로 존재한다. 자유란 사물이 가진 그들의 아이덴터티(identity)를 발견하는 것이다.[400)]

한스 샤로운의 건축에서와 같이, 베니쉬의 작업은 잠재성의 매개공간 역할을 하는 공유공간, 계단과 복도로 인해, 내부에서 외부로 향하는 사람의 행위가 프로젝트의 전체적인 구성을 결정하였다. 따라서 계단과 복도는 이동을 위해 계산된 기하학적 공간으로 비워진 것이 아니라, 개별적인 주체들의 시공간적 벡터라는 잠재적 에너지로 가득찬 또다른 시공간적 주체가 된다. 주목할 점은 중심에서 외부로 방향성이 생기는 점인데, 여기에서 중심은 건물의 중심을 의미하지 않는다. 행위의 밀도는 개별적 행위의 방향성이 중첩되어 발생하는 것이다. 따라서 행위의 밀도가 높은 곳에서 낮은 곳으로 확산되는 자연현상적 특성에 따른 설정으로 이해될 수 있다. 따라서 행위를 발생시키는 기원orientation이 중심이 되며, 그 중심의 위치에 따라 행위의 방향성과 밀도가 결정된다.

베니쉬 건축에서의 이와 같은 공유공간은 접점contact공간이며, 끊임없이 새로운 현재를 생성하는 경계로 채워진 장소가 된다. 인간과 환경과의 관계가 직선적이고 일방적인 방식이 아닐 때, 그 의미가 있다는 베니쉬는 타자와의 소통관계를 이와 같은 공유(共有)공간으로 구축

399) Guenter Behnisch, Anspache zur Eroeffung der Eiermann-Austellung, Muenchen 1984/95, unveroeffentlichtes Typoskript

400) 류호창, ibid., p.98. 재인용

**[그림 4-61]** 무한주택 평면도, 입단면도(Endless House, 1959)

하며, 그 공유공간을 구축하는 재료와 대상을 유리와 같은 재료가 가진 투명성이나 벽, 파티션의 중첩과 반복적으로 구축되는 축axis, 단위공간, 빛과 소리로 확대하였다. 이와 같이 공유공간은, 지각(知覺)하게 되는 대상과 지각하는 주체 사이의 상호 접점으로 실체화된 잉여시각과 그로 인한 고밀도 영역으로 설정되어 있다.

따라서 베니쉬의 크로노토프는 지속적 접점으로 생성되는 상황의 시공간성이며, 공유공간, 잉여시각, 유사한 벡터들의 중첩, 접점 등은 상황의 시공간성에 적용된 산문적 추상의 구축언어로 해석할 수 있다.

### 4.2.3 벡터들Vectors : 산문적 추상 III(대화단계)

#### (1) 프레드릭 키슬러의 갤럭시Frederick Kiesler's Galaxy

프레드릭 키슬러Frederick Kiesler의 갤럭시galaxy[401]는 자신의 무한주택 Endless House[그림4-61][402]과 상호 현실주의Correalism의 기초가 되는

401) Benjamin writes in the introduction to his study on German tragic drama, 'Ideas are to objects as constellations [Sternbilder] are to stars.
402) 야마구치 가쓰히로, Frederick Kiesler, Endless House Model, ibid., p.285.

**[그림 4-62]** Two Galaxy Collision

개념이다. 갤럭시[403]라는 명명(命名)의 발단은 1918년이라고 추정하지만, 1948년 무대장치로 제작된 조각작품이 갤럭시로 불린 최초의 작업이다. 연극무대의 즉흥성을 영화의 메커니즘mechanism과 비교하기도 한 키슬러는 「황제존스」라는 연극의 무대장치에서, 무대를 바라보는 관람자의 시각에서 창안된 개념인 '공간무대'를 실현하였다.

후에 키슬러는 "나는 여기에서의 실험을 통해 우리가 경험하는 공간은 모든 부분이 중복되는 동적 상황 속에 놓여 있다는 사실을 알았다. 그것은 결코 중단되는 일이 없이 변화한다. 이에 따라 여기에서 나는 연속되는 장력을 의식하게 되었다"라고 회고했다.[404] 이와 같이 갤럭시라는 용어와 개념은 공간무대의 장력tension이 발전된 개념이다. 1925년경에 발표한 「선언 1925」 서두에서, 자신은 살아 숨쉬는 건축을 꿈꾼다고 했다. 키슬러의 장력은 건축공학적 기술이 아니라 세계 또는 우주의 원리[그림 4-62][405]이며 인간의 생태기능에 상응하는 구조의

403) NGC 520's unique shape is a result of a two-galaxy collision-one galaxy's dust lane can be seen easily in the foreground. Our own galaxy-the Milky Way-will collide with the Andromeda Galaxy in about 5 billion years(Image: Gemini Observatory), www.space.newscientist.com
404) 야마구치 가쓰히로, ibid., p.98.
405) http://en.wikipedia.org/wiki/Galaxy

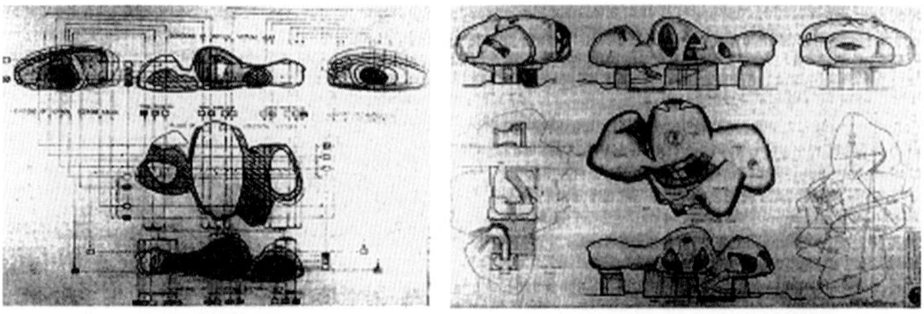

**[그림 4-63]** 무한주택 평면도, 입단면도(Endless House, 1959)

일종[406]이라고 할 수 있다. 이와 같이 키슬러는 인간의 생체감각에 기준을 두는 기능, 즉 생명체가 지니는 유연성에 부합되는 기능을 지닌 건축[그림 4-63][407]을 지향하였다. 이를 위해 인간의 사회적 또는 일상생활의 조건을 분석하여 그것을 외재화하는 방법을 연구하였다.

> 생명이란 일차적인 필요성을 충족하기 위한 개체들간의, 또는 종과 종간의 협력과 배제 그리고 투쟁의 표현이다. 이같은 활동적인 힘이 눈에 보이는 형태를 취하게 되면 우리는 그것을 '물질' 이라고 부르는데, 이것들을 우리가 '현실' 이라고 부르는 세계를 구성하는 요소가 된다. '현실' 이 이처럼 표면적으로 해석되는 이유는 우주에 작용하는 힘과 그 관계에 대해 생각하기에는 인간의 감각에는 한계가 있기 때문이다. '물질' 이란 '현실' 그 자체가 아니라, '현실의 표면' 에 지나지 않는다. 만약 '물질' 이 곧 '현실' 이라고 한다면 생명은 정적인 것일 수 밖에 없을 것이다.[408]
>
> 형태는 기능에서 탄생한 것이 아니다. 형태는 비전에서 탄생하는 것이다. 그리고 비전은 현실에서 탄생한다.[409]

개체들간의 투쟁을 생명의 자연스러운 상호 관계성으로 인식한

406) 야마구치 가쓰히로, ibid., p.96.
407) 야마구치 가쓰히로 ibid., p.284.
408) 야마구치 가쓰히로, ibid., 「프레데릭 키슬러 On Correalism」, p.60.
409) James Marston Fitch, p.192-196. 재인용.

**[그림 4-64]** 말의 갤럭시, 1954

키슬러는 갤럭시[그림 4-64][410]로 저자가 확정한 틀과 경계로부터 자유로운 각 유니트unit간의 관계를 제안한다. 위에서 언급된 현실에 대한 비평은 재료로서 대상화된 삶과 예술에 대한 형식주의의 한계를 향해 던져진 것이다. 또한 '현실의 표면' 이면에 내재된 '유전Genealogy' 이나 '우주적인 힘' 은 경험이라는 역사적 시간성에 대한 인식을 말한다. 절대적인 작가의 위치와 관람자처럼, 일방적인 관계에 설정되어 있는 작가의 틀과 경계로부터 자유로워진 대상은 작가가 아닌 관찰자의 상상력으로 하나의 예술로 통합된다는 갤럭시는 저자와 관람자의 관계를 상호 현실correalism로 확장시켰다. 친숙한 대상이 해체되어 자유롭게 자신의 공간적 위치를 점유할 때, 자체에서 서로를 필요로 하여 자력이 발생한다. 이들 앞에선, 시공간적으로 자유로운 관람자의 상상력은 현실에 고착되어 있지만, '끊임없이 계속되는 연속체의 의지에 따라 고

410) Horse Galaxy, 야마구치 가쓰히로, ibid., p.251.

**[그림 4-65]** 폭풍 드로잉

**[그림 4-66]** 폭풍 설치사진

정된 것으로부터 불연속적으로 성장을 지속하는 지구적인 유기체를 구성' 하게 된다.

따라서 키슬러의 크로노토프는 갤럭시를 구성하는 유니트들간의 유기체적 관계가 되며, 분해된 유니트, 개별적 주체들에 내재된 벡터 관계, 장력/자력의 관계, 투쟁적 관계로 성장하는 유기체는 갤럭시의 산문적 추상이 된다.

(2) 레비우스 우즈의 폭풍Lebbeus Woods' s Storm

레비우스 우즈의 '폭풍Storm' [그림 4-65][411][그림 4-66][412]은 물리적 특성/속성으로 구축된 전시작업이다. 레비우스의 설명에 따르면, 폭풍은 단 하나의 벡터가 아닌 예상치 못한 순간에 일제히 행동하는 벡터의 총합[413]이다. 여기에서 각각 유사한 부재rod의 크기로 형상화된 폭풍의 벡터는 바흐찐의 말을 내포한 사물들, 즉 발화에 해당하는 행위가 되며, 폭풍의 순간, 즉 벡터의 총합은 동시적 발화행위의 순간으로, 대화에 해당한다. 주목할 점은 레비우스의 건축도면이 현대물리학의 양자역학에

411) Lebbeus Woods' Storm Drawing, 2002, www.cooper.edu
412) www.cooper.edu
413) "The Storm is not a single vector, but an accumulation, a community of vectors, unexpectedly acting in concert." Lebbeus Woods, the Cooper Union Exhibition 2002

관한 이미지[그림 4-67][414]와 상당히 유사하다는 점이다. 원자핵 파괴장치atom smasher에서 양성자 충돌 시 발생하는 에너지의 흔적[그림 4-68][415]과 건축을 기하학적으로 성장하는 에너지의 통합[그림 4-69][그림 4-70][416]으로 해석하는 레비우스 드로잉과 유사한 것은 어쩌면 당연한 것이다.

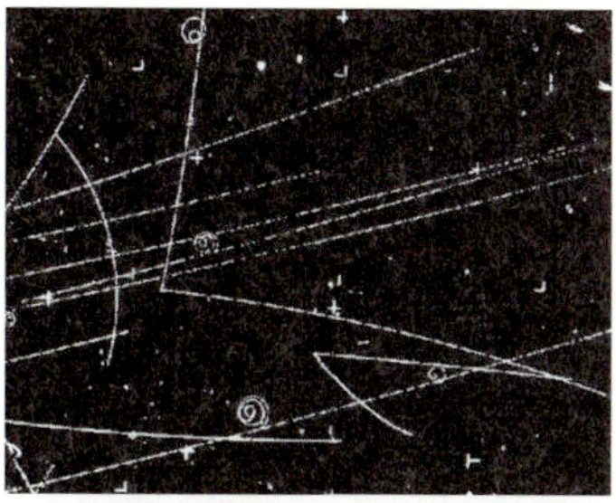
**[그림 4-67]** Atom Smasher Energy Image

**[그림 4-68]** Atom Smasher

> 물리학은 이론, 실험, 비젼(vision), 그리고 구축이다. 이 조직(apparatus)은 이상(ideal)의 우아함을 증명하기 위해 존재할 뿐이다. 건축에 주는 물리학의 영향을 수용한다면, 기술의 역행보다 더 근본적인 것이 될 것이다. 각각의 개인들은 그/그녀가 경험하는 우주의 중심에 존재하며 각자의 특별한(unique) 관점으로부터 얻은 진실을 안다. 이런 의미에서 근대는 개인의 경험으로 시작한다... 물리학이 건축에 주는 영향은 분석적이고 과학적인 방법론이 아니라, 그 창조력을 부여하기 위해 자유로운 상상력, 그리고 입자와 우주를 이해하는 수학적 엄격함을 제공할 것이다...

**[그림 4-69]** 아이스 풀, 2004

414) www.pbs.org
415) www.pbs.org
416) Lebbeus Woods, Icepool, www.tillettlighting.com

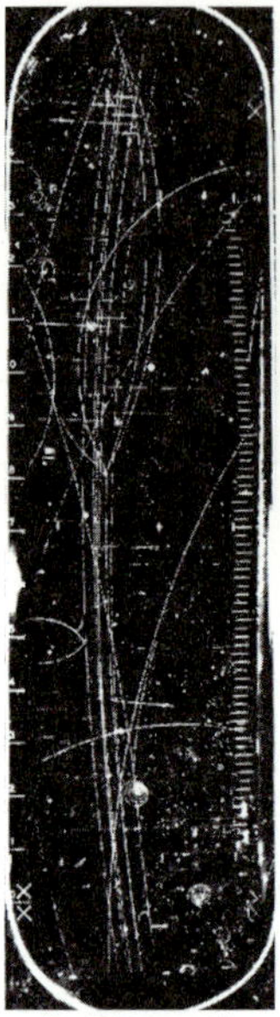

**[그림 4-70]**
Atom Smasher Image

**[그림 4-71]**
세계무역센터

기하학과 빛은 내 작업의 근본적인 요소들이다... 빛, 에너지, 그리고 물질(matter) 사이의 관계에 대한 기하학은 물리학 전반의 구조를 알려 준다...현실적 측정을 의미하는 기하학을 대신하여 보편적 용어, '메트리칼리티(Metricality)' 를 사용한다. 이것은 빛으로 짜인 측정 가능한 패브릭(fabric)에 내재되어 있는 시공간의 구조이다...이것에 대한 다양한 측량체계들은 핵입자부터 우주에 이르는 모든 스케일의 물리적 세계에 걸쳐 있는 물리적 연속성을 숫자로 그 표현을 하고 있다.[417]

우즈의 메트리컬리티가 제안된 『새로운 도시계획안』의 프로젝트에서 사람들은 개별적인 활동정도에 부합하여 각자의 위치를 중심으로 한 원으로 기술describe된다. 따라서 독립된 각각의 사람들간의 상호 작용은 원들의 중첩overlaying과 관입penetration으로 형상화된다. 이로 인해 거의 어느 곳에서도 닫히거나 침범당하지 않은, 완전한 원은 없게 된다. 결과적으로 기하학적 구축방식이지만, 형태가 아닌 행위라는 벡터의 형상을 창출하며, 형태라는 임의적 구성이 아니라 벡터의 총합을 구축한다.

9/11 월드 트레이드 센터 기념관World Trade Center Memorial계획안[그림 4-71][418]의 기본적인 개념은 영원히 성장하는 건축이다. 최고층

417) Lebbeus Woods, 『The New City』, p.7-8.
418) Lebbeus Woods, WTC, www.thecityreview.com

까지 올라가는 4가지 여정(旅程)이 계획되었으며, 반나절에서 일련의 간이역Station들을 거치는 한달에 이르는 각기 다른 여행기간을 제안하였다.

헤이덕 건축에서 능동적 시공간망인 캐릭터들의 충돌로 프로그램을 생성하는 과정이, WTC 프로젝트에서는 조문객, 등산가, 학자, 철학자, 관광객, WTC 건물 용역자들이 구축하는 지속적인 네트워킹networking이 된다. 레비우스 우즈는 이 네트워킹을 내·외부 공간과 과거, 현재, 그리고 미래를 지향하는 창window으로 정의하였다. 주목할 점은 이 프로젝트를 새로운 시각과 가능성의 정보를 제공받는 논쟁의 장소로서 제안하였다는 점이다. 무중력은 중력과 투쟁하는 곳이라는 그의 논리전개방식의 연장이지만, 이로 인해 대화라는 관계로 갈등과 화해를 통해 성장하는 예술적 형상을 지향한 바흐찐의 크로노토프 형상을 가늠해 볼 수 있다.

> 구조는 물리적 정보 혹은 물리성에 대한 정보의 도구이다... 현실의 광측량망(light metrical fabric)은 구조의 도구적 텍토닉 구축을 통하여 기계를 검증한다.[419]

우즈는 구조를 실제적 정보physical knowledge가 아니라 실제성에 대한 정보knowledge of physicality로 언급하는데, 그 이유는 기계로 재단된 거대한 재료가 아닌 친숙한 재료와 스케일로 리얼리티에 대한 접근가능성accessibility을 구축하기 위해서이다. 프로젝트 자체는 이상적인 뉘앙스를 가지는 『새로운 건축』으로 명명하였지만, 역사적 시간을 가진 표피와 개인적 힘으로 작동이 가능해 보이는 아날로그적analogue/고대

419) Lebbeus Woods, ibid., p.30.

**[그림 4-72]** 새로운 도시 드로잉

**[그림 4-73]** 아즈텍의 피라미드

적 메커니즘의 이미지를 발견할 수 있다. 스케일은 거대하지만 건물의 표피는 시간의 흔적을 가지고 있는 조각난 표면으로 덮여져 있다. 또한 부유하거나 반중력상태의 미래적인 건물들의 디테일에서 고대적 메커니즘ancient mechanism을 발견할 수 있다.[그림 4-72][420] 따라서 시간의 흔적으로 파괴를 표현한 고대적 표피이지만 가장 현재적인 구축이 되는 것이다.

이러한 모순은 아즈텍Aztec의 피라미드Pyramids[그림 4-73][421]로 설명될 수 있다. 사회가 성장함에 따라 기존의 피라미드를 파괴하지 않고 그 위에 새로운 피라미드를 건설하는 방법으로 구축되어, 현재라는 시간은 파괴된 표피가 된다. 그 낡은, 붕괴된 현재의 피라미드 내부로 갈 수록 파괴가 진행되지 않은 고대의 온전한 피라미드를 접하게 된다. 폐허의 현재와 새로운 과거라는 모순이 실재하는 것이다. 바흐찐은 이러한 시간의 역전에 대해 모든 것은 부활의 순간이 있다고 표현하였다. 따라서 레비우스 우즈의 크로노토프는 기하학과 빛의 물리학적 관계인 '메트리칼리티metricality' 이다. 벡터, 여정(旅程), 네트워킹, 역전된 물리적 시간(폐허의 현재, 새로운 현재)은 '메트리칼리티metricality' 에

420) The New City Drawing, the Skin, Lebbeus Woods, 『The New City』, p.48.
421) Xunantunich, Aztec, www.ektunbelize.com

적용된 산문적 추상이 된다.

## 4.3 건축의 크로노토프적 특성–서술적 건축

서술적 건축을 구성하는 장르genre에 대비되는 개념의 언어는 바흐찐이 비평한 러시아 형식주의와 구조주의의 언어체계를 말한다. 형식주의에서 일상적 발화는 이질언어성과 예측 불가능성 때문에 언어연구의 대상에서 제외되었다. 따라서 형식주의의 언어는 시나 과학처럼 특정 분야에 한정된 전문 언어들이며, 시공간적 맥락에서 단절된 채 독립적으로 연구되었다. 이로 인해 감정이입이 배제된 예술의 추상적 개념을 위한 재료가 될 수 있었다. 바흐찐은 형식주의의 시(詩)에서 이질언어성

| 저자의 산문적 추상 | 크로노토프 | 적용된 구축언어 |
| --- | --- | --- |
| 산문적 추상 I (행위)<br>프랭크 게리의 **물고기** | 능동적 주체들의 시공간성 | 1. 물고기의 움직임<br>2. 형상적 스케일의 전이<br>3. 일상적 건축재료<br>4. 회화의 시공간적 원리 |
| 산문적 추상 II (발화)<br>조셉 헬버스의 **구조적 성좌** | 모호한 경계의 시공간성 | 1. 잉여시각<br>2.정밀한 대칭성<br>3.색채와 형태의 유사성, 인접성<br>4.평행적 관계 – 그리드(grid)<br>5. 반사재료 |
| 산문적 추상 II (발화)<br>군터 베니쉬의 **상황건축** | 상황의 시공간성 | 1. 공유공간<br>2. 잉여시각<br>3. 빛/축/소리의 개별적 벡터<br>4. 상호접점 |
| 산문적 추상 III (대화)<br>프레데릭 키슬러의 **갤럭시** | 유니트(unit) 간 상호관계의 시공간성 | 1. 우주적 원리<br>2. 유기체 – 유전(genealogy)<br>3.개별적 주체들에 내재된 벡터성<br>4. 장력/자력–투쟁/성장 |
| 산문적 추상 III (대화)<br>레비우스 우즈의 **폭풍** | 기하학과 빛의 물리학적 관계, 측정가능성(metricality)의 시공간성 | 1. 능동적 주체의 벡터<br>2. 여정(여정)<br>3. 네트워킹(networking)<br>4. 물리적 시간과 물질 |

**[표 4-9]** 크로노토프의 구축언어

은 건축이 끝나면 제거되는 비계처럼 말끔히 청소되어 창작과정의 쓰레기통 속으로 던져진다고 비유하였다. 이러한 맥락에서 바흐찐은 저속하고 산문적인 삶 앞에서 시인은 자신의 시가 유죄라는 것을 기억해야 한다며, 시와 과학의 재료화하는 언어연구를 비평하였다. 본 연구에서 주목할 점은 이러한 언어에 대한 비평의 출발점이 사실주의이며, 바흐찐은 여기에서 비롯된 행동철학과 소설이론을 통해서 그 구체적 대안, 크로노토프를 제안하였다는 것이다. 이 관점으로 볼 때 기호학과 구조주의의 언어는 서술이 아닌 논리의 진의가 중요한 위치를 차지하는 담론discourse체계라고 할 수 있다. 따라서 형식주의, 구조주의와 같은 언어체계에서 논의되지 못하는 언어체계를 포함하고 있는 소설을 분석하는 크로노토프는 언어학에서와 같이 건축비평가로 하여금 자신

| 사례들에 적용된 구축언어 | 헤이덕 건축에 적용된 구축언어 |
|---|---|
| 1. 물고기의 움직임<br>2. 형상적 스케일의 전이<br>3. 일상적 건축재료<br>4. 회화의 시공간적 원리 | 1. 사각형과 다이어몬드형의 이중벽체<br>2. 내부에서 외부, 외부에서 내부의 동시적 전개<br>3. 9개의 사각형에서 내부 폭발(implosion)로 중심성 삭제<br>4. 수평, 수직 밀도차이에 의한 평면구성<br>: 평평한 수직 벽체(plane) |
| | 1. 속성에 따른 형상 구축<br>2. 서술 체계의 시공간적 주체(a matrix)<br>3. 시공간적 주체의 능동적 행위에 기인한 불확정성<br>: 캐릭터 |
| 1. 잉여시각<br>2. 정밀한 대칭성<br>3. 색채와 형태의 유사성, 인접성<br>4. 평행적 관계 – 그리드(grid)<br>5. 반사재료 | 1. 독립적 공유공간의 연장<br>2. 태양 빛의 속성/색상에 따른 각 방향의 구축<br>3. 경계(벽체)를 중심으로 개별적 공간 전개<br>4. 이질성의 외재화 = 초현실적인 정밀한 대칭성 + 고정된 가구 역할<br>: 벽 주택들과 빛 |
| 1. 공유공간<br>2. 잉여시각<br>3. 빛/축/소리의 개별적 벡터<br>4. 상호접점 | "주체"의 시공간 매트릭스+ "그림자"의 시공간 매트릭스= 시공간 패브릭<br>(a matrix + a matrix = a fabric)<br>: 시·공간 망의 그림자 |
| 1. 우주적 원리<br>2. 유기체 – 유전(genealogy)<br>3. 개별적 주체들에 내재된 벡터성<br>4. 장력/자력–투쟁/성장 | 1. 시간의 평행적 관계<br>2. 우주적 시간과 일상적 시간을 통합된 주체들<br>3. 통일적 원리에 따른 개체들의 반응<br>: 모임 |
| 1. 능동적 주체의 벡터<br>2. 여정(여정)<br>3. 네트워킹(networking)<br>4. 물리적 시간과 물질 | 1. 시공간 패브릭의 벡터 + 시공간 패브릭의 벡터 = 새로운 프로그램<br>(a fabric + a fabric = a program)<br>2. 빛 / 색상으로 프로그램의 시공간성과 벡터 구축<br>: 충돌 |

**[표 4-10]** 헤이덕과 관련 사례의 크로노토프 구축언어 비교

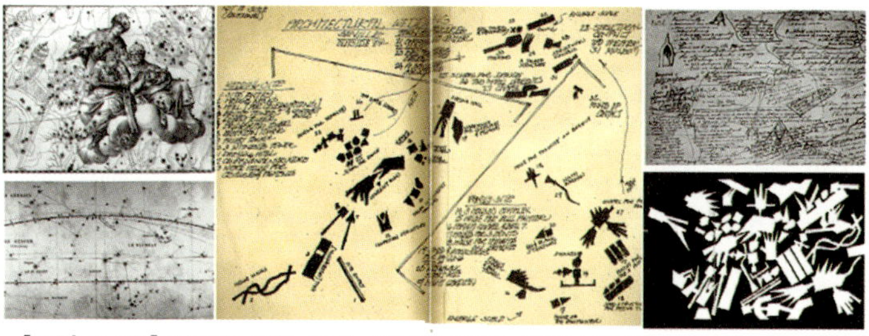

**[그림 4-74]** 장르의 형상 모음, 별자리 1627, 1830/자두빛 방에서의 결혼식/까라마조프의 형제들 5장 원고

들의 한계를 인식하게 하는 헤이덕의 서술적 건축을 이해하는 단서를 제공하고 있다. 하지만, 역으로 헤이덕의 서술적 건축의 관점에서 보면, 형식주의 언어체계에 기초한 근대 건축은 장르를 상실한 형식으로 평가될 수 있다.

서술체계에서는 사건과 주인공, 사물들이 이야기를 전개하는 주체들이 된다. 서술체계는 내용 뿐만이 아니라 행위의 주체, 사건 그리고 이들이 엮어지는 메타 언어가 개입하고 있다.[그림 4-74][422] 반면 담론discourse은 어떻게how만이 논의되어 저자writer와 화자speaker에 의해 이야기가 전달된다. 따라서 담론체계에서는 저자와 대상이 수직적 관계이며, 서술체계에서는 사건, 주인공들, 그리고 저자가 수평적/평행적 관계를 이루게 된다. 현대 건축에서는 이와 같이 저자와 동등한 주체를 철학에서 논의하는 타자성으로 수용하고 있다. 타자성을 뒷받침하는 철학적 논의가 다양하지만, 그 근거를 철학이 아닌 사실주의의 서술체계에 둔다면, 타자성에 대한 건축적 해석과 적용의 범위는 확대되며 더 구체적일 수 있다.

422) Anthony W. Auerbach, p.51., 70.(좌)., John Hejduk, 『Pewter Wings...』, p.111., 123.(중), 도스토예프스키 5장 원고, www.wikipedia.org(우)

본질적으로 의식은 복수적이라는 바흐찐의 인식은 독백적 예술에 대한 비평이었으며, 주체와 객체의 구분을 두지 않고 두 주체라는 수평적 관계로 논의하여 저자성에 대한 의문을 제기한 것이다. 바흐찐은 객체와 객체간의 관계는 수학적, 논리적인 관계이며, 주체와 객체의 관계는 발화의 관계, 그리고 주체들간의 관계는 발화들의 종합인 대화적 관계에 비유하였다. 이러한 관계 설정을 통해 크로노토프의 대화단계 양상인 공시적 공존의 다성성이 구축된다. 이와 마찬가지로 헤이덕 건축에서 벡터에 기인한 접촉의 양상the way of contact인 모임과 충돌은 주체들, 즉 캐릭터들간의 대화적 관계에 기초하고 있다. 중요한 점은 갈등, 화해, 혹은 투쟁과 같은 대화적 관계의 시공간적 짜임, 크로노토프에 발생하는 '밀도'는 결과적으로 유일한 주체의 고유한 시공간성의 '구체성'에서 시작된다는 것이다. 이러한 배경의 크로노토프에서 바흐찐은 '밀도와 구체성'으로 정의한 사건의 토대인 크로노토프를 아인슈타인의 질량과 중력의 관계로 짜인 시공간망a matrix으로 비유한 것이다.

언어체계에 대한 바흐찐의 비평은 언어의 실제 행위인 발화를 중심으로 논의되었다. 그 이유로는 소설이 바흐찐의 사실주의 문학이론 연구의 대상이 된 여러 이유 중의 하나가 일상적 발화를 수용되는 장르이기 때문이다.

각 분야의 전문성을 위해 시학이나 과학적 언어 분석의 대상에서 제외된 일상적인 대화의 극단적인 이질성들을 소설에서 발견한 것이다. 이 점에서 바흐찐은 소설을 이차적 발화라고도 한다. 따라서 일반적으로 서술체계를 언어학과 비교하여 텍스트text로 지칭하기도 하지만, 바흐찐의 서술체계와는 구분되는 명칭이다. 바흐찐은 발화를 구성하는 말과 목소리들을 물리적 시공간망matrix으로 육화하여, 이 시공간망들matrices에 의한 발화와 대화관계를 시공간 조직fabric으로 이해하였다. 따라서 이 시공간 조직들이 장르에 물리적 실체를 부여하는 크로노토프가 되며, 건축의 크로노토프적 특성은 단일한 시공간망에서 복수화되는 시공간망 조직의 형성과정에서 찾아보아야 한다.

예를 들면, 역동적인 새로운 현실을 형식적 언어체계에서는 다중화된multiplied 시점, 즉 다시점(多視點)의 역동적 구성으로 특정 형상을 구축할 수 있다. 하지만 서술적 장르의 크로노토프에서의 새로운 현실, 형상은 잠재된 시공간망의 표면 자체이다. 따라서 시점의 다중성과 잠재된 시공간망의 차이는 언어와 장르의 차이와 같다.[표 4-11] 바흐찐의 서술적 장르에서 행위는 잠재되어 있는 시공간망a matrix을 육화하는 것이며, 개별적 목소리들matrices의 접점, 즉 상호 다른 시공간들로 짜인 발화의 조직들fabric을 구축한다. 따라서 대화는 이 조직들fabrics의 한 특정 패턴pattern이라는 연쇄적 논리가 성립된다. 이처럼 상호 공유하는 맥락 혹은 장르에서의 발화는 특정한 개별 상황에 반응하면서 특정 방식으로 그 맥락에 잠재된 시공간성을 부활시킬 수 있다. 헤이덕 건축에서는 색상이 이 역할을 수행한다. 이러한 맥락에서 소통을 언어가 아닌 발화의 시공간망으로 이해한 바흐찐은 사건을 밀도 차이로 변형된 좌표체계, 즉 '밀도와 구체성' 으로 표현한 것이다. 따라서 사건은 크로노토프라는 서술체계의 형상이 구축되는 동기가 되고, 대화는 발화가 동시적으로 전개되어 나타나는 형상으로서 크로노토프의 패턴이 된다.

| 형식적 언어 | vs. | 서술적 장르 |
|---:|:---:|:---|
| 기호 | 표상방법 | 발화 |
| 기의와 기표 | 체계 | 말과 목소리 |
| 저자의 주제 | 집합 | 주체간 차이/접촉행위 |
| 시적, 과학적 언어 | 대상 | 이질언어성(Heteroglossia) |
| 시점의 다중성, 형태의 변형 | 변수 | 인접성, 잠재성, 맥락(context) |
| 동적인 인자(factor) | 작동 | 밀도와 구체성, 물리적 특성 |
| 그래픽적 이미지 | 외형 | 육체적 망(matrix fabric) |

**[표 4-11]** 언어와 장르의 비교

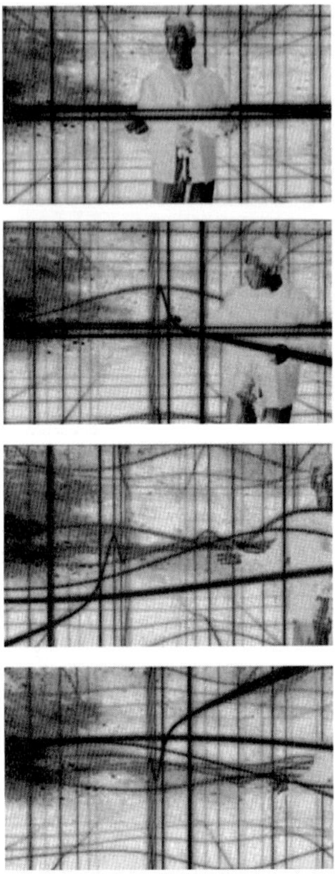

**[그림 4-75]** 중력장

이로 인해 발화의 물리적 특성은 목소리들이 뒤섞이는 것으로, 유일한 시공간망이라는 구체성을 가지고 있는 개별적인 목소리들이 서로 얽히고 풀리며 시공간적 리듬을 가질 수밖에 없다. 따라서 리듬에 내재된 물리적 속성인 시공간망들의 벡터는 유동적인 패턴을 결정하는 인자가 된다. 이와 같이 발화는 본질적으로 내재되어 있는 벡터가 외재화externalize되는 주체의 능동적 행위라고 할 수 있다. 예를 들면, 이집트의 문서나 주술의 경우, 발화로 인해 재앙이 현실화된다. 이와 같이 주체와 주체의 발화는 대화가 되며, 대화의 다성성은 교향악처럼 이러한 말과 목소리, 음조들이 공시적으로 공존하는 시공간 조직의 리듬이며, 이들은 각각의 다양한 벡터로 이루어져 있다. 따라서 다성성, 장르, 그리고 소설, 나아가 서술구조의 형상을 결정하는 리듬rhythm은 벡터들의 총합이라고 할 수 있다.

이와 같은 벡터들의 총합인, 대화의 시공간 조직은 중력장에 대한 가상의 이미지, 중력은 시공간 조직fabric의 뒤틀림과 굴곡warps and curves[그림 4-75][423]으로 실체화된다는 아인슈타인의 일반상대성이론

423) www.pbs.org, 시공간은 유동적으로 파동치는 대지ground라는 것을 보여주는 이미지이다.

| 저자 | 바흐찐 | 존 헤이덕 | 레비우스 우즈 | 조셉 앨버스 | 프랭크 게리 | 군터 베니쉬 | 프레데릭 키슬러 |
|---|---|---|---|---|---|---|---|
| 서술체계 (narrative) | 대화(Dialogue) | 능동적 행위를 수행하는 유일한 시공간체들의 총합 | | | | | |
| 시공간 Space-Time | 크로노토프 Chronotope | 캐릭터 Characters | 기하학과 빛의 측정가능성 Metricality | 구조적 성좌 Structural Constellation | 물고기 Fish | 상황 Situation | 갤럭시 Galaxy |

**[표 4-12]** 저자(著者)와 크로노토프

을 참고할 수 있다. 바흐찐이 크로노토프를 비유한 상대성이론으로, 바흐찐의 사건, 즉 밀도와 구체성을 논의한다면 구체성은 태양이나 지구와 같이 한 위치를 점유하고 있는 질량을 가진 개별적 주체이며, 밀도는 그 개체간에 발생하는 목소리들의 파장으로 생긴 뒤틀림과 굴곡의 중력장으로 해석된다. 따라서 시공간 조직들fabrics은 각각의 주체의 질량과 중력에 유동적인 변수의 장a field of variables으로 해석이 가능하다. 이 변수의 장은 크로노토프의 패턴으로 각각의 벡터들을 육화하게 된다. 존 헤이덕의 경우는 캐릭터, 게리의 경우는 움직임에 대한 있는 그대로의 추상인 물고기로 구축된 능동적 시공간망, 키슬러의 경우는 갤럭시, 그리고 레비우스의 경우에는 벡터를 측정하는 조어인 메트리칼리티metricality, 앨버스의 경우는 모호한 경계의 시공간성, 베니쉬의 경우는 밀도나 빈도의 차이로 야기하는 상황의 이질성이 크로노토프가 된다. 하지만 이 크로노토프들의 공통성은 서술체계의 시작단계에 해당하는 능동적 시공간적 주체의 움직임이다.[표 4-12]

타자성을 수용한다는 것이 이질적인 요소elements들의 집합assemblage으로 전개된다면, 그 특성은 형식주의 언어체계로도 해석 가능하다. 하지만 위에서 검토한 바와 같이 바흐찐의 타자성은 나와 다른 벡터를 가진, 하지만 물리적 속성은 같은 개별적 시공간망matrix이다. 따라서 크로노토프에서 타자성을 수용한다는 것은 나와 다른 유동적인 시공간망과 접촉한다는 것이다. 그 시작은 타자와 나 사이에 있을 수

**[그림 4-76]** 헤이덕 건축의 '행위-발화-대화'의 과정적 전개 이미지

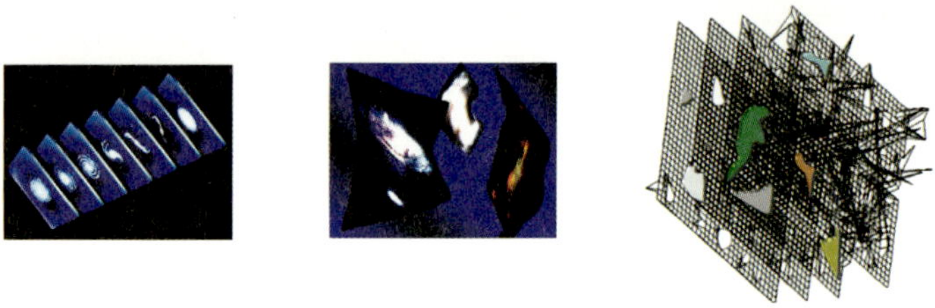

**[그림 4-77]** 평행우주론의 '행위-발화-대화'의 과정적 전개 이미지

밖에 없는 잉여시각surplus of seeing이 있기 때문이며, 그리고 대화[그림 4-76][424]는 이 잉여시각에 기인한 충돌, 혹은 행위 접속joint of action으로 발생하는 시공간 조직의 유동적 형상으로 시각화되는 것이다.[그림 4-77][425] 왜냐하면 주체들이 집합된 형태가 아니라 집합된 요소들간의 시공간 조직으로 새로운 장르가 생성되었기 때문이다. 한 장르에 종속된 요소들의 총합과 타장르적 요소들에 의한 변형이 아니라 개별적 시공간망들의 충돌과 그 시공간망의 구체적 반응의 총합, 그 자체가 새로운 주체, 타자로 생성된다.

이처럼 사실주의 서술체계에서 타자성은 주체와 객체의 관계가 아니라 주체와 주체의 동등한 관계에서 시작된다. 따라서 주체에 대한 인식은 근본적으로 복수plural라는 바흐찐의 논의를 통해, 대상object과 주

424) John Hejduk, Granada Women(좌)(중), Bullfighter's House(우), 『Pewter Wings...』, p.30-3, 117.
425) Parallel Universe, www.wikiopedia.com(좌), www.acadia.com(우) 필자 이미지 편집

**[그림 4-78]** 평행우주론의 충돌과정-새로운 주체의 생성

체subject의 관계 설정이 모호하고, 다수의 캐릭터들에 대한 리스트를 작성하며list-up 시작되는 헤이덕의 서술적 건축과정과 언어를 이해할 수 있다. 따라서 다중화되는 것은 저자가 만들어낸 다양한 시점들이 아닌, 저자 이전부터 존재해 오던 주체들이며 그 주체들의 시공간망들이 생성하는 예측 불가능한 상호 반응이 된다. 또한 특이한 점은 헤이덕 건축의 크로노토프적 특성은 이러한 바흐찐의 사상적 배경 그리고 크로노토프의 단계별 전개 양상과 일치하고 있다는 것이다. 이러한 일치는 헤이덕 건축이 사실주의 서술체계로 이해되어져야 한다는 것을 말한다.

[그림 4-78]의 평행우주론은 현재 가설이지만, 다수의 주체들과 주체들의 개별적 시공간망들이 맺는 관계를 시각적으로 이해하는데 도움이 된다. 평행우주론은 빅뱅Big Bang[그림 4-78][426]을 설명하는 가장 최근에 대두된 가설로, 우주는 여러 개의 막membrane으로 구성되어 있으며 우리의 우주는 그 막들 중의 하나에 속해 있다는 것이다. 이 평행한 우주막들이 질량과 밀도의 중력장으로 끊임없이 움직이다가 한 지점에서 서로 충돌할 때 생긴 폭발적인 에너지로 생겨난 입자들이 별들로 성장한다는 것이다. 또한 이 물리적 가설에 따르면 막들간의 충돌은 지속적으로 발생한다. 헤이덕의 9개의 사각형 또한 내재되어 있던 잠재적 시공간망이 중심부 폭발로 인해 현재로 표면화되는 실제적 주체가 되는 논리로서 주체와 주체의 평행한 관계설정이 서술적 건축을 이해하는 중요한 단서임을 알 수 있다.

426) Parallel Universe, www.pbs.org, 필자 이미지 편집

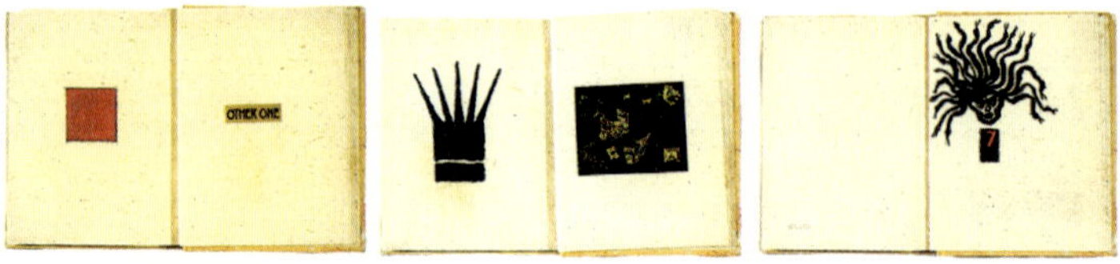


**[그림 4-79]** 베를린 마스끄 스케치의 '행위-발화-대화' 추론

헤이덕의 벽주택의 벽Wall은 회화의 캔버스와 같은 일종의 막membrane으로 현재라는 순간을 상징화했지만, 캐릭터는 자신의 그림자를 또 다른 동등한 주체로 통합하여 독립적인 입체적 시공간망matrix이 된다. 이 입체적인 시공간망의 캐릭터는 다른 캐릭터와의 발화관계로 특정 시공간 조직이 된다. 그리고 이러한 발화로 성립되는 대화단계는 이 시공간 조직에 구축된 유동적인 변수의 장, 즉 벡터의 총합으로 새롭게 경계를 재설정하게 된다.[그림 4-79][427] 이 점에서 헤이덕의 캐릭터들이 프로그램 자체를 생성한 것처럼 크로노토프의 대화단계에서 새로운 프로그램의 생성 가능성을 발견할 수 있으며, 바흐찐이 대화의 갈등과 투쟁으로 새로운 크로노토프가 생성된다는 논의를 이해할 수 있다. 이와 같은 과정이 헤이덕의 건축에서 경험과 기억이라는 시간의 무게/깊이에 비례한 시공간망의 볼륨과 깊이, 색상 패턴을 가진 캐릭터들이 능동적 행위인 발화로 상호 충돌하며 새로운 시공간 조직fabrics이 되는 점, 그리고 이 새로운 시공간 조직은 충돌하는 캐릭터들의 벡터인 볼륨, 깊이, 색상 패턴 등을 부분적으로 유지하고 있다는 점을 상기할 필요가 있다. 따라서 서술적 건축의 한 장르 혹은 프로그램은 개별적인 시공간망들의 조직/짜임fabrics과 그 벡터들의 총합이라는 크로노토프의 행위, 발화, 대화단계별 양상으로 생성된다는 것을 알 수 있다. 더불어

427) John Hejduk, 『Mask of Medusa』, p.441.

헤이덕 건축에서 새로운 프로그램을 생성하는 대화단계의 충돌에서 나타나는 색상덩어리들은 중력장의 밀도 차이로 인한 다른 평행 우주와의 접합/충돌에서 발생하는 빛처럼 새로운 별을 생성하는 에너지원으로 평행우주론의 충돌과 같다.[그림 4-78]

이와 같이 바흐찐의 행동철학과 소설이론, 그리고 헤이덕 건축의 공통적인 출발점은 장소와 시간이 유일한 구체성-물리적 시공간망이다. 유일한 구체성은 헤이덕의 건축에서는 고유한 시공간성의 캐릭터로 육화된 주체를 말한다. 반면 형식주의의 언어체계에서 주체는 보편성에 그 출발점을 두고 있다. 여기에서 사건은 보편화된 제로상태의 정적인 주체가 외부의 인자들로 외재화된다. 시나 과학적 용어와 같이 전문적인 분야의 언어를 보편적 언어로 설정한 상황과 같이, 보편성으로 도식화된 현실이 임의적으로 변형되는 지점이 된다.[표 4-13] 이와 같은 과정은 컴퓨터 프로그래밍으로 수행되는 형태의 변형과정 중에 하나의 변형을 임의적으로 선택하는 미국 건축가, 그렉 린Greg Lynn의 결빙Freeze에서 발견할 수 있다. 형태의 결정은 컴퓨터가 결정하는 임의적인 것이지만, 그 결정의 순간은 저자의 실행 버튼으로 결정되어 건축과정에 저자성authorship이 개입되는 것이다. 반면에 헤이덕은 주체내부에 잠재된 속성을 얼음덩어리로 보고 이 덩어리들이 외부로 녹아 터

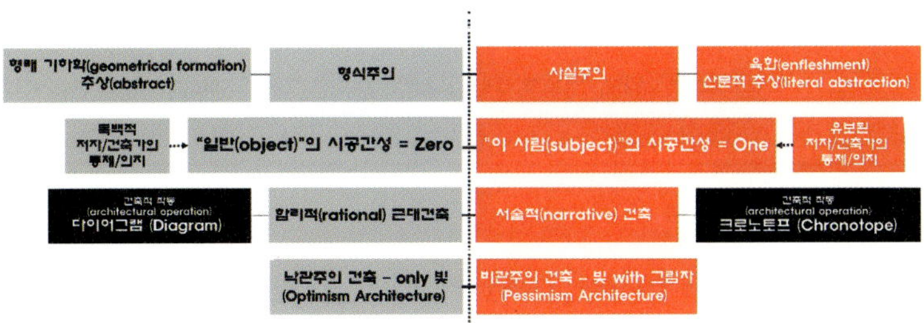


**[표 4-13]** 서술적 건축도식

져 나오게 한다. 즉 주체와 주체 자신의 충돌로 새로운 이야기가 생성된다. 이와 같이 모든 주체들이 수평적 관계이며, 각각의 시공간망들은 자신에게 속해 있더라도 각각의 고유한 벡터를 가지고 있다. 이 벡터들의 장력tension으로 발생하는 충돌과 그 충돌에서 새롭게 설정된 경계로 새로운 시공간망이 육화되는 과정이 헤이덕에게는 새로운 프로그램을 작성하는 과정이다. 따라서 헤이덕 건축의 경우 저자는 관찰자가 된다. 따라서 저자와 동등한 능동적 시공간망을 설정하는 것이 서술적 건축의 크로노토프를 또는 크로노토프 건축을 작동시킨다.[표 4-14]

바흐찐은 크로노토프를 '끊임없이 변화하는 일상의 횡단면'이라는 비유로 유동적인 내적 구조를 조명하는 사건으로서 정의하기도 하였다. 따라서 개별적 시공간성과 발화라는 벡터, 그리고 이질언어성Heteroglossia은 크로노토프의 형상을 결정짓는 변수들이 된다고 생각하였다. 특히 이질언어성은 바흐찐이 독백적 소설과 다성적 소설에서 저자와 주인공의 관계를 논의하면서 언어에 대한 새로운 접근으로 제안한 다양한 말하기 방식이다. 이를 통해 헤이덕이 자신의 건축을 비관주

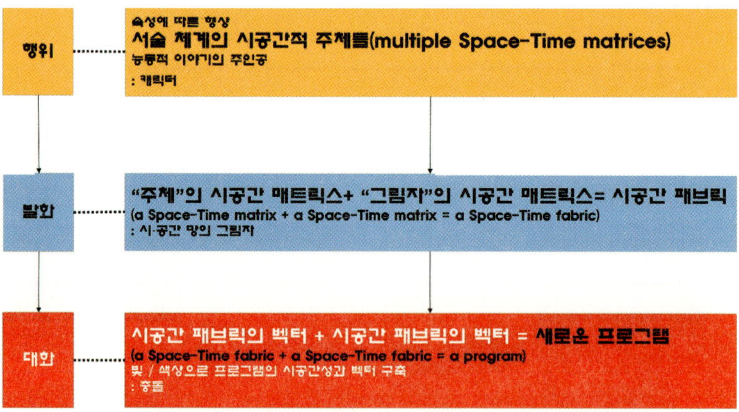

**[표 4-14]** 헤이덕의 서술적 건축 : 크로노토프의 구축과정과 건축언어

의 건축으로 지칭하게 된 사실주의의 배경을 알 수 있다. 언어와 문화는 사소하고 비체계적인 변화들에 의해서 만들어지며 모든 문화의 전체성은 주어진 것이 아니라 설정된 것이어서 매 순간 이질언어성 또는 현실에서 탈출하려는 원심력의 현실과 대립된다. 이와 같이 바흐찐과

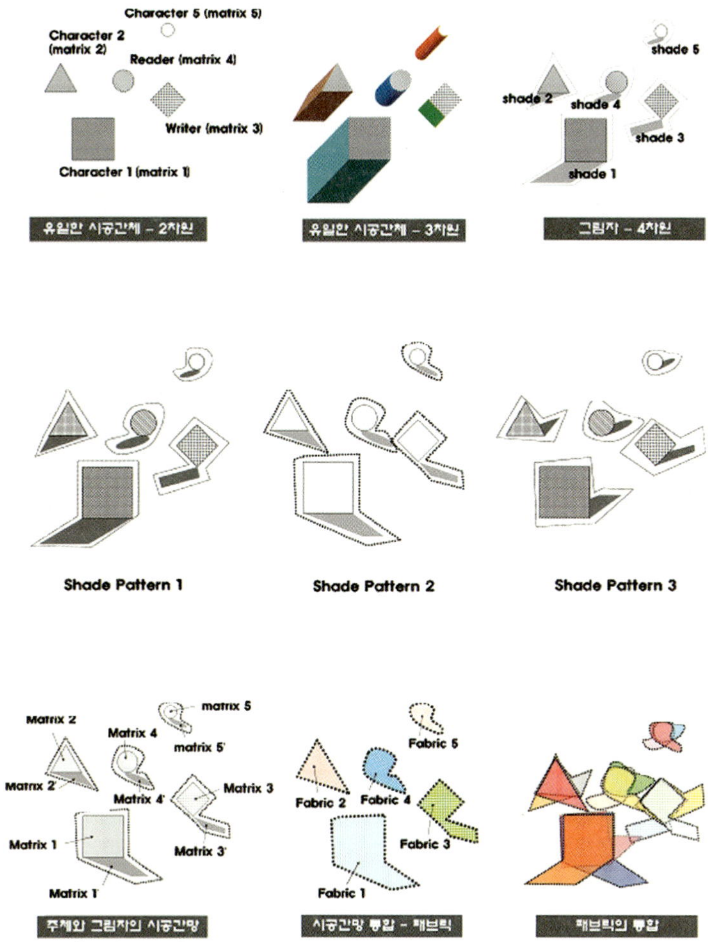


**[그림 4-80]** 크로노토프 작동방식(architectural operation) 추론

헤이덕의 세계는 공식적인 세계의 구심력과 비공식적인 힘의 원심력으로 구축된다. 공식적인 세계는 질서를 부과하고자 하며, 비공식적인 힘은 '특별한 이유없이' 질서를 무너뜨린다. 여기에서 언어학적 원심력은 이질언어성이 된다. 하지만 비공식적인 힘이 배제되지 않고, 그대로

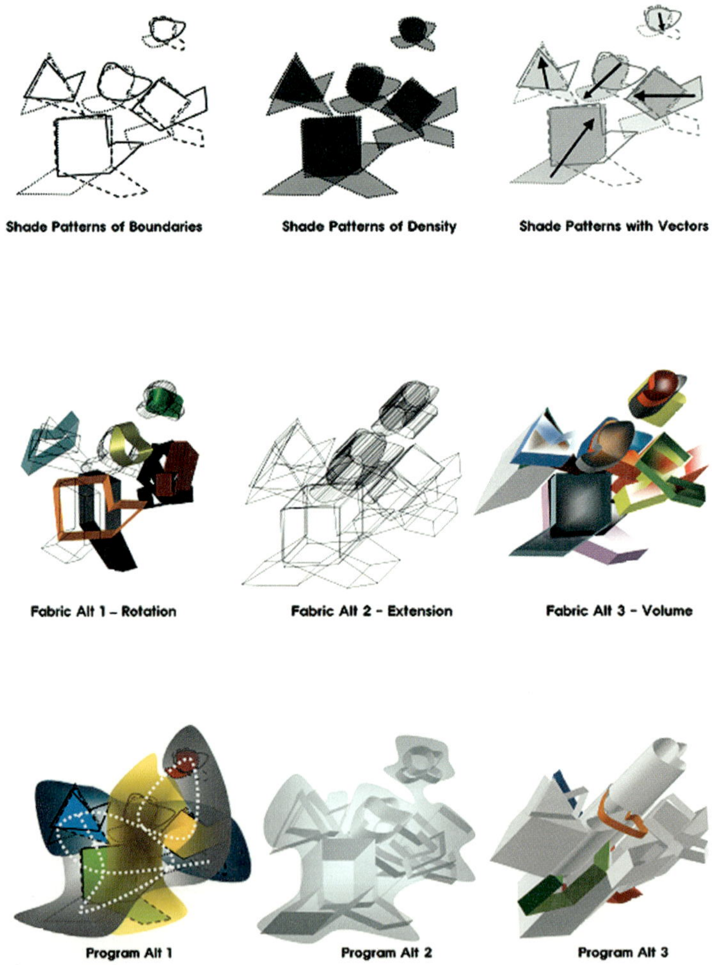


**[그림 4-81]** 크로노토프 구축 가능성–개별적 볼륨과 벡터의 종합으로서의 시공간

**[그림 4-82]** 시공간 조직(fabric)의 해석과 다양한 벡터의 유일한 시공간망들

**[그림 4-83]** 입체적 시공간망의 그림자-종속적인 관계(좌)에서 주체와 평행한 관계(중)로 성장하여 한 캐릭터(우)가 되는 그림자

수용하는 장르가 소설이다. 헤이덕 건축의 경우, 주체가 현존하는 증거인 그림자를 주체의 시공간망과 동등한 입체적 시공간망으로 통합하여 이질언어성을 수용하였다.[그림 4-82][그림 4-83] 반면에 보편화, 일반화된 대상에서 출발한다는 것은 크로노토프의 관점에서 조명할 때 그 대상의 시공간성을 보편성의 시공간 값, 제로zero로 설정하는 것이다. 제로상태의 대상은 데이터data를 활용하는 건축가가 설정한 외부적 요소들의 개입으로 활성화된다. 따라서 변형된 혹은 얼어붙은 한 변형의 순간을 하나의 변수variable상황으로 볼 때, 이 변수는 제로상태였던 원본의 보편성이 추적 가능한 수많은 원본의 변형들이 된다. 하지만 크로노토프 건축의 경우 대상의 제로상태는 존재하지 않는다. 이미 자체

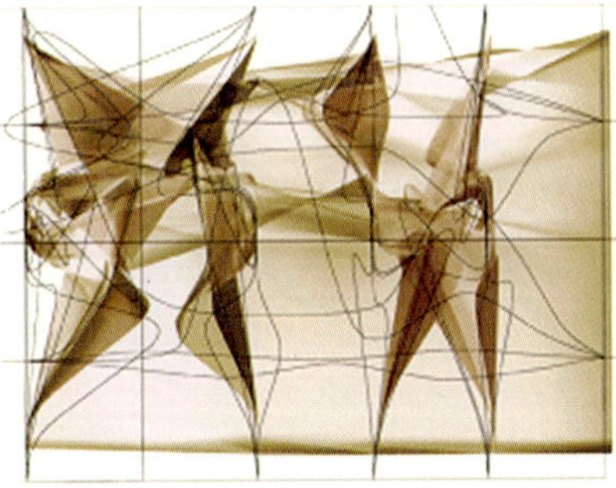

**[그림 4-84]** 가상주택(Virtual House)

**[그림 4-85]** 안달루시안주택 중의 한 계획안

의 시공간성을 가지고 있어서 타자otherness나, 혹은 또 다른 시공간망과 대면하게 되면 시공간망의 차이는 충돌로 형상화되고 그 충돌로 인한 또 다른 시공간망이 생성된다. 따라서 변수는 변수로서 무한하게 된다. 따라서 헤이덕의 서술적 건축 분석을 통해 발견한 건축의 크로노토프적 특성과 크로노토프의 건축적 적용의 가능성은 장르의 구성원리를 논의한다는 점에서 디자인 원리를 분석하는 메타 디자인 언어의 속성으로, 현대 건축에서의 다이어그램diagram과 비교할 수 있다. 후기구조주의 영향으로 다이어그램은 근대의 '다양한 변수의 관계를 압축-전달하는 시각적 도구' 개념에서 정적이고 고정된 구조의 개념을 탈피하는 디자인 도구로 활용되고 있다. 하지만 다이어그램 건축의 경우, 변수는 저자가 설정한 외부 인자들external factors에서 시작된다. 헤이덕 건축[그림 4-85][428]과 아이젠만 건축[그림 4-84][429]의 차이는 형식주의와 사실주의의 차이이며, 그 차이는 크로노토프의 행위, 발화, 대화단계 양상으로 설명된다. 기호체계의 선험적 의미를 거부하지만 아이젠만의

428) John Hejduk, Andalusian Hosues, 『Pewter Wings...』, p.51.
429) Peter Eisenman, Virtual House, 위의 책 p.58. 필자 이미지 변형

**[그림 4-86]** 안달루시안주택군 드로잉

작업은 기호학에 기초한다. 그는 데리다Jaques Derrida의 글쓰기 개념을 인용하며, 기표와 기의에 관한 논의를 통해 건축을 글쓰기라고 비유하였다. 이러한 아이젠만의 건축에 대한 글쓰기는 들뢰즈의 다이어그램, 즉 추상적 기계처럼 저자성이 개입되지 않은 동기없는 기호인 다이어그램으로 작동된다. 따라서 건축적 작동방식architectural operation에 대한 논의의 출발점이 아이젠만과 같이 기호학이 아니라면, 어떠한 구축적 방법이 고안될 수 있는가에 대한 모색은, 헤이덕의 후반기 건축을 통해 구체화되는 서술적 건축의 크로노토프적 특성 연구에서 시작할 수 있다. 그 구체적인 구축언어는 능동적 시공간망들, 잉여시각, 벡터들의 총합을 중심으로 다양하게 전개될 수 있다. 헤이덕의 안달루시안주택[그림 4-86][430]은 [그림 4-80][그림 4-81][그림 4-82][그림 4-83]의 과정과 같이, 시공간망들이 자신의 그림자인 또 다른 시공간망을 통합하여 시공간 조직fabric으로 독자적인 한 캐릭터가 된 후, 다른 캐릭터와

430) John Hejduk, 『Pewter Wings Golden Horns Stone Veils』, p.50-51.

| | |
|---|---|
| 합리적 건축 | 서술적 건축 |
| 낙관주의 건축 - only 빛 (Optimism Architecture) | 비관주의 건축 - 빛 with 그림자 (Pessimism Architecture) |
| 건축적 작동 (architectural operation) 다이어그램 (Diagram) | 건축적 작동 (architectural operation) 크로노토프 (Chronotope) |

**[표 4-15]** 서술적 건축의 크로노토프

충돌하며 생성된 새로운 시공간 조직들fabrics로 새로운 크로노토프가 된다. 이로 인해서 크로노토프는 헤이덕이 지향한 사실적 비관주의pessimism 건축의 메타 디자인 언어가 되며, 이상적 낙관주의optimism 건축[431]의 메타 디자인 언어인 다이어그램[그림 4-84]과 평형을 이루는, 서술적 메타 디자인 언어인 건축적 작동방식architectural operation[그림 4-85]이 된다.

존 헤이덕이 자신의 건축을 비관주의 건축으로 부른 이유는 이상적이고 빛으로 가득 찬 근대 건축이 단일하게 전개되는 건축역사와 평형을 이루는 다른 건축연구의 필요성을 논의하기 위해서였다.[표 4-15] 헤이덕의 비관주의 건축은 빛으로 가득 찬 이상(理想)에 가려진 실제성에 대한 건축연구로, 모든 참여자들, 즉 저자, 등장인물, 독자들, 건물, 자연환경처럼 예술적 총합을 이루는 모든 유일한 주체들의 고유한 시공간의 이야기들이 현재화되고, 이들을 발견하면서 시작된다.[그림 4-80][그림 4-81][그림 4-82][그림 4-83]

431) 헤이덕은 근대 건축을 빛으로 가득 찬, 이상적인 낙관적 건축optimism architecture이라 부르고, 그 이상적인 빛으로 생긴 그림자와 같은 건축, 비관적 건축pessimism architecture을 희망하였다. 옵티미즘, 낙관적인 건축을 부정하기 위해서가 아니라 그 건축의 가치와 평형을 이루기 위해서 대등한 다른 가치 또한 필요하다고 주장하였다.

따라서 크로노토프 건축이란 서술적 건축의 메타 디자인 언어이며, 이에 근거하여 추론할 수 있는 크로노토프 건축의 시나리오는 다음과 같다.

동시적으로 공존하는 평행적 관계의 유일한 주체들은 산문적 추상이 적용되어 각각 고유한 시공간망들matrices로 육화되어, 자신들의 능동적 행위인 발화로, 즉 벡터로 표면화된 시공간 조직fabric이 되고 이 시공간 조직들의 밀도 차이로 상호 충돌하며, 이러한 충돌로 생성되는 현재의 다채로운 접점들contact points of fabrics과 경계는 고유한 자신의 시공간망으로 새로운 크로노토프/프로그램을 생성한다.

# 5. 마치며

크로노토프라는 서술체계의 시공간성을 분석하는 틀을 통해 본 헤이덕 건축언어와 크로노토프적 특성은 다음과 같다.

헤이덕 건축의 크로노토프는 전반기 주택 시기에서 후반기 캐릭터 시기로 변화한 건축언어에서 발견할 수 있다. 행위단계의 건축언어는 벽에서 캐릭터로, 발화단계의 건축언어는 벽주택들에서 시공간망의 그림자로, 대화단계의 건축언어는 모임에서 충돌로 변화하였다. 각각은 능동적 시공간망-행위단계, 잉여시각-발화단계, 벡터들-대화단계가 된다.

헤이덕 건축언어는 전반기 주택 시기에서 후반기 캐릭터 시기로 변화할 때 산문적 추상이라는 방법론이 적용되었다. 이로 인해 문학에서 환유적 치환장치인 크로노토프가 건축에서는 산문적 추상의 작동방식으로 적용되었다. 행위단계의 크로노토프인 능동적 시공간체에 적용된 산문적 추상의 건축언어는 유일한 시공간망인 캐릭터이다. 발화단계의 크로노토프인 잉여시각에 적용된 산문적 추상의 건축언어는 주체와 주체의 그림자라는 시공간망이며, 대화단계의 크로노토프인 벡터들의 총합에 적용된 산문적 추상의 건축언어는 충돌이다.

크로노토프는 사실주의 문학 서술의 특성인 환유적 치환과 같이, 대상의 형태나 형식이 아닌 속성을 전달하는 산문적 추상으로 형상화할 수 있는 시공간성이다. 예를 들면, 프랭크 게리Frank Gehry의 물고기fish, 죠셉 앨버스Josef Albers의 모호한 경계, 권터 베니쉬Guenter Behnisch의 상황 건축Situation Architecture, 프레드릭 키슬러Frederick Kiesler의 갤럭시Galaxy, 레비우스 우즈Lebbeus Woods의 측정 가능한 물리적 속성인 메트리칼리티metricality와 벡터vector이다.

헤이덕 건축의 크로노토프적 특성을 크로노토프의 단계별 양상으로 정리하면,

**첫째 시공간망들matrices : 행위단계는 자신의 고유한 벡터로 끊임없이 생성되고 소멸하는 경계를 구축하는 능동적인 시공간망이다. 움직임의 주체는 저자의 대상이 아닌 저자와 동등한 주체이다.**

**둘째, 시공간조직fabrics : 발화단계는 질적으로 변화하는 살아있는 매개체이다. 주체를 실제로 존재하게 하는 잉여시각은 주체와 평행적 관계인 그림자의 시공간망이다.**

**셋째, 새로운 조직들 = 프로그램fabrics=program : 대화단계는 장르genre의 프로그램을 작성하고 있다. 주체들을 통합하던 벽이 없이 그림자와**

**통합된 고유한 시공간조직들fabrics이 다른 시공간망들과의 충돌로 새로운 이야기, 프로그램을 생성하고 있다. 이 생성과정에서 주체에 포함되어 있던 어두운 색은 하나로 모아져 벽이 된다.**

헤이덕 건축의 크로노토프적 건축언어와 특성을 종합해 볼 때, 크로노토프는 서술적 건축의 건축적 작동방식architectural operation으로 적용이 가능하다. 따라서 합리적 건축의 메타 디자인 언어인 다이어그램과 평행을 이루며 연구되어야 하는 크로노토프는 서술적 건축의 메타 디자인 언어라고 할 수 있다. 합리적 건축의 다이어그램은 시공간성이 부재하는 단일의 그리드에 변수를 설정하고 다수의 형태적 변형을 구축하는 반면, 서술적 건축의 크로노토프는 다수의 주체들을 설정하여, 그 시공간망들의 능동적 행위인 벡터로 통합되어 생성되는 변수의 상황은 무한하게 된다.

크로노토프 건축을 위한 체크리스트를 제안하자면,

a. 프로그램 이전에 설정된 능동적 시공간체의 복수성multiplicity,
b. 대립체계-쌍현상twin phenomena이 아닌, 평행체계-양안성binocular의 능동적 시공간망들,
c. 시공간망/조직matrix/fabric이 장르간 소통하는 능동적 행위/벡터의 유무(有無),
d. 시공간망/조직의 물리적 속성 측면에서 새로운 이야기/프로그램의 생성여부,
e. 주제/장르간 통합이 시공간적 형태의 통합이 아닌 시공간적 속성의 통합인가의 판단,

f. 나와 같은 타자의 시공간망의 충돌에서 생성된 경계의 밀도 차이(예를 들면 창window은 내부의 참여자를 위해 구축된 것이 아니라, 단지 2개의 시공간성이 다른 체계들이 충돌하여 생성된 밀도 차이에 따른 특정 시공간망matrices의 시공간 조직fabric이다.)
g. 저자의 단성적 배치에 따른 대립적인 내부, 외부가 아닌, 각기 다른 시공간망/조직의 벡터들의 통합으로 이this 시공간, 저that 시공간 등으로 구축되는 상대적 구체성 여부,
h. 프로젝트에 현재라는 동일한 볼륨의 시간 대신, 캐릭터들의 각각의 시간에 따른 각기 다른 볼륨과 각기 다른 능동적 행위/벡터의 조직fabrics 여부이다.

작금(昨今)의 새로운 현실은 형식보다는, 질적(質的)quality인 가치의 변화를 지향하고 있다. 하지만 현대 건축에서는 프로그램 구축을 위한 추상적인 원형을 설정하고, 다양한 사회, 문화, 지역, 경제적인 현재 요소들의 개입으로 그 원형이 변형(變形)deformation되는 또 다른 추상적이며 기계적인 형태의 생성으로 새로운 현실에 대응하고 있다. 이에 반해 헤이덕의 건축에서는 프로그램과는 관계없는 예측이 불가능하고 이질적이지만 고유한 시공간성을 지닌 다수의 캐릭터들을 발견할 수 있다.

이처럼 일상적인 육체의 생리현상을 폄하하던 중세 수도사들의 비정상적인 식습관을 비웃던 라블레의 모습을, 일상적인 캐릭터를 구축하는 헤이덕에게서 발견할 수 있다. 캐릭터는 건축의 구성요소 이전에 존재한다. 크로노토프적 관점에서 분석하면, 고유한 시공간성/볼륨과 벡터를 가진 주체의 산문적 추상이다. 바흐찐의 사실주의적 인식에 기초한 크로노토프가 구체화하려 한 일상의 잠재된 시공간성은, 헤이

덕 건축에서 역사적이며 우주적 존재인 주체의 시공간망matrix이 주체의 일상적 시간을 구체화하는 그림자matrix라는 시공간 망과 통합되어, 하나의 시공간 조직fabric으로 구체화되었다. 이와 같이 헤이덕 건축에서 각기 다른 시공간적 그림자들이 혼재되어 있는 이질적인 삶의 모습과 성장을 발견할 수 있다. 따라서 헤이덕의 건축이 이질적인 것이 아니라, 일상적인 삶을 절대적인 추상형식의 건축 안에 끼워 맞추려는 단일한 형식 의지가 이질적이며, 그러한 잣대를 가진 우리 자신이 중세의 수도사일지도 모른다.

사람이, 나와 같은 다른 사람이 끊임없이 접촉하여 구체화되는 경계는 구축되는 건축은 나와 같은 유일한 주체이며 무수한 접촉에 반응하며, 성장하는 시공간적 존재가 될 수 있다. 이러한 이(異)추상적, 산문적 추상의 건축은 대칭적 쌍안성이 아니라 평행적 양안성으로 초점을 맞추는 헤이덕의 서술적 건축에서 이미 시작되었다. 이러한 건축적 작동방식이 고안된 목적은 건축가/저자가 아닌 바흐찐의 대화처럼 새로운 크로노토프/프로그램을 생성하는 능동적인 주체들을 구체화하기 위해서이다. 헤이덕은 이러한 주체들의 물리적 특성인 벡터들의 충돌로 생성된/발견된 새로운 이야기/프로그램을 기록하였다. 저자 자신의 추상적 형식의 기하학에 사람의 몸과 마음을 조각하여 건축의 부분적 요소로서 활용하기 보다는, 이 상황설정이 역전되어 사람의 몸과 마음을 따라 건축이, 프로그램이 생성되는 과정을 헤이덕의 행위, 발화, 대화 단계적 구축과정에서 찾아볼 수 있다. 따라서 헤이덕의 서술적 건축은 크로노토프라는 프로그램을 생성하는 건축적 작동방식architectural operation의 시공간체계로서 분석될 수 있다.

다이어그램 건축언어의 시공간망들은 능동적 주체들이라기 보다는 임의적 설정을 결정하는 저자성이 반영reflection되어 역동적인 형태와 공간을 구축하고 있다면, 헤이덕 건축에서는 주체와 대등한 주체의 그림자, 태양의 다양한 각도에 근거한 괴상한 그림자들이 잠재된 이질성들로 전환되고 있다. 이 통합된 시공간망들matrices 조직fabric의 다양성과 벡터성으로 다른 주체들과 충돌하며 새로운 이야기/프로그램fabrics=program을 생성하는 과정은 헤이덕 자신이 지향한 서술적 페시미즘pessimism 건축프로그램의 과정이다.

이제, 시공간망/조직/충돌에 대한 구체적인 건축언어로의 전환과 폭넓은 헤이덕 건축작업을 대상으로 서술적 페시미즘 건축, 그리고 크로노토프의 메타 디자인 언어 특성과 적용은 추후의 연구과제로 남겨 놓는다.

# 참 고 문 헌


### 바흐찐 관련 영문 단행본

· Bakhtin, M.M., (Trs. Caryl Emerson and Michael Holquist), The Dialogic Imagination Four Essays by M.M. Bakhtin, edited by Michael Holquist, Nauka, 1986
· Bakhtin, M.M., Toward a Philosophy of the Act, Moscow, Nauka, 1986

### 헤이덕(John Hejduk) 관련 영문 단행본

· Hejduk, John., Adjusting Foundations, edited by Kim Shkapich, The Monacelli Press, 1995
· Hejduk, John., Lines: No Fire Could Burn, The Monacelli Press, New York, 1999
· Hejduk, John., Mask of Medusa: Works 1947-983, edited by Kim Shkapich, Rizzoli, New York, 1985
· Hejduk, John., Pewter Wings Golden Horns Stone Veils, The Monacelli Press, 1997
· Hejduk, John., Riga Vladivostok Lake Baikal, edited by Kim Shkapich, Rizzoli, 1989
· Hejduk, John., Soundings, Rizzoli, 1993
· Hays, Michael K., Editor. Hejduk' s Chronotope, Princeton Architectural Press, 1996
· Hays, Michael K., Sanctuaries: The Last Works of John Hejduk, Whitney, New York, 2000

### 기타 영문단행본

· Albers, Josef., Interaction of Colors, Yale University Press, New Haven & London, 2006
· B. Uspensky., Poetika Kompozitsin, Iskusstvo, 1970
· Bandur, Markus., Aesthetics of total serialism: contemporary reasearch from music to architecture, 4) Boston, Berlin, Birkhauser, 2001
· Bunschoten, Raoul., CHORA, Metaspaces, Black Dog Publishing, 1998
· Bunschoten, Raoul., Public Space, Black Dog, 2002
· Burkle, J.Christoph., Hans Scharoun, Artemis Verlags-AG, Zurich, 1993
· Crary, Jonathan., Techniques of the Observer, MIT Press, London, 1992
· Deleuze, Gilles, Difference and Repetition, Columbia Univ. Press, 1994
· Deleuze, Gilles, A Thousand Plateaus, Trans. Brian Massumi, University of Minnesota Press, 1987

· Derrida, Jacques, Writing and Difference, The University of Chicago Press, 1978
· Diller, Elizabeth and Scofidio, Ricardo, Flesh, Princeton Architectural Press, 1994
· Einstein, Albert., Ideas and Opinions, Crown Publisher, 1954, 1982
· Eisenman, Peter., Diagram Diaries, Universe Publishing, 1999
· Evans, Robin., Translations from Drawing to Building and Other Essays, AA, 1997
· Ferguson M. William, Rohn H. Arthur, Mesoamerica' s Ancient Cities, University of Colorado, 1990
· Greene, Brian, The Fabric of the Cosmos, Vintage Books, 2005
· Hays, Michael K., Architecture Theory since 1968, a Columbia Books, MIT Press, 2000
· Jones, Peter Blundell., G?nter Behnisch, Birkh?user, 2000
· Jones, Hans Scharoun, Phaidong, 1997
· Kauffman, Stuart A., The Origin of Order, Oxford Univ, Press, 1993
· King, Ross., Emancipating Space, The Guilford Press, 1996
· Koolhaas, Rem., Delirious New York, The Monacelli Press, 1994
· Krueger, Ted and Kaplan, Ken., Mosquitoes, Pamphlet Arhitecture 14, Princeton Architectural Press, 1993
· Martin, Elizabeth., Architecture as a Translation of Music, Pamphlet Arhitecture 16, Princeton Architectural Press, 1994
· Petrov-Vodkin, Kuzma., Aurora, Leningrad, 1980
· Rasmussen, Steen Eiler., Experiencing Architecture, The MIT Press, 1959
· Schirren, Matthias., Hugo Haring: Architekt des Neuen Bauens, Berlin, 2001
· Tschumi, Bernard., Architecture and Disjunction, The MIT Press, 1994
· Van Eyck, Aldo., Still the gentle gears, Forum, No 6/7, 1960/61
· Verstegen, Ton., Tropism, NAi Publishers, 2001
· Virilio, Paul., Lost Dimension, Semiotext(e), 1991
· Woods, Lebbeus., The New City, Bylon Preiss Visual Publications, 1992

### 국문단행본

· Morson, Gary Saul and Emerson, Caryl., 『바흐찐의 산문학(Mikhail Bakhtin, Creation of a Prosaics)』, 오문석 외 역, 책세상, 2006
· M.M. 바흐찐, 『마르크스주의와 언어철학』, 송기환 역, 한겨레, 1988
· MEISS, Pierre von., 『건축의 보편적 원리를 찾아서 : 형태로부터 장소로』, 장인하 외 역, Spacetime, 2002

· M.M. 바흐찐, 『도스토예프스키 연구』, 르네 웰렉 편, 고대노어노문학회 옮김, 1987
· M. 호르크하이머/Th.W. 아도르노 지음, 『계몽의 변증법』, 김유동 외 옮김, 문예출판사, 1995
· T.W. 아도르노, 『한줌의 도덕』, 최문규 옮김, 솔출판사, 1995
· 기본지페, 『인터페이스』, 박해천 옮김, 시공아트, 2003
· 김욱동, 『은유와 환유』, 민음사, 1999
· 김욱동, 『바흐찐과 대화주의』, 나남신서, 1990
· 김종도, 『환유의 세계』, 경진문화사, 2005
· 미하일 바흐찐, 『장편소설과 민중언어』, 전승희 외 역, 창작과 비평사, 1988
· 미하일 바흐찐, 『말의 미학』, 김희숙 외 역, 도서출판 길, 2006
· 미셸 아리베, 『언어학과 정신분석학』, 최용호 옮김, 도서출판 인간사랑, 1992
· 야마구치 가쓰히로, 『공간연출디자인의 원류 프레데릭 J. 키슬러』, 김명환 편역, 미술문화, 2000
· 임석재, 『네오큐비즘과 추상 픽처레스크』, 북하우스, 2001
· 전성기, 『메타언어, 언어학, 메타언어학』, 고려대학교 출판부, 1996
· 피터 쿡 엮음, 『아키그램, 실험적 건축 1961-1974』, 민홍수 역, 홍디자인, 2003
· 스티븐 존슨, 『무한상상, 인터페이스』, 류제성 옮김, 현실문화연구, 2000
· 석경진, 전승혜, 김종갑 편, 『서술이론과 문학비평』, 서울대학교 출판부, 1999

## 국문학위논문

· 강혁진, 「서사이론을 통한 건축디자인 접근에 관한 연구 : 서사이론에서 나타나는 시간과 공간의 표현체계를 중심으로」, 인하대학교 대학원 석사학위논문, 2002
· 고동연, 「라즐로 모홀리나기의 작업에 나타난 역동성 원리」, 이화여자대학교 대학원 석사학위논문, 1996
· 권성근, 「증폭된 현실을 바탕으로 한 건축디자인에 관한 연구 : 마르코스 노박(Marcos Novak)의 Transarchitecture를 중심으로」, 인하대학교 대학원 석사학위논문, 2002
· 김경숙, 「한국 전통건축에 나타난 공간의 연속성과 공간디자인에의 적용에 관한 연구」, 이화여자대학교 디자인대학원 석사논문, 1996
· 김선화, 「Newton, Einstein, Whitehead의 시간 · 공간인식론」, 대구가톨릭대학교 교육대학원 석사학위논문, 2000
· 김소연, 「빛과 공기의 유동적 표현」, 이화여자대학교 대학원 석사학위논문, 2003
· 김정희, 「건축공간 구성방법으로써 꼴라쥬(Collage) 기법의 적용에 관한 연구」, 건국대학교 건축전문대학원 석사학위논문, 2001
· 김현아, 「건축 디자인 매체로서의 다이어그램에 관한 연구」, 수여대학 서울大學校 大學院 석사학위논문, 2002

· 김홍식, 「朝鮮末期 陽宅書에 나타난 民宅의 간잡이 方法論에 대한 硏究」, 한양대학교 박사학위논문, 1989
· 노은주, 「현대건축에 있어 공간의 연속성과 불연속성에 관한 연구」, 홍익대학교 일반대학원 석사학위논문, 2003
· 박정남, 「시대적 변천에 따른 유동적 공간의 특성에 관한 연구」, 건국대학교 석사학위논문, 2002
· 박정대, 「곡면형상의 구축을 위한 디지털 기술과 건축 디자인 프로세스」, 서울대학교 대학원 박사학위논문, 2005
· 박희용, 「陽宅論에 의한 演慶堂의 建築特性 硏究」, 서울시립대학교 석사학위논문, 1998
· 송연주, 「Digital space와 모호성의 관계에 관한 공간성 연구」, 건국대학교 건축전문대학원 석사학위논문, 2001
· 염정아, 「디지털 인터랙티브 미디어의 실험적 내러티브에 관한 연구 : 웹상에서의 심리적 감성 커뮤니케이션을 중심으로」, 이화여자대학교 석사학위논문, 2002
· 염혜정, 「램 콜하스의 건축 이론에 표현된 복합공간 특성에 관한 연구」, 건국대학교 석사학위논문, 2001
· 예영순, 「바흐찐의 창조성 이론 고찰」, 영남대학교 대학원 석사학위논문, 2003
· 오민주, 「건축공간의 다양성 인식체계에 관한 연구」, 홍익대학교 대학원 석사학위논문, 2003
· 이득재, 「바흐찐과 타자」, 고려대 박사학위논문, 1996
· 이중구, 「모홀리-나기의 디자인 교육에 관한 연구」, 홍익대학교 대학원 석사논문, 2001
· 천의영, 「1980年代 中期 以後 現代建築의 關係性의 變化에 대한 硏究」, 서울대학교 대학원 박사학위논문, 1999
· 현두용, 「韓國建築의 陽宅論에 關한 硏究」, 홍익대학교 석사학위논문, 1977
· 홍승희, 「동양사상의 관점에서 본 상대주의 공간개념에 관한 연구」, 건국대학교 건축대학원 석사학위논문, 2001

## 영문 학위논문

· Auerbach, Anthony W, Structural Constellations Excursus on the drawings of Josef Albers c. 1950-1960 Thesis submitted for the Degree of Doctor of Philosophy, Slade School of Fine Art, University College London, 2003
· He, Welling, Flatness Transformed and Otherness Embodied, Ph D Thesis, Georgia Institute of Tech, 2005
· Lee, Sang-Hae, Feng-Shui : Its Context and Meaning, Ph.D. Dissertation, Cornell University, 1986

## 학회 및 학술지 게재논문


· 김욱동, 「프로이트와 마르크스 : 바흐찐의 심리학 이론」, 현상과 인식 제11권 4호, 1987
· 류호창 외, 「귄터 베니쉬의 상황 건축에 관한 연구」, 한국실내디자인학회 논문집, 제14권 2호, 2005
· 서정철, 「바흐찐과 크로노토프(chronotope)」, 외국문학연구 제l권 8호, 2001
· 여홍상, 「대화와 카니발, 한국문학이론과 비평」, 제12권, 한국문학이론과 비평학회, 2001
· 이덕형, 「까지미르 말레비치」, 노어노문학 제7권 1호, 한국노어노문학회, 1995
· 이덕형, 「이콘과 러시아 아방가르드 미학」, 노어노문학 제16권 2호, 한국노어노문학회, 2004
· 이덕형, 「체계들의 체계 : 형식주의 이후의 20세기 러시아 문예 이론 소사」, 슬라브학보 제16권 1호, 2001
· 이덕형, 「환유적 이타성의 서술체계, 슬라브학보」, 제12권 2호, 1997
· 이득재, 「대화주의와 후기구조주의: 바흐찐과 들뢰즈/가타리」, 문예미학 제6권 1호, 1999
· 이득재, 「바흐찐, 데리다, 비트겐쉬타인」, 語文學硏究 제9권, 1997
· 이득재, 「바흐찐과 가타리의 언어이론 비교연구」, 러시아어문학 연구논집 제9권 1호 , 2001
· 이득재, 「바흐찐과 비판이론」, 문예미학 제8권 1호, 2001
· 이문영, 「바흐찐 이론과 사상의 체계적 통일적 전유를 위한 서론」, 러시아어문학 연구논집 제8권 1호, 2000
· 이문영, 「바흐찐의 모순의 역동성에 관한 연구」, 러시아연구 제10권, 제2호., 2000
· 이인영, 「바흐찐의 초(超)언어학」, 語學硏究 제24권 3호, 1988
· 정인하, 「현대 도시이론과 언어담론의 상관관계에 관한 연구」, 건축역사연구, 제12권 3호, 2003
· 조자연, 「귄터 베니쉬 작업에 나타난 상대적 균형감에 관현 연구」, 대한건축학회 논문집, 제20권 5호, 2004


## 논문 이미지 및 기사 관련 웹사이트


http://caad.arch.ethz.ch
http://heed.home.igc.org
http://iatwm.com
http://users.tce.rmit.edu.au
http://www.sheffordtown.co.uk/maze/index.html
http://www.albersfoundation.org
http://www.arnoldbocklin.com
http://www.cartage.org.lb
http://www.ektunbelize.com

http://www.encyclopedia.com
http://www.fyodordostoevsky.com
http://www.hermitagemeuseum.com
http://www.infoamerica.org
http://www.irondavis.com

## 용어정리

### 1. 다성성(多聲性, polyphony, multivocality)

사전적 정의는 동시에 2개 이상의 음이 울리는 현상의 총칭이다. 하지만 문학이론 분야에서는 다성성(multivocality), 다음성(polyphony), 이의어(heteroglossia), 다성성(多聲性)이라고도 한다. 바흐찐은 도스토예프스키의 대화적 소설의 특징을 설명하기 위해 다성악이라는 음악의 용어를 차용하여 다성성으로 불렀다. 소설이라는 장르에서 말하기로 전개되는 소설의 특징이 된다. 독백적인 단성적 소설은 저자가 의도하는 하나의 신념체계만이 존재할 뿐이고, 다성적 소설은 대화적이며 그 대화는 발화라는 현재에 기초하기 때문에 열린 속성을 가지게 된다. 즉, 저자의 가치를 독자에게 부여하는 것이 아니라 저자는 이야기의 실마리를 던져주는 존재가 된다.

한 언어공동체 내의 다양한 언어 변이형들 뿐만 아니라 다양한 말하기 장르들의 존재는 어떤 합목적적인 이유를 갖는 것이 아니라 그 자체로 존재한다는 것, 그리고 변이형들의 교체나 장르간의 원용은 특정의 말하기 상황에서 화자에 의한 의도적 선택의 문제가 아니라 한 언어공동체 내에 존재하는 다양한 목소리들의 발현이라는 측면에서 다루어질 수 있다. 이러한 설명은 지금까지 언어인류학에서 다루어 온 장르의 개념과 관련하여 장르간의 경계를 넘나드는 말하기 관행을 기술하는 틀로 사용될 수 있을 것이다. 전통적인 장르의 개념, 즉 '무시간적이고 고정되어 있으며 단일한 구조' 가 아니라, 특정 장르의 사용을 '발화의 조직과 그 발화가 일어나는 사례의 조직 간의 상호 작용 내에서' 찾아야 하는 역동적인 말하기 상황을 기술할 수 있다.[1)]

### 2. 대화(對話, dialogue)

사전적 정의는 마주 대(對)하여 서로 의견(意見)을 주고 받으며 이야기하는 것 또는 그 이야기이다. 바흐찐에게 대화는 지속적으로 성장하는 현실적 시간감각을 형상화하는 가장 이상적인 주체와 타자, 저자와 등장인물, 저자와 독자 등 모든 주체와 주체와의 관계이다. 대화가 성립되기 위해서는 각각의 개체의 유일성이 전제된다. 이로 이한 형상은 도스토예프스키의 소설을 인용하며 다성성(多聲性, polyphony)으로 제안하였다. 또한 대화는 하나의 주제로 화합하기 위해서가 아니라 투쟁하기 위한 것으로 이질언어성의 배경이 된다. 헤이덕의 대화는 공통의 행위를 한다든가, 공통의 목적을 위해 모여 있는 캐릭터들간의 평행적 관계를 본 논문에서는 산문적(散文, prosaic) 대화의 관계로 설정하였다.

### 3. 양안성(binocularity)

쌍안성으로 불리기도 한다. 하지만 의학적 용어로 하나의 물체가 2개로 보이는 증세를 말한다. 한쪽

1) 김주관, 「다성성 또는 발하기 장르의 경계 넘나들기」비교문화연구, Vol,8 No.2, 2005

눈으로 사물을 인지할 때 거리감에 혼돈이 생긴다는 논의와 더불어 2개의 눈으로 보는 것은 심리학적으로 3차원적 인식을 완성하는 것이라는 논의 또한 찾아볼 수 있다. 하지만 본 연구에서는 알도 반 아이크의 쌍현상에 대한 검토에 근거하여 쌍안성은 하나의 실체에 대한 대립관계로, 양안성은 사실주의 화가, 페데로프 보드킨의 회화에 근거하여 평행적 관계로 확장되는 시각으로 해석하였다.

### 4. 잉여시각(剩餘視覺, surplus of vision)

잉여는 수학에서 '나머지'의 전 용어이다. 하지만 바흐찐이 논의한 잉여시각은 나는 볼 수 없고 타자만이 볼 수 있는 나의 주변 영역으로, 나 또한 타자는 볼 수 없는 타자의 잉여시각을 볼 수 있다. 바흐찐은 공간은 공유하지만 시야는 공유하지 않는 잉여시각으로 인해 타자와 대화를 나누는 능동적인 행동이 시작된다고 하였다. 그것이 발화이며, 발화들이 대화적 관계로 성장할 때 외부의 시각으로 나에 대한 이해를 충족할 수 있다고 주장하였다. 예술의 외부에 존재하는 저자, 그리고 타자와 관련된 중요한 개념으로 행동과 현재의 시간감각을 결정하는 직접적인 원인이다.

### 5. 육화(肉化, Enfleshment)

종교적으로는 신의 아들이 사람의 몸으로 태어난 것을 말한다. 하지만 영문에서는 '살을 입히다'라는 뜻으로 사용된다. 신체기관을 한 인물처럼 살아 움직이게 하고 대화하고 반응하게 하는 라블레 소설처럼, 세계나 한 대상을 현실적인 존재로 구체화하여 인식하는 방법이다. 헤이덕 건축에서는 상징주의로 해석이 가능한 구름과 물의 형상 역시도 육화의 일종으로 해석이 가능하다. 하지만 근본적으로 대상의 속성에 육체를 부여하는 것으로 본 연구에서는 산문적 추상의 방법으로 해석하였다.

### 6. 발화(發話, utterance, voice)

사전적 정의는 소리를 내어 말을 하는 현실적인 언어 행위. 또는 그에 의하여 산출된 일정한 음의 연쇄체이다. 바흐찐의 발화는 형식주의 언어개념을 비평하는 중요한 도구이다. 현실적인 언어행위라는 것은 유일하고 개별적인 주체의, 혹은 타자의 목소리로 구체화되는 시공간적 가치를 지닌 언어가 된다.

### 7. 벽(wall)

본 논문에서는 벽의 역할 변화를 통해 헤이적의 자아와 타자의 관계 설정과 현실의 시간 감각, 그리고 모임을 해석할 수 있는 중요한 요소이다. 모호함이라는 타자성의 설정을 공유공간의 모호함을 내재한 벽으로 실체화하고 주체를 벽에 접합한 초기작업과 개체들의 충돌로 벽이 생성되는 후기작업을 통해 위의 주제들을 논의하였다. 마이클 헤이스는 헤이덕의 벽을 입면화된(elevated) 크로노토프, 그리고 주체와 객체 사이에 놓인 이미지 스크린(image screen)으로 해석하지만, 본 논문에서는 헤이덕의 벽을 바흐찐의 비융합적인 잉여시각으로 육화된 현재의 형상으로서 크로노토프의 한 사례로 해석하였다.

### 8. 벡터(vectors)

사전적 정의는 어떤 장소의 위치를 물을 때 여기서부터 '어느 방향'으로 '얼마만큼' 떨어져 있다고 얘기해야 한다. 이처럼 방향과 크기(멀리 떨어진 정도) 전부를 표현해야 할 때 벡터를 사용한다. 스칼라가 크기만을 가지고 있는 양임에 비해 벡터는 크기와 방향을 가지고 있으므로 두 가지 정보 모두를 나타내야 하는 양을 표현하기 위해서 쓰인다. 속도, 가속도, 힘, 전기장, 자기장 등 대부분의 중요한 물리량들이 그러한 예이다. 바흐찐의 행동, 발화, 대화는 개체의 유일성에 기초하고 있다. 따라서 특정 지점에서의 고유한 행동은 추상적이거나 일반화될 수 없다는 것을 전제로 하고 있다. 이로 인해 대화의 이질언어성과 다성성이 설명되며 그 속성은 벡터의 총합으로 가시화될 수 있다. 헤이덕의 후기 작업의 경우 개별적 캐릭터들의 망(matrix)의 움직임과 그 움직임들의 모임은 조직(fabrics)을 구성하며, 이 조직의 벡터로 인해 충돌이 발생한다. 이와 같이 개체의 유일성한 매트릭스가 페브릭을 구성하며 패브릭의 벡터로 프로그램이 생성된다는 시나리오가 가능하다. 따라서 헤이덕의 건축은 출발 지점과 방향이 설정된 벡터의 개념으로 접촉과 충돌, 그리고 모임이 해석될 수 있다.

### 9. 사건(事件, event)

사전적 정의는 1. 사회적으로 문제를 일으키거나 주목을 받을 만한 뜻밖의 일 2. 〈수학〉 어떤 실험이나 시행(試行)에서 일어날 수 있는 결과이다. 바흐찐이 말하는 사건의 개념은 청자와 발화자, 그리고 저자가 서술되는 사건과 서술행위와 복합적으로 연관된 현상학적 개념이다. 잠재되어 있는 발화행위의 이질언어성을 포함하고 있다. 바흐찐은 사건을 물리학적 특성에 근거하여 기술하는데, 밀도와 구체성으로 본 연구에서는 헤이덕의 모호함을 해석하는 근거가 된다.

### 10. 산문적 추상작용(散文的 抽象作用, literal abstraction)

대상의 형상이나 속성을 추상적 형식이 아닌 있는 그대로 다른 매체로 전이하는 과정에 대한 지칭으로, 소설에서의 환유적 치환은 건축에서 산문적 추상작용으로 구체화된다. 육화의 건축적 해석으로 대상의 속성이 반영된 추상적 형식이나 형태를 말한다. 산문적 추상은 프랭크 게리(Frank Gehry)의 물고기처럼 물고기의 움직임이 추상적 형식으로 전환되어 표현되었으며, 물고기의 움직임이 유추 가능하다. 기하학이나 다른 사실주의적 인식을 배경으로 한다.

### 11. 서술(敍述, narrative)/서술구조/서술체계

서술이라는 용어는 영문으로 내러티브(narrative)로서 텍스트를 의미하며, 주로 서술구조와 서술체계로 번역되고 있다. 일련의 사건들이 기술된다는 점에서 기호학과 관련된다. 또한 서술이론, 서사학

(敍事學, narratoligie)으로도 불린다. 사전적 정의는 어떤 내용(內容)을 차례(次例)로 좇아 말하거나 적음이다. 하지만 문학이론에서는 문학작품의 형성과정 중에 하나의 기능적 역할을 수행하면서 그 기능에 의해 이야기가 진행되도록 도움을 주는 일련의 예술적 장치로 이해되고 있다. 따라서 서술은 전달내용이 소통되도록 해주는 일련의 과정 전체를 지칭하며, 이 과정에 응용되면서 언어적 운용방법에 관계하는 매개(媒介)역할을 의미하기도 한다. 또한 서술은 경험적 현실을 예술적 현실로 전환시킬 때 여기에 개입되는 모든 중개적인 요소들의 구성방식이기도 하다. 따라서 서술적 형상화는 좁은 의미에서는 문학작품에 대한 구조적 해독의 열쇠가 되기도 한다.[2] 러시아 형식주의에서 전개된 서술유형에 관한 연구는 서술적 형상화로, 경험적 현실을 예술적 현실로 전환시키는 표현수단으로서 연구되었다. 파블라(줄거리, fabula(French))와 슈제트(예술적인 기법과 장치를 가미한 이야기, suzhet(Russian))와 같은 이분적인 서술유형을 기초로 하는 서술에 관한 이론들이 출판되었다.

**건축에서의 서술체계**는 일련의 사건들이 기술된다는 점에서 일련의 시리얼리즘(serialism)으로 불리기도 한다. 음악의 구성과 회화의 구성 체계를 따라 구축된 건축작업들을 사례로 들 수 있는데, 그 예로는 다니엘 리베스킨드의 유대인박물관, 피터 아이젠만의 신시내티 대학 등이 있으며, 음악에서 회화로의 서술체계 전환사례는 폴 끌레와 몬드리안의 회화를 들 수 있다. 전체적인 체계가 음악처럼 한 주제를 가지고 반복되는 리듬과 불규칙적인 리듬으로 통합되어 있으나, 형식적인 측면에서 추상적으로 코드화되어 있다. 하지만 소설과 같이 등장인물이 등장하여 이야기, 자체를 전개하는 사실주의적 성장소설의 서술체계는 헤이덕 건축에서 찾아볼 수 있다.

### 12. 소설(小說, novel)

사전적 정의는 〈문학〉에서 사실 또는 작가의 상상력에 바탕을 두고 허구적으로 이야기를 꾸며 나간 산문체의 문학 양식. 일정한 구조 속에서 배경과 등장인물의 행동, 사상, 심리 따위를 통하여 인간의 모습이나 사회상을 드러낸다. 분량에 따라 장편 · 중편 · 단편, 내용에 따라 과학소설 · 역사소설 · 추리소설 등으로 구분할 수 있으며, 옛날의 설화나 서사시 따위의 전통을 이어받아 근대에 와서 발달한 문학양식이다.

### 13. 주체(主體, subject)

사전적 정의는 첫째, 어떤 단체나 물건의 주가 되는 부분 둘째, 사물의 작용이나 어떤 행동의 주가 되는 것 셋째, 〈철학〉실재하는 객관에 대립하는, 의식하는 주관 넷째, 〈법률〉다른 쪽에 대하여 의사나 행위를 미치는 쪽[3]이다. 바흐찐의 주체는 둘째의 정의에 해당하며, 개별적 시공간성을 지닌 발화의 모체개념이 포함된다. 헤이덕의 경우, 첫째와 둘째 정의가 중복되어 있다고 판단된다. 본 논문에서는

2) 이덕형, 환유적 이타성의 서술 체계
3) 용어 정리의 사전적 정의는 네이버 백과사전을 참조하였다.

주택의 개별적 기능이나 한 프로젝트를 구축하는 개별적 요소들을 주체로 지칭하였다. 물리학적 특성으로 바흐찐은 인간 또한 크로노토프라고 정의하였다. 따라서 본 연구에서 주체는 유일한 매트릭스(matrix)를 가진 시공간체(망)으로 해석하였다.

### 14. 접촉(接觸, contact)과 충돌(衝突, collision)

접촉의 사전적 정의는 첫째, 서로 맞닿음. 접촉사고, 신체접촉 둘째, 가까이 대하고 사귐 셋째, 〈수학〉직각 좌표 위에서 접하고 있는 두 곡선이 한 접촉점에서의 미분계수가 일치하는 일 넷째, 〈화학〉촉매에 의하여 화학반응을 일으키는 일이다. 반면, 충돌의 사전적 정의는 물리학에서 움직이는 두 물체가 접촉하여 짧은 시간 내에 서로 힘을 미침, 또는 그런 현상을 말하며, 일반적으로는 서로 맞부딪치거나 맞서는 것이다. 위의 정의를 고찰해 볼 때 접촉은 면(面, face)이라는 2차원적 개념과 화학적 반응을 의미하며, 충돌은 자체의 운동성을 지닌 독립적인 개체간에 발생한다. 본 논문에서 접촉은 초기의 벽과 연계되며, 충돌은 후기의 개체들과 관련되어 헤이덕의 건축적 변화를 설명하는 중요한 차이로 논의된다. 하지만 본 논문에서는 공통적으로 경계가 생성되는 상황에 주목하여, 바흐찐의 대화적 관계에 대한 가시적 형상으로 해석하였으며, 화합, 갈등, 그리고 방해요소들로 비유 가능한 접촉과 충돌의 속성 차이는 밀도와 구체성으로 표현한 바흐찐의 사건에 벡터가 개입되어 발생하는 대화적 관계의 속성으로 설정하였다.

### 15. 추상(抽象, abstract)

사전적 정의는 여러 가지 사물이나 개념에서 공통되는 특성이나 속성 따위를 추출하여 파악하는 작용이다. 바흐찐이 비평하는 추상성은 사전의 추상적이라는 용어의 의미에 가깝다.

### 16. 추상적(abstraction)

1. 어떤 사물이 직접 경험하거나 지각할 수 있는 일정한 형태와 성질을 갖추고 있지 않은 또는 그런 것 2. 구체성이 없이 사실이나 현실에서 멀어져 막연하고 일반적인 또는 그런 것

### 17. 캐릭터(characters)

사전적 정의는 첫째, 소설이나 연극 따위에 등장하는 인물 또는 작품내용에 의하여 독특한 개성과 이미지가 부여된 존재, '개성' 으로 순화되어 캐릭터가 강한 인물 둘째, 소설, 만화, 극 따위에 등장하는 독특한 인물이나 동물의 모습을 디자인에 도입한 것. 장난감이나 문구, 아동용 의류 따위에 많이 쓴다. 셋째, 〈컴퓨터〉=문자(文字). 바흐찐의 경우, 중세 소설의 크로노토프에 등장하는 바보, 악한, 광대, 그리고 모험 소설의 등장인물들, 기사도 소설의 등장인물들, 로맨스 소설의 등장인물들로 소설의 배경 속에서 일반화되지 않는 특정한 행동, 사람, 장소, 시간, 공간 등 그 개체의 시공간성과 그 주체라고 할 수 있다. 헤이덕의 경우는 간략화된 그래픽으로 텍스트를 대체하며 등장하는 일종의 기호

형태(forms of sign)라고 할 수 있다. 이 형태는 기본적 구축물(shed)과 그 구축물에 드리워진 시간에 따른 그림자를 본체와 그림자라는 구분없이 하나의 개체로 통합하여 그린 외곽선의 형상으로 생성되기도 한다. 하지만 이들이 하나의 주제로 모이게 될 때 바흐찐의 캐릭터와 같이 개별적 시공간, 즉 크로노토프적 가치를 가지고 있다는 것을 발견할 수 있다.

18. 크로노토프(Chronotope)

바흐찐 자신의 정의는 본 논문의 제2장에서 논의되며, 바흐찐 연구자, 게리 솔의 정의는 다음과 같다. "문학에서 시간과 공간이 재현되는 방식을 나타내기 위해 바흐찐이 1920년대 과학의 신조어에서 차용해온 개념이다. 크로노토프는 모든 서사체와 언어적 행위의 근본조건을 지배하는 시간–공간적 모체를 지칭하는 용어인 동시에, 언어 창작물에서 시간–공간에 대한 다양한 역사적 감각을 포착할 수 있는 하나의 분석 단위다. 특정한 크로노토프는 특수한 장르, 상대적으로 고정된 발화형식에 상응하며, 또한 특수한 세계관 및 이데올로기를 재현한다." 본 연구에서 크로노토프는 단일의 개념이 아니라 일련의 과정적 단계를 통해 구축되는 개념으로 헤이덕 건축의 서술적 건축을 분석하는 단계들로 해석하였다.

19. 타자(他者, the other)

사전적 정의는 자기 외의 사람 또는 다른 것이다. 바흐찐의 경우 주체, 즉 자아에 대한 정의와 동일하게 적용된다. 또 다른 나(alter ego)로서 객관적 대상이 아니라 같은 공간에 공존하는 한 주체로서 타자의 지위가 자아와 다르지 않다. 헤이덕의 경우, '무엇인가(something)' 로 부르며, 확고한 체계 안에 존재하는 모호함을 타자로 설정한다.

20. 환유(換喩, metonymy)

사전적 정의는 어떤 낱말 대신에 그것을 연상하는 다른 낱말을 쓰는 비유이다. 하지만 문학이론 분야에서는 환유를 은유나 제유와 같은 다른 비유법과는 별개로 연구되기도 한다. 은유와 유사하지만 환유는 신체적 경험과 물리적, 혹은 인과적 관련성을 나타낸다. 또한 거리상으로도 은유는 두 개체의 사이가 멀리 떨어져 있어도 상관없지만 환유는 인지적으로 인접한 두 개체 사이에서 가능하다. 환유는 실제 세계에서 어떤 개체와 다른 개체 사이에 말하는 사람이 생각한 시공간적 인접성에 기초를 둔 지식 전이현상이다.

21. 환유적 치환(換喩的 置換, metonymical conversion)

같은 맥락 내에서 가능한 환유는 러시아 사실주의의 구체적인 서술기법으로 논의되기도 한다. 본 연구에서 수평성을 전제로 하는 사실주의 소설기법이 건축적으로 해석되는 과정과 결과물을 환유적 치환으로 정의한다. 헤이덕의 캐릭터와 구름, 그림자, 그리고 구름형상의 형태를 설명할 수 있다.

22. 형식주의(形式主義, Formalism)

본 논문에서는 바흐찐의 사실주의 문학이론이 러시아 형식주의 비평으로 전개되었다는 점을 자주 언급하게 된다. 바흐찐의 행동, 발화, 대화를 이해하는 배경이 되기 때문이다. 따라서 형식주의 전반에 관한 정의라기 보다는 러시아 형식주의 초기 문학이론의 특성이 본 연구에서 지칭하는 형식주의이다. 이 형식주의의 특성은 이덕형의 서술 이론을 따랐다.

초기 러시아 형식주의 시학이론에서의 재료(材料)와 기법(技法)이라는 이분법적 도식은 구성적 원칙에 비중을 두는 산문의 이론에 응용되면서 파블라와 슈제트로 변모하게 된다. 형식주의 연구에 앞서 배셀롭스끼(A N. Veselovskij)는 『슈제트의 시학』에서 슈제트를 모티브(motif)의 복합체로 모티브는 가장 기본적인 서술단위로 파악하고 있었지만, 슈제트와 파블라의 개념 구분은 모호한 상태였다. 하지만 형식주의자들은 이를 세분하여 재료를 예술작품 속에서 기법화함으로써 예술적 가치를 획득하게 되는 문학작품의 기본적인 원료로 보았고, 재료는 파블라, 기법은 슈제트와 상응한다고 간주하게 된다. 파블라는 기본적인 이야기의 재료이므로 예술적 구조로 치환되기 위해서는 파블라가 슈제트에 의해 조립되어야 한다고 설정한 것이었다. 특히 쉬클롭스키(Victor Shklovskij)는 이 슈제트를 구성적인 기법의 범주로 간주하였으며 슈제트의 구성 법칙을 문학작품의 내재적 특성의 하나로 상정하였다. 슈제트는 주제의 범주가 아니라 구조 또는 구성의 기법으로 파블라는 재료의 개념으로 이해하였다. 이어서 슈제트화된 작품 속에서 시간의 환치(換置)와 변형(變形)같은 구성기법, 즉 실제적 인과적 시간을 흩트리는 시간적 구성에 더욱 관심을 갖게 된다. 또한 모티브를 이야기의 기본적인 요소가 아니라 슈제트의 최소 구성단위로 인식하고 구성원칙으로 보았다. 형식주의자들은 슈제트를 서술의 구성이라는 관점에서 파악하여 동기화(動機化, motivation)의 재료로 간주하게 된다. 형식주의자들의 파블라와 슈제트의 관계는 영미 문학이론에서 스토리(story)와 플롯(plot) 사이의 관계로 일반화되었다.

## 찾 아 보 기


**가르강튀아와 팡타그뤼엘/52**
가르카우 농장/94, 255
가변적 시공간의 형상/45
가타리/8, 215
감정적 형식주의/20
개별성/73, 78, 112
개체성/114, 247
객관성/29, 56
갤럭시/9, 233, 258, 261
건축동인/245
건축언어/12, 16
검은 자두빛 방에서의 결혼식/149, 204
게리 솔 모스/18, 46
결말지점/49
경계 이월/38
경험의 좌표체계/102
계몽주의/62
고든 파스크/224
고유성/60, 177, 186, 221
골(Gaul)족/55
공간 생성원/107
공간과 건축요소들/59
공간구성론/22
공간무대/259
공간의 추상성/47
공시적인 단면의 연속체/56
공유(共有)공간/257, 258
공적 공간/19, 66
공적 사건/50
공적(公的) 언어/126
과학적 언어/33
관계성/8, 72, 81
관념적 언어/45
괴테/6, 48, 55, 60, 61, 65, 233, 240
교양소설과 리얼리즘 역사 속에서의 그 의미/60
교향악/272
교회의 수직성/54
구멍들/251
구상원근법/57
구성의 시학/55
구조성/81
구조언어학/29
구조주의 철학/113
구조적 성좌/8, 196, 249, 252
구조주의 언어학/28
구체성/64, 74, 112
구체적인 세계/32
구축언어/8
구축원리/60
굴절/55
귀납적 리얼리즘/202
귄터 베니쉬/8, 68, 254, 256, 257, 258, 288
균등성/66
균형방정식/256
그렉 린/277
그림자/36, 79, 135, 139, 149, 154, 166-168, 170-172, 178, 180, 188, 220, 237, 276, 287, 291
근본적으로 단독적인 사건/31
기능주의/20
기사도 로맨스/47

기억이라는 장소들/90
기초기하학/110
기호학적 전체주의/29, 41
긴장성/62

**낙관적인 건축/10**
낙관주의/284
낙천주의/172
낮과 밤주택/136, 142
낯선 말/36
낯설게 하기/29
내러티브 건축/119
내부폭발/파열/186, 229
내용적 세계관의 다양성/18
내적 관계망/12
내적 필연성/64
내적(內的)인 부동성(不動性)/61
내적인 수직의 미로/193
네가티브 건축/235
네쌍둥이주택/232, 237
네오모더니즘/9, 94
농업의 순환적 주기/62
뉴욕 5인 건축가 전시회/89
뉴잉글랜드주택/132, 159
능동성/177, 190
능동적 주체/6, 12, 15, 92, 238
능동적 참여자/60
니힐리즘/235

**다니엘 리베스킨트/78**
다성성(多聲性)/7, 18, 32, 38, 40, 48, 70, 71, 72, 73, 76, 77, 84, 151, 216, 223, 237, 244, 272
다성적 본질/71
다성적 소설/40
다양성(多樣性)/19, 77, 292
다이아몬드 다이어그램/152
다이아몬드 주택/94, 98, 114, 169, 191
다이아몬드 카탈로그/152, 175, 178, 217
다이아몬드 투영시스템/152
단선적인 거리 조정/57
단일의 가치로의 완결/69
단지 건축일 뿐/21
단테/47
닭의 울음/62
담론체계/268
대립관계/43
대지없는 형상/214, 245
대칭성/253
대화단계/6, 152, 186, 191, 270, 276, 287
대화론적 담론/29
대화주의/19
데이비드 사피로/90
데트레프 메르텡/20
도덕적 코드/134
도드라진 선적 구축/250
도손빌백작 부인/167, 217
도스토예프스키/61, 108, 114, 223, 233, 237, 240
독일 기능주의/94, 254
돈 월/14
동기없는 기호/234
동시성/40, 65
동일성/113
동정근/19
뒤틀림과 굴곡/272, 273

들뢰즈/8, 215
딜레마주택/138, 215

**라로쉐주택/154, 167, 172, 217, 253**
라블레/6, 30, 47, 52, 61, 65, 225, 233, 240
라빌레트 공원/78
라캉/21, 95
라파엘 소이어/167
러시아 구조주의/16
러시아 사실주의 문학이론가/28
러시아 신원시주의/56
러시아 파빌리온/30
러시아 형식주의/16, 23, 267
레비우스 우즈/9, 262, 264, 265, 266, 273, 288
로드첸코/58
로만 야콥슨/16
로빈 에반스/219
론 데이비스주택/248
르 꼬르뷔지에/89, 166
르네 마그리트/128
르두/20
리듬의 패턴/68
리스트/106
리얼리즘 성장소설/48
리얼리즘 인식/48
리처드 마이어/89

**마르셸 프로우스트/103**
마씨모 까치아리/235
마이클 그레이브스/89
마이클 헤이스/7, 214, 215, 216, 225
마이클 홀로퀴스트/20, 46
막/95, 275
말레비치/91
망조직/26
매개체(媒介體)/12, 24, 128
매트릭스/9
맨하탄/253
메두사의 가면/14, 157, 159
메두사의 마스크/90, 94
메커니즘/259, 266
메타 디자인 언어/9, 124, 282, 284, 285, 289, 292
메타 언어/107, 131, 149, 196, 205, 269
메타포/130
메트리컬리티/264, 266, 288
멜니코프/30
모나드/20
모빌들의 대화/224
모세와 아론/78
모스크바/16
모호한 경계/288
모호한 요소/110
목가적(牧歌的)인 시간/50
몬드리안 회화/100
몬트리올/19
몽상적 회화/64
뫼비우스주택/66
무한주택/59, 258
문예이론/19
물고기/8, 243, 288
물리적 벡터/119
물리적 성질/35
물리적 속성/72
물리적 시공간망/119
물리적 필연성/72, 79, 85

미국의 건축성/22
미래주의/29
미래파 회화/55, 56
미로주택/192
미셸 푸코/18, 28
미스 반 데어 로에/89, 219
미완결성/246
미학적 행위에 있어서 저자와 주인공/18
민속(民俗)/52
민속적 시간의 형식/47
민중(民衆)/52
밀도 차이/51
밀도와 구체성/6, 27, 123, 218, 270, 271, 273
밀림/92

**바르셀로나 파빌리온/219**
바우하우스/20
바흐찐/11, 18, 190, 214, 225, 228, 231, 240, 247, 268, 270, 277
반사되는 철판/109
반응성/32
반중력상태/58
발화단계/6, 16, 24, 41, 188, 287
방법론/16
방향성/140, 184, 257
별/62
백랍날개, 금빛뿔들, 돌면사포들/90, 186, 199, 204, 235
베르나르 츄미/78
베를린 마스끄/14, 15
베를린 프로젝트/131
베를린 필하모니 홀계획/255
벡터성/151, 292
벤스주택/247
벽주택/7, 16, 114, 139, 169, 194, 225, 231, 276, 287
변수의 장/273, 276
보봐리 부인/50, 133
보편성/277
복수성/19, 223, 289
볼륨적 추상성/167
부분적 크로노토프/7, 12, 178, 207, 210, 214
북동남서주택/136, 143, 145, 225, 231
분할/55
분할주택/118, 125
불투명성/96, 224
불투명한 밀도/122
불확정성/216, 224
불확정적 패턴의 장/68
불확정적인 판/107
블라디보스톡/90
비(非)건축/91
비(非)형식주의/24
비관주의/135, 172, 284
비잔틴의 기하학/56
비재료(非材料)미학/29
비주류 건축/21
비형식성/13
빅뱅/275
빗변의 순간/94

**사건성/70, 73**
사상적 진화/14
사실성/30
사실주의/6, 23, 29, 61, 216, 219, 279, 282
사실주의적 사유/45

사육제적 시간/49
사적 공간/19, 50, 66
사적(私的) 언어/126
사회 공간적 상황/53
산문적 추상/8, 210, 235, 242, 249, 258, 267, 287, 290, 291
산문적 추상성/244
산문적 추상언어/8
산문적 추상작용/126, 131
산문학/18, 28, 30
살롱/13, 19, 49, 50
상대성이론/18, 25
상대적 리얼리티/38, 74
상수(常數)/61
상징주의/9, 162
상충(相冲)/51
상호 관계성/70, 74, 85, 260
상호 관련성/26
상호 발화성/69
상호 텍스트성/7, 18, 69, 216, 218, 220, 223
상호 현실주의/258
상황 건축/8, 68, 256, 288
상황의 감각/35
생산적 성장의 시간/54
생체감각/85
서사시(敍事詩)/72
서술형상/24
선들 : 불로 태울수 없는/90
선언 1925/259
셀란트/249
소리들/90, 166, 175, 179, 180, 185, 186, 193
소몰/21, 215, 220
소묘/44
소쉬르/33, 34
소용돌이 효과/108
솔 루이트/77
수동적 요소/92
수직성/232
수직적 시간구조/47
수평성/232
수평적 시공간성/55
순수기하학/118
순환적 시간/62
쉬클롭스키/31
스땅달/50
스케일/60
스탠 알렌/21, 215, 240
스테판 페럴라/68
시각적 명료함/53
시공간망/6, 211, 229, 238, 270, 273, 275, 276, 285, 291, 292
시공간망의 그림자/16
시공간성/174, 210, 233, 238, 240, 254, 273, 290
시공간성=0/113
시공간성들의 총합/13
시공간성의 연관관계/26
시공간적 지점(의미의 지탱점)/74
시드니 오페라 하우스/247
시리얼 코드/79
시리얼리즘/9
시뮬라크르/188
시작점/49
시적 언어/24, 33
신건축/254
신혼여행/162

실용적 언어/33
실제성/80
심리학/20
쌍현상/65, 66, 289

**아나모르포즈/248**
아놀드 뵈클린/162
아놀드 쇤베르크/78
아이소노메트릭/111
아인슈타인/18, 24, 25, 67, 202
아즈텍의 피라미드/266
아폴로 신전/245
안녕주택/124, 140
안달루시안주택/283
안면성/8
알도 반 아이크/65, 66
앙드레 지드/103
양안성(兩眼性)/57, 66, 111, 135, 219, 289
얕게 깍은 표면/56
언어담론/81
언어학/11, 30
엄밀성/29
에드워드 미첼/20
엑소노메트릭 드로잉/108, 173
엘 리치스키/25, 58, 251
역동성/72, 101, 113
역원근법/39, 56
예측 불가능성/267
예측 불가능한 삶의 변수(變數)/60
오롤/28
외재성/165
요소들-구조들/154
요소주택/106, 115, 116, 119, 125, 142
용기(container)/246
우스펜스키/55
우연성/47, 78, 85, 224
우화(寓話)/47
운동성/56, 60
움직이는 신체/59
원동력/62
원심력/279
위계적 해석/52
위기와 분기(分岐)/49
유대인 박물관/78
유동성/72, 232
유물(遺物)/71
유보된 저자성/45
유사성/130
유연성/139
유연한 대지/69
유일성/32, 69, 112, 211
육화(肉化)/35, 44, 53, 82, 83, 95, 130, 164, 242, 285
윤리학/18
융합과 반응/27, 35
의미론적 가능성/148
의미론적 기호체계/23
의미의 사물화/74
이(異)건축/91
이론주의/29, 35, 41
이미지 스크린/95
이분법적인 대립관계/66
이상주의(理想主義)/52
이월(移越)/128
이중성/83, 124, 128, 156
이질성/6, 13, 67, 98, 114, 135, 178, 216, 270

이질성들의 통합/68
이질언어성/18, 40, 173, 244, 267, 278
이질적 시간성/66
이차적 발화/270
이콘/40, 56
이타성/81
이태리 미래파/56
이홍규/19
인간중심주의/188
인민위원의 죽음/56
인위성/30
인접성/81, 82, 151, 222, 240
일상성/29
일상적 발화/270
입체미래파/56
입체파 회화/55
잉여시각/8, 35, 38, 75, 109, 120, 121, 164, 218, 249, 258, 274, 283, 287

**자아이론/18**
잠재되어 있는 가치/71
잠재된 시간/12
잠재성/66, 128, 165, 236
잠재적 시공간성/40
장 오거스트/217
장(場)/31, 37, 67
장르의 크로노토프/47
장소의 창조적 인격화/64
장치로서의 예술/31
재료(材料)미학/11, 24, 28
저자성(著者性)/8, 20, 72, 99, 283, 291
적응하는 기초/191, 199
전반기 주택 시기/6, 14, 206, 210, 287
전체적 크로노토프/7, 12, 12, 178, 207, 210, 214, 240
절대추상성/91, 252
접근가능성/265
정면성/13, 102, 216, 225
정통파를 위한 새로운 마을/137
정합성/43, 190
조용한 목격자/136
조정자/237, 247
조지 브라끄/170, 197
존 팅겔리/224
존 헤이덕/6, 12, 242, 273, 284
종결 불가능성/18
죠셉 앨버스/8, 196, 249, 250, 288
주변성/91, 99
죽음기억/182
줄리아 크리스테바/16
중심성/91
중재회관/156
중첩/55
즉흥성/259
지그문트 프로이드/21
지역성/64
지평선(地平線)/55
지형학적 자연환경/65
직접성/36
진동하는 경계/67

**착시효과 아티스트/249**
찰스 과스메이/89
참여하기를 거부하는 거주자의 주택/20
책임성/112
체계적으로 적용된 규칙/31

촘스키/34
추론적 공간형상화/59
추상성/11, 26
추상적 객관주의/28
추상적 논의/64
추상적 분석/44
추상적 예술/11, 24
침묵한 목격자/90

**카니발/18, 20, 30, 52, 71, 214**
카프카/90, 215
칸트/112, 113
캐더린 잉그래함/21
캐롤 번즈/246
캐롤 에머슨/20
캐릭터들의 충돌/7
커뮤니케이션 도식/33
콜린 로우/21
쿠즈마 페트로프 보드킨/56
쿠퍼 유니온/89
큐비스트/12, 100, 191
크로노토프/6, 24, 191, 204, 207, 210, 216, 240, 246
크로노토프에 의한 살롱과 실내악에 관한 연구/19
크로노토프적 가치들/46
크로노토프적 모티프/47
클라크 홀퀴스트/18
타자성/6, 13, 18, 35, 96, 110, 114, 240, 249, 269, 273
테오 반 되스부르그/25, 73, 99, 251
텍사스주택/91, 94, 96, 98, 111, 114, 232
톨스토이/71
투영시스템/107, 122
특이성/68

**파노라마 랜드스케이프/137**
파사드/143, 225
팝아트/249
패러독스/96
패턴/87, 271
페기 디머/20
페데로프 보드킨/219
페리 밀러/21
페시미즘/10, 126, 226, 292
평행우주론/275, 277
포스트모더니즘/16
표현주의/20
프라하 예배당/197
프랑스 입체파/56
프랭크 게리/8, 243, 246, 248, 288
프레드릭 키슬러/8, 59, 76, 233, 238, 258, 261, 273, 288
프레임 1기/94
프레임 4기/127
프레임 7기/15, 152
프로그램의 요소/15
프로운/58
프로이트/164, 165
프리폼/238
플롯/27, 61, 62
피에트 몬드리안/99, 106
피터 블룬델/256
피터 아이젠만/77, 89, 130, 282
필로티/115, 118, 197

**하버드 건축대학원/89**
하이데거/188
하이퍼서피스/68
한스 샤로운/247, 254, 255, 256, 257
행위 접속/274
행위단계/6, 287
행위의 구축학/30, 31, 43, 45, 70, 112
행위철학/14, 18, 70
헤이덕 콜로키움/19
헤이덕/210, 214, 216, 225
헤이덕의 크로노토프/19
헤테로글로시아/18
현란한 복수성/18
현재성/48, 112, 244
현재진행형/70, 76
현존성/112
형식성/81
형식이론/11
형식주의/9, 11, 20, 29, 243, 282
형식주의 언어학/24, 55
형식주의 예술/59
형식주의의 재료미학/74
형식주의의 추상적 사고/71
형태와 공간/59
형태적 변형/9
혼종(混種)/47
환유적 사고/210
환유적 서술/151
환유적 치환/6, 39, 67, 81, 123, 130, 223, 244
황제존스/259
획일성/99
횡적 유대관계/55
후기 구조주의/16, 220
후반기 캐릭터 시기/6, 14, 206, 210, 287
휘어지는 신체/56
휴고 헤링/94, 254, 255
희랍/55

**1/2주택/116, 118**
2개의 정문/253
2개의 직선/99
3차원의 공간/58
4각형에 대한 존경/250
4차원의 공간/73
9/11 월드 트레이드 센터 기념관/264
9개의 사각형/94, 232, 275
CHORA/238
DZ은행/245
REAL→VIRTUAL/100
VIRTUAL→REAL/100

■ 저자소개
뉴욕 프랫 인스티튜트(Pratt Institute)에서 건축학사, 콜롬비아대(Columbia Univ.)에서 건축설계디자인 건축석사, 경기대 건축전문대학원에서 건축설계 박사학위를 취득하였다. 박사논문 연구기간 동안 경기대, 단국대, 인제대에서 설계디자인 튜터로 출강하였다. 한국 해비타트 주관 제1회 사랑의 집 공모전에 "콘크리트 블록 위 나무 다락방"으로 대상을 수상하였으며, 2002년 UIA 초청 전시회에 "원서동 무허가 주택 - Ligne de Fuite"를 출품하였다. 주요 연구프로젝트로는 〈원서동: Home is not a Model House〉, 〈서울역 프로젝트〉, 〈숭례문 프로젝트〉가 있으며, 주요작업으로는 〈중광예술촌〉, 뉴저지 Prudential 본사 리노베이션, 문정동 지하주차장, 송도 글로벌 캠퍼스 마스터플랜/코아 계획안이 있다. 현재 SCA(Story & Concept Architects) 소장으로, 일상성에 기초한 이야기 건축(크로노토프 건축)에 관한 실험적 건축작업을 진행 중이다. yunsukhee@gmail.com

크로노토프 건축

저자 _ 윤숙희
발행인 _ 김기현
편집디자인 _ 시공문화사
발행일 _ 2009년 9월 10일
인쇄 _ 예림인쇄
제본 _ (주) 세신
용지 _ 대림지업(주)

발행처 _ **Spacetime** · 시공문화사
등록 _ 1993.3.12 제1-1493
120-796 서울시 서대문구 현저동 200번지 극동상가 5층
TEL 02-3147-1212, 3147-2323 | FAX 02-3147-2626
spacetime@korea.com | www.spacetime.co.kr
ISBN 89-5592-138-1



정가 18,000원